■都市人口データについて

　人口データについては、近代以降にセンサス(国勢調査)が開始され始めて以来、その精度は高くなってきているものの、国別にその実施状況と信頼度は異なり、ましてや、実施がなされていなかった歴史的な時代には数値は推測の域を出ないものがほとんどといえる。歴史的にセンサスを実施した例は、古代にも稀にあるが現存する記録は限られるし、古文書の人口記録は誇張ないし過少表記の傾向がある。信頼できる数値が少ないことから、都市面積と人口密度から都市の人口を推定する方法、都市経済圏の生産力から養える人口を推定、神殿や教会などの宗教施設の数からの人口推定を行うなどの他に、都市の人口規模と順位が対数的に一次相関するという法則をあてはめ間接的な推計を行う場合など、さまざまな人口推計が行われている。

　このようなデータ特性の中で、本書において、都市人口を下記のように二つの立場から情報源を定め掲載した。

1)第1部「都市の地層と年輪」、および第2部「5大陸の30都市」に記載の都市別概要データ
　ここに掲載する人口データの必要条件は、対象とした30都市すべてに関して、都市の誕生以降、その人口が同じ年次ごとに時系列でデータが連続して採れ、かつ、都市間のデータ編集が一つの方針によって行われ、都市間の人口比較が可能なことである。この条件を満たす情報源として、以下を採用した。
①AD100〜1800年の歴史都市人口:ターシャス・チャンドラーの人口推計(下記参考文献-1)を採用した。歴史都市人口のデータの背景は、前述のようにさまざまであり、記録と推計が混在する。この歴史都市人口を取りまとめたものは数点存在するが、採用資料は、地域を限らず全世界の約2,500都市の人口データを古代から近代に至り時系列で編集しており、目的にかなう唯一のものである。ただし、人口は行政上の市域人口ではなく、建物が連続的に存在する都市的地域を単位としている。また、その推計値は他の研究者のものに比較して少なめであること、中国、日本の推計値が信頼しにくいことなどの性格がある点は留意が必要である。
②AD1950〜2030年の現代都市圏人口:　国際連合の人口推計(下記参考文献-2)を採用した。現代になってからの各国センサスを編集したものであり、国際連合の性格上、編集者として信頼性が高い。ただし、現データに関しては、先進国を除くと信頼性の高いセンサスが行われていない国も多いという現状がある。また、人口は、行政上の都市圏を単位としたものであり、国ごとに圏域構成の基準が異なることから都市間比較の整合性に欠けるという性格のある点は留意が必要である。

　以上より、1900年以前の歴史都市人口と1950年以降の現代都市人口には、データとしての時系列上の連続性はないことに留意されたい。

2)第2部「5大陸の30都市」の都市別形成史の記述
　ここに掲載する人口データの必要条件は、対象とした30都市個々の都市形成過程における主要な歴史的事象による人口変化を詳しく説明できるデータであること。そのため、人口データが、都市の誕生以降に時系列で連続したり、都市間人口の比較が可能である必要はないとした。情報源は、都市形成過程の歴史的事象を適切に解説した都市ごとの参考文献(第2部:都市別参考文献)に掲載されている人口データを掲載した。1)と2)との情報源においては、記録や推計方法・基準、地理的範囲の違いから同時代、同一年における人口推計値が異なることが多々あり、本書の著述においても、異なる値の掲載がなされていることに留意いただきたい。

参考文献-1:Tertius Chandler, "Four Thousand Years of Urban Growth:An Historical Census" Lewiston, NY:The Edwin Mellen Press, 1987
参考文献-2:"World Urbanization Prospects The 2014 Revision" Department of Economic and Social Affairs　Population Division, United Nations, New York, 2015

■西暦の略号について

　本書では、年を表記する紀年法に西暦を採用した。西暦はキリストの誕生前後を境とする方法であり、略号として紀元前にBC(Before Christ)、紀元後にAD(Anno Domin:ラテン語)を使用している。
　BCは英語表記なので英語圏でしか用いられず、非キリスト教圏ではイスラム圏がヒジュラ紀元、仏教圏が仏滅紀元を使用し、西暦は必ずしも汎用性を持たない。本書では、英語圏以外、キリスト教圏以外の都市も多く取り上げていることから、どの宗教圏にも使用できる、紀元後にCE(Common Era:共通紀元の意)、紀元前にBCE(Before Common Era)を使用するのが望ましい。しかし、わが国ではいまだ普及しておらず、一般読者に違和感を与えることを鑑み、西暦と略号のBC／ADを使用することにした。

世界の都市
Cities around the world

5大陸30都市の年輪型都市形成史

平本一雄

彰国社

デザイン＝水野哲也（Watermark）

刊行にあたって

　本書は、国際化が進む現代において、世界を俯瞰した知識を身につけようとする人々のための教養の書でもあるとともに、都市や建築の空間、都市の政策や経営、都市の文化・歴史など、都市について学ぶ人々が都市に関する専門分野に進んでいただくための基礎的知識の書である。

　本書では、5大陸30都市を対象とし、世界全体の都市の形成を俯瞰できる書籍とした。わが国では西洋の都市史の紹介が多くなされてきたが、21世紀に入って東洋の諸都市も世界を牽引する時代となり、中国のみならず、イスラム教圏、ヒンドゥー教圏を含めた都市への知識が必要とされているためである。

　また、都市を対象とした書籍には、内外ともに、都市デザイン、都市計画を扱う書籍は多いが、政治、経済、宗教、文化、生活、空間などの総合的な側面から包括的に世界の都市形成を俯瞰する書籍は見当たらない。都市は人々の多様な活動圏域の拠点であり、本書では、都市を、統治力、経済力、構築技術の3要素が作用し合って、古代〜近世、近代、現代と時間の地層が積層し、成長変化してきたものと捉えた。この時間の積層構造である都市を、時間軸（年輪）と空間軸（土地利用）が形成する同心円構造として把握し、その現代までの形成過程と空間の特徴を30都市のケーススタディーをもとに都市構造論として取りまとめた。

　著者は、都市史の専門家ではなく、都市プランニングを専門としてきた。内外の大規模都市開発計画立案や事例調査に携わり、その背景となる都市の特徴とその成り立ちを分析していく中で、その対象は次第に広がり、世界の都市の形成過程を包括的に調査することとなった。本書の執筆は、対象都市についての度重なる現地調査、現地の都市研究者や都市行政担当者へのヒアリング、現地での文献・情報収集をもとに行った。国内文献については、対象都市について国内にて入手できるものは読破に努めた。収集した海外文献・情報については、多種にわたる言語理解が問題となるが、翻訳ソフトの活用で理解に努めた。これらの主要なものを選択し参考文献・情報一覧に掲載した。本文中の現地写真については一部の引用を除き、航空写真を含めすべて著者の撮影によるものである。

　今回の執筆にはさまざまな困難を伴った。まず、長期にわたった執筆作業を健康、環境の両面から支えてくれた妻・けい子に感謝したい。次いで、各都市の大学や研究施設の都市専門家、行政の都市計画担当者を始め、出版を担った彰国社出版局の鷹村暢子氏に謝意を表する。

2019年2月
平本 一雄

刊行にあたって 3

第1部
都市の地層と年輪 7
第1章　都市の地層 8
第2章　都市の年輪 19
第1部参考文献 34

第2部
5大陸の30都市 35
01　ローマ 36
02　ヴェネツィア 43
03　パリ 49
04　ロンドン 57
05　ベルリン 65
06　アムステルダム 72
07　プラハ 78
08　モスクワ 83
09　イスタンブール 90
10　ニューヨーク 95
11　ワシントンDC 104
12　サンフランシスコ 108

13　ロサンゼルス　114

14　ラスヴェガス　119

15　リオ・デ・ジャネイロ　125

16　ブラジリア　130

17　クリティバ　132

18　ブエノス・アイレス　134

19　カイロ（アル・カーヒラ）　140

20　フェズ　145

21　シドニー　150

22　キャンベラ　156

23　デリー　158

24　カトマンズ　163

25　バンコク（クルンテープ）　168

26　シンガポール　173

27　ドバイ　180

28　北京　182

29　上海　187

30　東京　192

巻末資料

5大陸30都市の人口推移　202

都市別参考文献・図版出典　204

目　次

第1部
都市の地層と年輪

　都市は、その歴史の時間を地層という記憶の媒体によって人類に託していく。また、地層は、年輪状の空間構造を形成して、現代という時間に影響を与え続ける。

　第1章では、世界の時間の流れのなかで、本書で取り上げる5大陸30都市がどのように登場し、世界のどのような動きを背景として、興隆し成長していったのかを概説する。都市は、それ自体の内的な宇宙を持っているが、その都市は世界という宇宙の中の一つの星にすぎず、その存在は、世界という星雲の中に位置づけられなくてはならない。

　次いで、第2章では、その歴史的な地層がどのように都市の内的な空間構造を形成していったのかを眺めてみたい。都市は、その成長の過程で、前の時代の地層を自らの出発点として求心化と遠心化を繰り返し、年輪のような空間構造を形成してきた。この年輪は、都市空間のなかに、私たちが歴史を見つけ地域のアイデンティティを見出すことができる手がかりを与えてくれる。

■本書における都市人口は、以下を出典とした統一データを使用した。
現代都市圏人口（1950〜2030）："World Urbanization Prospects The 2014 Revision" Department of Economic and Social Affairs Population Division, United Nations, New York, 2015
歴史都市人口（AD100〜1900）：Tertius Chandler, "Four Thousand Years of Urban Growth: An Historical Census"Lewiston, NY: The Edwin Mellen Press, 1987
■本書における主要な出来事の年代については、原則、以下の文献1をもとにし、文献2にて補足検討した。
都市別の詳細な年代については、「第2部」の参考文献にあげた都市別資料（pp..204-215）に基づいた。
文献1：亀井高考、三上次男、林健太郎、堀米庸三編『世界史年表・地図』吉川弘文館、2017
文献2：歴史学研究会編『世界史年表・第二版』岩波書店、2001

第1章
都市の地層

世界史のなかでの都市の興隆と成長

　都市は、時代の重層構造で成り立っている。一つの都市の中心部に立ち、その地面を掘り進むと、地球の歴史としての地層が現れるように、何メートルかごとに都市としての異なった地層が現れてくる。都市により、それは幾重もの層からなるものであったり、場合によっては表面に現れている層だけの場合もある。これが都市の歴史であり、深みであり、魅力の源泉である。第2部で取り上げた5大陸の30都市も、地層の薄いもの、厚いものさまざまである。
　フェルナン・ブローデルは歴史的時間における重層性を発見し、歴史を「短波」・「中波」・「長波」の3層構造で観ることを提唱した。そして、後の長波を重視し、すべては緩慢な歴史すなわち「長期持続」の流れに影響され、さまざまな事象が生起しているとした。「短波」は、歴史上個々の動きや、それが絡み合って起きた事件などであり、「中波」は、人口の動き、国家の衰亡、経済や技術の変化といった短波の背景となるものである。最後の「長波」は、歴史の深層・背景となる地理的・地政学的要因や人類の都市文明の転換点となる技術構造の革命、人力・馬力、動力など移動手段や印刷物、電波など伝達手段の変革などがその波を生み出す。この3層構造では、より深い層がより浅い層のあり方を規定している。都市の活動や空間の変化もこの3層構造で流れを形成し、そのうちの長波が都市に地層を積み重ね、世界の表面を覆ってきた。人類の都市文明を、ここでは、一般に理解されている西欧の歴史に準拠して古代、中世、近世、近代、現代の5時代に区分し、これを長波に該当させ都市の興隆と成長を見ていきたい。

都市文明の地層

　都市という言葉は、この言葉を使う人の立場によって異なるし、また、その人が置かれた時代と場所の環境によっても異なり、多様な要素を含んでいる。その中でも、歴史的な都市を学び、さまざまな都市計画家と交流しながら現代都市を洞察し都市論をまとめ上げたルイス・マンフォード（1942年〜、スタンフォード大学教授）には学ぶところが多い。
　マンフォードは、

　　都市は、歴史を見るとわかるように……（中略）
　　……総合化された社会的関係の形式と象徴でもあり、いわば、寺院、市、裁判所、学問のアカデミーの置かれる座である。
（ルイス・マンフォード著、生田 勉訳『都市の文化』鹿島出版会、1974年、p.3）

と述べている。都市は人々の総合的活動圏域の拠点であり、その活動の届く範囲の地域や国に影響を及ぼしていく拠点だということである。
　こうした都市の誕生とその成長変化を見るとき、都市が単独で存在し自立的に成長しているのではないという視点が重要である。都市は、まず、支配する地域の政治拠点、経済拠点として存立するが、別の視点で見ると、支配している経済圏域によって養ってもらっている、活力を与えられているという立場にある。この関係は、政治、経済領域にとどまらず、都市が機能として持つ宗教、文化、生活などの領域においても成立する。都市は、政治、経済、宗教、文化、生活などの総合的活動圏域の拠点として支配、被支配の関係にあり、圏域規模が変化すると都市規模も変化するし、時代が領域をローカルからグローバルにと変化させる時、都市も同様の変化を遂げる。
　人間の歴史のなかで、都市が出現してくるのは、食料の調達が狩猟採集から農耕牧畜に転換した時点であり、そのなかでも定住して食料生産を行う農耕の発生が起因となっている。大河流域に発生した農耕は発展すると余剰農作物を生み出し、農民以外の人間を養う力を持つ。農業生産を行う経済領域を管理する仕組みとして、支配組織が形成され、彼らは王宮都市を建設し、経済領域を政治支配の領域

領域拠点としての都市：政治・経済・宗教・生活の圏域拠点

地層	都市規模	政治領域拠点 世俗支配（政治、企業）	経済領域拠点 （農商業、工業、金融）	宗教領域拠点 精神支配（宗教）	文化領域拠点 芸術様式	生活領域拠点 生活様式 空間様式	交流 交通ネットワーク 伝達ネットワーク	経済・文化交流
古代	①自国内拠点 最大40万〜70万人程度 次いで10万人程度 ②自国内地域拠点 地方都市	①帝国、王国の支配 ②領主の支配 政治・経済一体	①国内経済市場 ローカル（商人） ②地域経済市場 ローカル（商人）	ユダヤ教 仏教 ヒンドゥー教 儒教	ローカリズム	ローカリズム	人力、馬力、風力 ……低速 駅逓制度 ……低速	地中海交流
中世				キリスト教 イスラム教	インターナショナル<ローカル	ローカリズム		東西交流
近世	①国際拠点 最大70万人程度 ②宗主国拠点 ③自国内拠点 最大100万人程度 ④自国内地域拠点 地方都市	①国際商人の支配 政治・経済分離 ②列強支配 政治・経済一体 ③帝国、王国（列強） の支配 ④領主の支配 政治・経済一体	①国際経済市場 インターナショナル （国際商人） ②植民地経済市場 （国策企業） ③国内経済市場 ローカル（商人） ④地域経済市場 ローカル（商人）	キリスト教布教 イスラム教浸透 （グローバル）	インターナショナル<ローカル	インターナショナル<ローカル	人力、馬力、風力 ……低速 郵便　……低速	東方貿易 システム 列強型世界 システム
近代	①宗主国拠点、植民地拠点 最大650万人都市出現 ②自国内地域拠点 地方都市	①列強支配 政治・経済一体 ②地方支配 政治・経済分離	①植民地経済市場 （国策企業） ②国内経済市場 ローカル（国内企業）	キリスト教布教 （グローバル）	インターナショナル>ローカル	インターナショナル>ローカル	外燃機関 ……中速 電信・電話……中速	列強型世界 システム
現代	①世界都市 1,000万人都市 メガシティ多数出現 ②自国内地域拠点 地方大中小都市	①国家運営 政治・経済分離 ②地方運営 政治・経済分離	①グローバル経済市場 グローバル （多国籍企業） ②国内経済市場 ローカル（国内企業）	キリスト教 イスラム教 （グローバル）	グローバル≫ローカル	グローバル≫ローカル	内燃機関、電動機 ……高速 電信・電話、 インターネット ……超高速	多国籍企業型 グローバリズム

としていった。別途、牧畜を生業とする人間は、時折、農耕民族を襲い蓄積した食料などを略奪したことから、都市には城砦が築かれ、集住地は城壁で囲まれ、城壁都市という基本形が完成していった。この形態は、都市の防御手段として有効性がなくなる近代に至るまで、日本など一部の地域を除き、ほとんどの地域で維持されていく。余剰農産物は、城壁内の都市人口を養うだけでなく、交換価値が生まれ自由な流通を生み出して都市内に市場を発生させ、さらに、農民たちがつくる加工品の織物や工芸品が市場に商品として並べられ、国内や地域を経済市場とする商業が発生する。農作物や農業加工品、工芸品も地域性があり独自性を有するようになると、他の都市や地域との交易が発生し、交易の場所は商業都市として成長していく。また、自然に左右される農耕・牧畜の活動や人間の社会不安を安定させるものとして宗教が生まれ、都市は信仰の拠点にもなっていく。中世より以前の都市では、こうした社会構造は変わらず、国の中心となる都市には、その支配者の拠点、地域の中心都市には領主の支配拠点が置かれ、これらの支配拠点は、その国や地域の経済市場の規模に支配された。大帝国は40万〜70万人の都市を養う力があり、首都は大規模となった。逆に地方領主の拠点都市は数千〜数万人がせいぜいであった。交通手段は、人力、馬力、風力であり低速移動だった。地中海沿岸の交流が活発化し、シルクロードのような東西交流が行われても、異なった国や地域からの文化の流入は緩慢で、地域の文化、生活を一変させるほどのものではなく、地方独自の風土をもととするローカリズムを維持することができた。ただ、中世になるとキリスト教やイスラム教など宗教が広範囲に浸透し、美術、音楽、建築など共通した様式で地域を覆った。

紀元開始後20世紀間のうち15世紀間は、こうした時代が長らく続いたが、16世紀になると世界史は大きな転換を迎える。東方貿易が生み出した国際経済市場は、イタリアの都市国家を繁栄させ、帝国や王国を背景としない国際拠点としての都市を生み出した。国際商人によって建設されたこれらの都市は、ヴェネツィアで見られるように10万人規模まで成長していった。これらの都市は文化、生活ともに異国の刺激を受け入れインターナショナルなものとなった。この刺激を背景として、ルネッサンスが興り、文化、科学に新たな道筋がつけられて、宗教改革、大航海時代を生み出す。ポルトガル、スペインが先導した大航海は、新大陸を発見して、植民地経済市場によって本国（宗主国）を支える列強型世界システムで、地球上の地域を分割支配していった。新大陸では、キリスト教の宣教師団による布教が行われ、列強型の精神支配が浸透していった。しかし、まだ、この新たな潮流に乗れない帝国や国家では中世の時代が継続していた。それでも清帝国の首都北京は、この近世末期に100万人を超える世界最大規模となっていた。

近代になると、産業革命が生み出した技術によって、海

路は蒸気船によって高速になり、陸路は鉄道によって網の目状に結び付けられる。オランダ、イギリス、フランスをはじめとする新たな列強は、植民地経済市場と宗主国を直結して、本格的な列強型世界システムを構築する。列強は近代軍備を装備して植民地を支配し、国策会社によって経済活動を拡大し、植民地との間に電信・電話の海底ケーブルを敷き、政治・経済一体型で世界を分割して経営していった。広大な植民地を後背地とした宗主国の拠点都市は自国の経済市場規模の制約から解き放たれ、急速に膨張した。イギリスの首都ロンドンは、古代から近世に至るまでの人口最大都市北京の110万人（1800年）の約6倍近い648万人（1900年）の人口の都市に拡大し（p.34第1部参考文献-34）、他の列強の拠点都市や植民地の拠点都市もこれに続いた。この潮流に乗れる国や地域の都市は発展していったが、乗り遅れた国や都市は力を弱め、列強の支配下に入った。

列強の世界支配は互いの対立を呼び、2回にわたる世界大戦を引き起こし、その結果、アメリカと旧ソ連による冷戦時代を迎えたが、両国はアジアへの軍事介入の失敗をきっかけに冷戦を終了させ、アメリカ一強時代に入った。しかし、世界の政治・軍事支配を一国で行うことは困難であり、多国籍企業により世界経済市場を構築する、政治とは異なる側面のベクトルがつくられていった。

急成長した多国籍企業は、世界中の隅々までを市場化しグローバル経済を生み出した。国境にとらわれない多国籍企業は、政経分離の世界システムとして生産・流通・消費を競争支配するグローバリズム[注1]を生み出した。

文化も生活もグローバルな様式が浸透し、ローカリズムは薄れていった。グローバル経済の拠点となる都市は、巨大な市場と資源を背景に一層膨張し、メガシティや世界都市を出現させていった。地域経済は、グローバル経済の階層構造に組み込まれるか、衰退するかの道を辿り、国内経済市場のみで生き残れる企業や都市は減少した。グローバリズムは世界の貧富の差を解消するのでなく、一層助長した。貧しい国や都市から豊かな都市へと人々は流れ出した。この流れの中で、宗教は、複雑な関係を持つようになった。一神教はもともと絶対神の下に世界を覆おうとするグローバル志向を持ち、その2大宗教のキリスト教とイスラム教は歴史的に覇権を争ってきた。グローバル経済はキリスト教国で生み出されていったことから、グローバル経済の支配者と被支配者の関係は、豊かな国と貧しい国の関係と等しくなり、さらにキリスト教国とイスラム教国の関係に等しく理解されるようになっていった。イスラム教は自身のグローバル化を進め、貧しい国や豊かな国の貧困層をネットワークして目に見えない宗教圏域をつくり出している。多国籍企業型グローバリズムで繁栄する都市は、イ

注1　グローバリズム（globalism：地球一体主義）

　国家や地域などの境界を越えて地球を一体のものとして捉え、社会を築き維持しようとする思想や動き。地球規模での標準化をもとに画一的、同質的な経済活動により、市場経済の効率化と拡大を追求しようとする動きがある一方で、技術文明がもたらした地球全体への環境負荷に対し世界基準を設けて統制しようとする動きがある。前者には、多国籍企業、金融取引、インターネットによる情報サービスなどが例としてあり、後者には地球温暖化対策などが例としてある。同じ意味の言葉として、global（地球一体の）、globalization（地球一体化）、globality（地球一体性）がある。

●インターナショナリズム（internationalism：国際主義＝国家間協調主義）

　国家の存在を前提として、各国の相違、特徴を相互理解し協調して秩序を生み出していこうとする思想や動き。国際秩序を形成、維持するため国際機関がつくられることが多い。グローバリズムとはボーダー（国境）の有無で区別される。社会主義運動の萌芽期に世界各国の労働者の国際的連帯・団結を求めた動きを指す言葉でもある。同じ意味の言葉として、international（国家間の）、internationalization（国際化）、internationality（国際性）がある。

　建築分野で、合理主義、機能主義的で純粋直方体を特徴とする近代建築を、個人や地域の特殊性を超える世界共通様式としてH.R.ヒッチコックとP.ジョンソンは「インターナショナル・スタイル」と命名したが、現代の言葉の用法としてはグローバル・スタイルのほうが言葉としてふさわしいと思われる。この建築様式の代表であるミース・ファン・デル・ローエのガラス・カーテンウォールの高層ビルは、現在では、地球上のあらゆる都市の中心部に林立し、地域性を駆逐している。

●ナショナリズム（nationalism：民族主義、国家主義、国民主義）

　民族や文化の単位を政治的な単位と一致させようとする思想や動き。海外の文化・文明の流入への反発や他国との政治的摩擦があるとき、多民族国家を一つの国民的鋳型に統合しようとするときに用いられることが多い。nationalも同じ意味で使われることが多いが、localとの対義語の場合には、「全国的な」の意味で使用される。また、nationalizationは「国有化」、nationalityは「国籍」の意味で使われることが多い。

●ローカリズム（localism：地域主義）

　地域の特徴を重視し、独自性を強化・尊重して多様性の共存を志向する思想と動き。地域における伝統文化、様式、慣習などの維持、再生、活性化の動きがある。標準化、画一化、同質化を求めるglobalism、nationalismの対義語である。同じ意味の言葉として、local（地域の、地元の）、localization（地域化）、locality（地域性）がある。

中世開始の地層：AD500

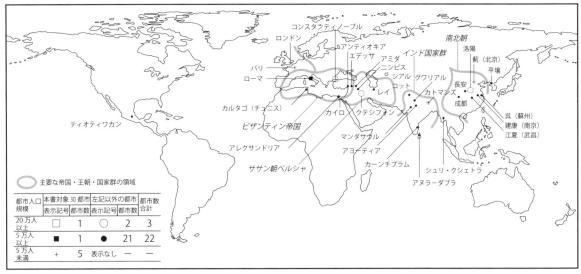

注）Tertius Chandlerのデータ（第1部参考文献-34）をもとに筆者作成

スラム教徒の反発を受け、治安は悪化してテロ発生の場となっている。

このような世界の時間の流れのなかで、5大陸30都市がどのように登場し、世界のどのような動きを背景として興隆し成長していったのかを、第2部の各論で説明する。各論では、都市の変化を、三つの要素で見ていきたい。統治力、経済力、構築技術の3要素で見る。統治力は、都市運営の主体が絶対権力を持つ為政者なのか、大衆の顔色をうかがう政治家なのかということである。都市の地層は、その時代の統治者の意思の痕跡となっていることが多い。経済力については、農業、商業、工業、金融など都市の主要な産業とその盛衰が、都市の規模や発展の原動力として統治力をも左右する。構築技術には、灌漑土木、農業技術、城郭技術、水利、水道、都市空間（バロック、田園都市、ニュータウン）、建築、移動手段とその基盤（道路、鉄道、船舶、航空機）、情報伝達手段や社会システムなど都市の活動、空間を形成するさまざまなものがあり、これらが都市の目に見える様相をつくり上げている。都市の地層は、この三つの要素が作用し合って、古代、中世、近世、近代、現代が重層化し、都市を成長変化させてきている。

(1) 古代の地層

歴史上、都市はシュメールに誕生し、メソポタミア以外にもエジプト、インド、中国の大河流域に発生してくるが、当初は、その規模は限られたものであった。BC1000年では、最大の人口規模を記録するものであっても、上位7都市すべてが5万人規模[注2]にすぎなかった。

農業生産性が同じであっても、地域を統括する支配者の力が強力になり支配領域が拡大し、集められる余剰生産物の量が増加すると、その政治行政拠点の都市の規模は拡大していく。BC430年には、最大都市のバビロンは20万人の人口を有するようになり、10万人以上の都市も7以上となる。紀元後になると、AD100年人口第1位のローマでは45万人、第2位の洛陽も43万人の人口規模に到達する。この時代、10万人以上の都市は9都市にすぎない中で、この2都市の都市規模は、この都市を統括拠点とするローマ帝国や漢帝国の支配力と支配する地域の広大さに基づくものである。

(2) 中世の地層

ヨーロッパでは、西ローマ帝国の滅亡後は、ゲルマン国家が擁立され、中世の時代となる。中近東にはイスラム帝国が興隆し、中国では隋・唐の統一帝国の時代となり、新しい都市の地層が形成されていった。この中世の地層で興隆する都市は、パリ、ロンドン、ヴェネツィア、アムステ

注2　人口規模で見た都市ランキング（BC1000～AD1900）

歴史上の都市人口は不明であることが多く、推定者の資料に基づくことになる。本書では、最も系統的に歴史的都市人口を推定している、第1部参考文献-34（p.34）のTertius Chandlerによる人口推定値をもとにした。他の推定者のGeorge Modelski（2003）やIan Morisの推定値に比べて、控えめの数値となっている。

第1部　都市の地層と年輪　11

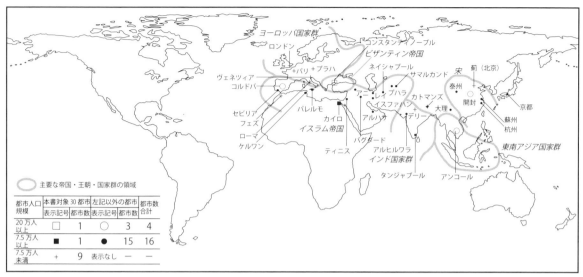

中世中期の地層：AD1000

注）Tertius Chandlerのデータ（第1部参考文献-34）をもとに筆者作成

ルダム、ベルリン、プラハ、モスクワ、カイロ、フェズ、デリー、カトマンズ、上海である。

　中世もAD800年になると、バグダード70万人、長安60万人と、イスラム帝国と唐帝国がローマ以上の大規模都市を出現させていくが、都市の成立は農業の生産性に依存しており、10万人都市は10都市にすぎなかった。AD1000年には、巨大な帝国はなくなり、大都市も成立しなくなることから最大でも40万人程度へと戻る。かつてのローマ帝国の領域外は文明のいきわたらない辺境の森林地帯であったが、11世紀になると金属農具による開墾で農地が拡大し、小規模な中世都市が成立していく。10万人規模の都市が増加し始め、地方都市の興隆期となる。同時期、中国でも新品種の稲作の導入が進み生産性が高まり、AD1300年には世界の人口第1位都市は杭州42万人、第2位都市が大都40万人など、大都市が成立していく。さらに、明帝国の時代には、AD1500年の第1位都市は北京67万人となり、AD1800年の清帝国でも同じく第1位都市が北京110万人、続いて広州80万人、杭州39万人と大都市が輩出する。これらは、開墾による農地拡大、外来新作物導入による生産性向上が背景にあった。中国はこのような農業生産活動の発展による国内経済の自立化が災いして、近代に至る時期に海外に門戸を閉ざすこととなり、時代の変化に乗り遅れていく。

（3）近世の地層

　大都市の輩出には中国に遅れを取っていたヨーロッパだ

近代以前の30都市の規模拡大（AD100〜1900）

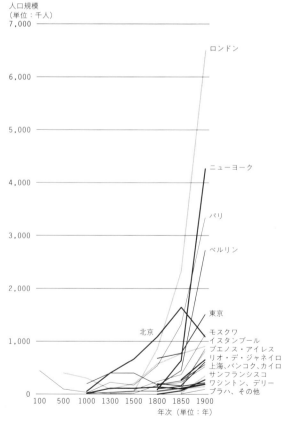

注）Tertius Chandlerのデータ（第1部参考文献-34）をもとに筆者作成

近世開始の地層：AD1500

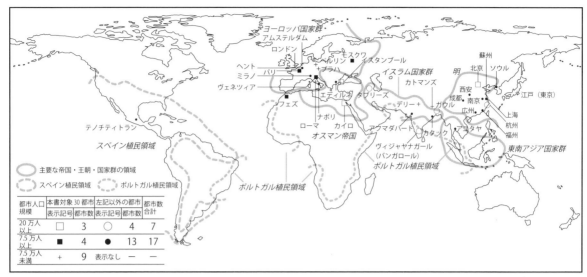

注）Tertius Chandlerのデータ（第1部参考文献-34）をもとに筆者作成

が、1500年頃からのこの時期、大航海時代へと移行し、世界と結びつく交易と生産のシステムを構築し始める。都市人口を養うための食料は、中世まではその都市周辺で調達する仕組みであった。しかし、ヨーロッパは新大陸やアジアに植民地を確保し、そこに大農場を開墾しプランテーション・システムを成立させた。ヨーロッパの列強は、食料を植民地から調達して都市人口を扶養し、自国は産業革命による工業生産でより価値の高い製品を生み出す社会へと移行し始める。植民地を介して世界市場を支配する時代の到来である。これ以降、都市を成立させる経済市場は、ローカル市場から世界市場へと一大転換を遂げる。この都市の経済市場の世界化は、都市の成長を自地域の農業生産力の制約から解き放つことだった。

この時代に興隆する都市は、大航海時代を成立の起因とするニューヨーク、サンフランシスコ、ロサンゼルス、リオ・デ・ジャネイロ、ブエノス・アイレスと、世界の情勢とはかかわり合いなく、地域国家の中で出現した東アジアの東京、バンコクである。

（4）近代の地層

近世の流れが成熟して本格的な世界の転換が始まり、近代の地層が出現する。AD1800年頃を区切りとして、政治面では市民革命が起こりアメリカが独立し、連鎖してフランス革命が起きる。経済面では産業革命が開始され、生産と輸送の革命により、都市は近代化し大規模化していく。

産業革命では、蒸気動力によって工場制機械工業が成立

近代以前の都市人口世界上位20都市の規模曲線

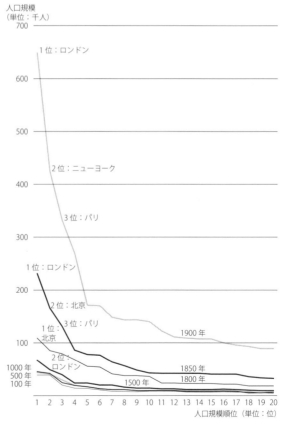

注）Tertius Chandlerのデータ（第1部参考文献-34）をもとに筆者作成

近代開始の地層：AD1800　10万人都市の時代

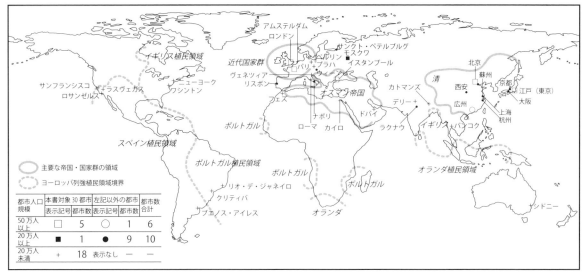

注）Tertius Chandlerのデータ（第1部参考文献-34）をもとに筆者作成

し、都市がモノの生産の場となって農村から労働力が流入してくる。産業革命がもたらした工業生産力は、農産物輸入を介して都市の人口扶養力を高め人口の社会増加を可能にした。加えて、医療技術の進歩が死亡率を低下させ、人口の自然増加を高めていった。豊富な労働力は、鉄道や船舶などの交通革命に支えられて都市活動量を増大していった。100万人以上の都市は、19世紀になって本格的に増加し始め、1800年では2都市、1850年に4都市、1900年に16都市、1950年に75都市、2000年には357都市と指数曲線的に増加する。1950年からは人口1,000万人のメガシティも誕生し、1950年には2都市であったが、2000年に23都市に至る。

近代化による都市の大規模化により、1800年の大規模都市順位の中で、小さな島国の首都ロンドンは86万人と地域帝国の首都北京に続く第2位に成長し、1850年には、第1位はロンドン232万人、北京165万人と逆転し、1900年にはロンドン第1位648万人、第13位北京110万人と、地域帝国の首都をはるかに引き離していく。1900年の上位10都市は、産業革命を進めた国の都市のみで占められ、近代化が遅れる帝国の首都である北京やイスタンブールは10位以内に入ってこなくなる。この地層で興隆する都市は、ラスヴェガス、キャンベラである。

（5）現代の地層

近世までは、帝国や王国ごとに都市の独自の成長、発展が見られたが、近代になると大航海時代という大陸間を結びつけた動きの影響、産業革命という世界標準の技術による影響が、都市を大きく変化させた。現代になると、グローバリズムが世界に浸透し、都市に影響を与えていく。国境が消えるボーダレスと言われる時代である。特に、本書で取り上げた30都市は首都や国を代表する都市がほとんどであり、その成長・発展はグローバリズムの影響が強い。

アメリカが生み出したグローバル様式

第2次世界大戦における軍事面での勝利者のアメリカと旧ソ連は、戦後、超大国として世界の政治を二分していった。この世界を主義で分割する方法は、分割した領域を維持するための軍事費負担にどちらも耐えきれずに崩壊し、特に共産主義陣営では主義自体が瓦解し、アメリカが主導してきた資本主義経済の中に全世界が組み入れられ、グローバル経済が世界を覆い尽くすことになった。

鉄骨とガラスによるガラス・カーテンウォールの様式が主流となり、現代の高層建築物の世界標準様式となった。柱と梁によるラーメン構造というシンプルな構造体が、建築部材の量産化と建設工程の効率化という市場経済が求める合理性に合致していたことにより、現代的な普遍性を確保し、都市の景観までも標準的な様式にしていった。

アメリカでは、戦争時に軍用車や航空機を大量に供給した技術を、今度は生活のための製品、商品の生産のためにフル回転させていくこととなった。その生産力は「アメリカ式生活様式」と呼ばれるものを生み出していく。

衣食住のすべてに、大量生産によって生み出される商品

現代の地層：AD1950 100万人都市の時代

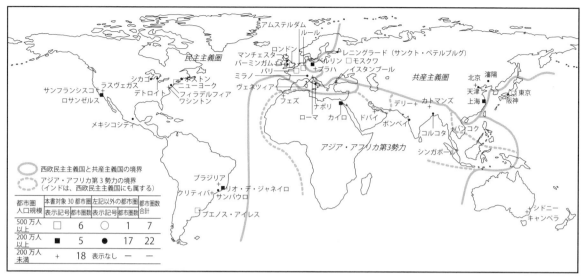

注）国連のデータ（第1部参考文献-35）をもとに筆者作成

が供給され、人々はそれを消費した。「住」では、郊外型の庭付き（量産）戸建住宅、システムキッチン、家庭電化製品、「衣」では、カジュアルウェア、ジーンズ、「食」では冷凍食品、スナック菓子、コカコーラ、使い捨ての食器、それに大型の乗用車であった。乗用車は、通勤とレジャーのためのドライブだけでなく、郊外型の大型ショッピングセンターでの消費や郊外レストランでの家族との食事に用いられた。イギリス発の産業革命は生産活動を変革していったが、このアメリカの新しい生活様式は、かつてのプロレタリアート階層を新中流階層に変え、この自由を謳歌する中流階層の大量消費によって生活そのものが変革されていった。

第2次世界大戦後は、世界の大都市で人口増加の吸収策として郊外住宅地が開発されていった。この特徴は、第1に、大量生産方式で住宅を供給し広大な地域を画一的な都市景観で埋め尽くしたことである。第2に、移動手段として自動車が活用され、モータリゼーションに依存する生活様式となったことである。アメリカ型生活様式は、大量生産に対応して大量消費が拡大し、生活様式が平均化・画一化した大衆社会の生活様式として、世界各国の郊外の生活様式となって浸透し、地球全体に広がる世界標準の生活様式となっていった。

メガシティの増加と不安

1950年の現代になると都市人口の増加が農村人口の増加を上回る都市化の時代に入り、2014年には世界の54%が都市人口となり、その後は、世界の都市人口は増加するが、農村人口は横ばい傾向となる。産業革命を終えた先進諸国では、第3次産業の台頭により、都市はサービス生産の場としてその集積の利益が追求され、さらなる労働力の流入を加速し、活動がモータリゼーションによって高速化され、都市を膨張させていった。一方、植民地から独立したアジア、アフリカの都市は、同時期に「緑の革命」注3による農産物の低コスト大量生産を可能にして人口扶養力を

注3　緑の革命

　農業革命のひとつとされ、1940～60年代にかけて、高収量品種の導入や化学肥料の大量投入などにより穀物の生産性が向上し、穀物の大量増産を達成したことを言う。在来の穀物品種は、一定以上の肥料を投入すると倒伏が起こりやすくなって収量が絶対的に低下する性質を持っていた。これに対し、メキシコ・メキシコシティ郊外で開発されたコムギの新品種とフィリピン・マニラ郊外で開発されたイネの新品種は、茎が短く植物全体の背は低くなるが、穂の長さへの影響が少ない性質をもつものであった。この茎の短い新品種の導入によって作物は倒伏しにくくなり、肥料の量に応じた収量の増加と気候条件に左右されにくい安定生産が実現した。新品種の導入に加え、灌漑設備の整備・病害虫の防除技術の向上・農作業の機械化が合わさって、1960年代中頃までに危惧されていたアジアの食糧危機は回避され、需要増加を上回る供給が確保された。しかし、一方で、この方法は化学肥料や農薬といった化学工業製品の投入なしには維持できないという問題を抱えた。

現代の地層：AD2014　メガシティの時代

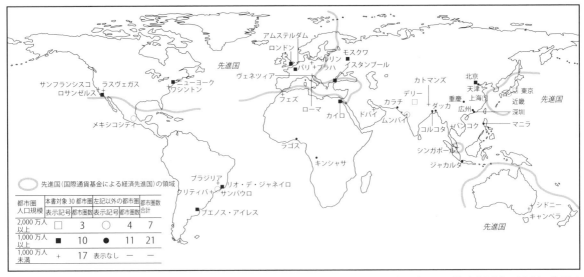

注）国連のデータ（第1部参考文献-35）をもとに筆者作成

世界30都市の人口推移（1950～2030）

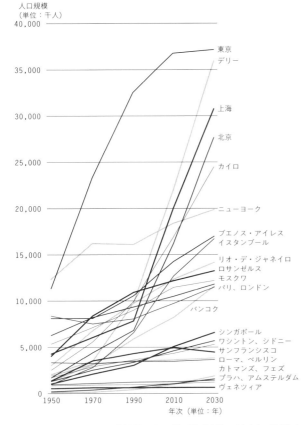

注）国連のデータ（第1部参考文献-35）をもとに筆者作成

増大させ人口爆発を引き起こし、増大する人口が都市に集中し都市を膨張させていった。

　この先進国、途上国双方の人口増加は、メガシティを生み出した。1950年にニューヨーク都市圏は人口が1,000万人を突破し、「メガシティ」という言葉を生み出した。メガシティは、国連調査によると、1970年には、東京都市圏、ニューヨーク都市圏、近畿都市圏と3都市圏に増加した。2014年には28都市圏に増加したが、先進国7都市圏、途上国21都市圏と途上国のほうで増加している。国連の予測では、2030年には、先進国7都市圏は変化がないものの、途上国では、34都市圏に増加していくことが予測されている。2014年において、世界の大都市圏で人口規模の第1位は、東京の3,783万人であるが、東京も2030年には現在2位のデリーに肉迫される予測となっている。ロンドン、パリなどヨーロッパの大都市は20位以下で、上位は、アジア、南米、アフリカの諸都市が名を連ねている。都市の経済力を伴わずに、人口規模のみが膨張していく都市が増大している。先進国の都市での出生率は低下して人口増加率は低下しているものの、経済力が弱く貧困で出生率の高い農村で人口が膨張している。

　途上国のメガシティにおける社会不安は、政治動乱、民族紛争、宗教対立、治安の悪化を引き起こすし、国の境界を越えて先進国のメガシティや大都市へとその人口が移動すると、先進国の大都市での異なった民族間の摩擦や政治的不安定の原因となり治安も悪化する。

移民の流入と多文化主義

　世界の人口膨張は、人口扶養力のない地域から経済力のある都市へと人口を移動させる。流入した人口は、受入れ国の地域に広く居住するのではなく、経済力のある都市に集住し、その都市の人口構成を変化させていく。流入しても、手に職のない移民は流入した先でも雇用機会は少なく、貧困のまま、スラムと呼ばれる最底辺の居住区域に住み着く者も多い。

　移民や難民の受入れは、国家政策である。都市はその自治による制御力を持てないまま、流入人口の受け皿とさせられ、その影響を受けざるを得なくなっている。急速に進む人口移動は、流入先にて定着し、融合された文化を生み出す余裕をなくし、マイナスの影響が強まっている。

　マイナス面の第1は、文化摩擦と治安の悪化である。異なる民族間、宗教間の社会的分断が生じたり、少数派民族相互の衝突や摩擦が激化している。マイナス面の第2は、雇用懸念である。流入人口のほとんどは単純労働者であり、嫌われる仕事は外国人労働者に依存する都市社会の体質が形成される。この単純労働者が失職する時、都市における犯罪予備軍と化していく。マイナス面の第3は、移民人口増大とアイデンティティ喪失である。相対的に移民受入れ国の出生率は低く、送り出し国の出生率は高い。この差異は、移民第1世代は移民受入れ国ではマイノリティの存在であったものの、2世代、3世代と代を重ねると、加速度的に移民の人口が増加し、その国の人口（人種）構成で将来にわたり、移民比率が増大し続ける。もともとの民族性が希薄になり多文化性が強くなり、それまでの文化的アイデンティティは弱まっていく。

　かつてのニューヨークに用いられた「人種の坩堝（るつぼ）」の言葉は、多種多様な民族が混在して暮らしている都市において、それぞれの文化が互いに混じり合って同化し、結果として一つの独特な共通文化を形成していく社会を目指していた。しかし、現実のニューヨークは、「混ぜても決して溶け合ってはいない」ことから、現在では多文化の並立共存の状態を強調した「サラダボウル」という言葉が用いられるようになった。他の移民受入れ国でも、1970年代以降、多文化の共生を夢見てきたものの、実態は並立共存どころか、社会の分裂化が進行していった。ドイツのアンゲラ・メルケル首相が「多文化主義は完全に失敗した」と発言した（2010年）ように、移民については、受入れ国の多くは、多文化を許容する立場から、マジョリティの民族や国家への「統合」を基調とする移民政策への回帰が始まっている。日本は、この世界の動きとは逆に、2018年末に人手不足解消のため、拙速に外国人就労の緩和に踏み切った。雇用効果のみを求めて、社会的影響への対策を施さない片手落ちの政策は、中長期的に日本の都市に多くの社会問題を発生しかねない。

世界都市という標準的都市像

　アメリカから始まった世界標準の生活様式は、購買力と歩調を合わせ地球全体に広がっていき、世界標準の商品やサービスへの需要が増大していった。各国の企業は、より安い一定品質の世界標準の商品・サービスを消費者に供給して、激化する競争に打ち勝つために、生産拠点を人件費の安い場所に移動していく。また、市場の拡大を目指し、購買力のある国には商流や物流の拠点が設けられ、複数の国に拠点を持つ企業は多国籍企業と呼ばれるようになった。多国籍企業は巨大化し、経営は国際的な集中管理を行い、立地する拠点の間を国際情報ネットワークで結合していった。この多国籍企業の拠点の集積場所が「世界都市」と呼ばれるようになり、世界標準の都市像が生まれてきた。

　しかし、多国籍企業は、世界システムそのものであり、国の政策や国境にとらわれることなく、市場確保に最適な都市を選択し活動を開始し、成果が得られなければ去っていく。世界都市とは、国や地域性よりも多国籍企業が活躍しやすい条件を備え、これらの企業が集積するグローバル経済の拠点である。

　最初に意識して行動に移したのはニューヨークであり、世界市場進出の最大拠点を目指すためツインタワーの「世界貿易センター」を建設した。隣接する場所に「ワールド・フィナンシャルセンター」がさらに開発され、ニューヨークは貿易、金融の面で世界市場の大拠点となった。他の大都市でも国際ビジネスセンターの建設が進められた。パリでは、パリ市西方近郊に国際ビジネスセンター「ラ・デファンス」、ロンドンでは、国際金融センターが臨海地域の「ドックランズ」に開発された。東京では、六本木ヒルズを皮切りに都心の再開発が進み、多国籍企業の拠点形成を進めた。

　先進国の都市以外でも、この企業の多国籍化の流れに乗って、外国資本の導入を積極的に行い経済成長を図る都市が出てきた。シンガポールや上海、ドバイはその成功例となった。

栄える都市、不安定な都市

　グローバル経済を至上のものとする時、世界都市であるか否かは、現代の都市評価の重要な視点となる。世界的な

経営コンサルティング会社A.T.カーニーは世界都市指数という指標を作成し、都市評価を毎年行っている。その2016年版によると、世界都市ランキングで首位と評価されたのは、ロンドンとニューヨークで、これにパリが続く。今回取り上げた30都市の中でこの評価結果の10位以内に入るのは、東京、ロサンゼルス、シンガポール、北京、ワシントンDCである。

世界都市は、グローバル経済での勝者の印と言えるが、これはまた、不安定性の印ともなる。グローバル経済で繁栄する都市は、他国から多国籍企業も進出しやすいが、多国籍のさまざまな人間が流入しやすい多文化都市でもある。多文化都市の人々には、グローバル経済がもたらすチャンスを活用し成功する人もいれば、逆に阻害されて敵対視する人もその都市内部に沈殿していく。また、都市が世界都市を目指すほど、グローバル経済に対応しようとするベクトルと国の政策に歩調を合わすというベクトルとの間に軋みが生じてくる。シンガポールやドバイのような都市国家は別として、一つの国の中で世界都市がボーダレスに成長すればするほど、その国の中の地方都市や農村などとの格差は広がり、繁栄する世界都市と衰退する他の地方という格差が一国の政治を不安定にしていく。

一方、世界の都市を人口規模で見ると、1,000万人以上のメガシティと呼ばれる都市がある。メガシティの人口規模に至らなくても、シンガポールやワシントンDCのように世界的な機能を有している都市があるのに比し、メガシティであっても世界都市としての機能を有するにはほど遠く大多数の住民が貧困に苦しむ都市がある。グローバル経済から取り残される国や地域には、その繁栄が自分たちの貧困の原因とみなし攻撃的になる集団も出てくる。民族や宗教と絡み合い、特定の主義主張の集団となり紛争の火種となっていく。これらの集団と世界都市に流入した阻害された人々との間にネットワークが形成され、世界都市はテロリズムの勃発地となる。ニューヨークが世界都市を目指して建設した「世界貿易センター」は、そのテロの典型的な犠牲者となった。この9.11事件以降も世界都市では、テロが頻発している。世界都市であることは多文化都市であることと表裏一体である。世界都市は、グローバル経済で栄える都市であるとともに、多文化であるがゆえにその都市社会に不安定な要素を宿命として抱える都市でもあり、安易に都市政策の目標像にしてよいか否かは問題である。

グローバリズムとローカリティ

一方、グローバル経済という世界システムは、電波メディアを介して、グローバル経済が生み出す市場の情報を世界中に伝搬し、かつては、アメリカ式生活様式と呼ばれたものを、世界標準のコスモポリタン文化や生活様式として伝達し、中国にもロシアにも、またアフリカにもグローバル様式の消費社会を生み出している。グローバルであることは均質的であることであり、生活様式の均質化は、地域社会のローカルな特色に覆いかぶさり、その消費文化の中に入り込み、都市空間を均質化していく。都市のローカルな特色は、風土とそのもとに形成された歴史文化にある。その最たるものは、世界遺産として国際的に保護されているはずである。しかし、この世界遺産の登録制度は、その遺産をグローバル経済の食い物にし、ローカリティの破壊という副作用を生じさせている。国際観光という美名のもと、グローバルな消費活動の対象となり、遺跡の周辺はテーマパークと化し、周辺の店舗は世界的な飲食チェーン店と世界的な観光宿泊業者のビジネスの場となり、都市の独自性の源であるはずの歴史そのものがグローバル経済の中に組み込まれていっている。ローマもプラハもある程度の歴史的都市空間保存に成功している。しかし、そこでも問題は、その器は保存されたものの、器の中身としての都市活動がグローバル経済に置き換えられ、ローカリティが喪失していっているということである。ローカルな魅力のある都市や地域独自の活動が行われている都市が多いほど、世界は多彩で楽しく豊かな場所となる。あらゆる分野での世界標準化の潮流の中で、ローカルな血脈を維持しながら都市が活力を持っていくことがグローバル社会における課題である。

第2章
都市の年輪

地層が生み出す空間構造

　都市は、大地の上に築かれ、その空間的広がりを示す構造を持っている。都市の中心部には、ビジネス街や商業地の高層の建築群が位置を占めることが多いが、歴史的遺産が地表に顔を出し、その都市の由縁を伝えてくれていることもある。中心部のまわりは、中層くらいの建物が多くなり、商業・事務所建築と住宅建築が入り混ざり合い、場所により工場や倉庫が位置を占めていく。都市のもっと外側に行くと集合住宅が混ざり合うものの、戸建住宅が立ち並ぶ郊外の風景に変わっていく。われわれが、日本で漠然と想像する都市の空間構造は、世界のどの都市でも同じなのだろうか。こうした空間構造については、都市社会学において、都市構造論、ないし都市生態論として、これまでモデル化の試みがなされてきている。

　最も一般的なモデルとして描かれたものは、同心円モデルである。これは、シカゴの都市社会学者アーネスト・バージェスが提唱した（1925年）もので、下図の画像データに見られるようなシカゴの都市発展を観察し、その都市空間が集中化と離心化という二つの力学的作用によって、同心円状のゾーンを中心部から外に向かって作り出し、ゾーンごとに土地利用が決定されていくというものである。都市空間の構造を極めて単純化したことから、当然、現実の都市に当てはまらない点が多々出てきた。バージェスがゾーンごとに規定した中心部から順に、①CBD（Central Business District：中心業務地区）、②推移地帯（軽工業地区、安価劣悪な住宅地区）、③労働者住宅地帯、④優良住宅地帯、⑤通勤者のための郊外住宅地帯という土地利用は、シカゴのようなアメリカ合衆国の都市には適用できても、ヨーロッパの都市には当てはまらなかった。また、鉄道や道路のネットワークが都市空間に与える影響や、中心となる核が複数ある地域には当てはまらないのも事実だった。そのため、交通ネットワークを考慮する修正モデルとして、ホーマー・ホイトは、セクター・モデルを提唱し（1939年）、交通ネットワークに沿って、卸売・軽工業地帯や低級住宅地帯、高級住宅地帯というセクターが生成することを理論づけた。また、複数の中心核については、チョーンシー・ハリスとエドワード・ウルマンが、種類の異なる核や成長の過程で新しい核のできる場合を想定した多核心モデルを提唱した（1945年）。こうしたいくつかのモデルが提唱さ

シカゴの都市発展（1850-2014）

注）NYUデータ（第1部参考文献-45）より

同心円モデル
（アーネスト・バージェス）

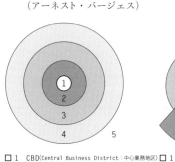

- 1　CBD（Central Business District：中心業務地区）
- 2　推移地帯軽工業、安価劣悪な住宅地区
- 3　労働者住宅地帯
- 4　優良住宅地帯
- 5　通勤者のための郊外住宅地帯

セクター・モデル
（ホーマー・ホイト）

- 1　CBD（Central Business District：中心業務地区）
- 2　卸売、軽工業
- 3　低級住宅
- 4　中級住宅
- 5　高級住宅

多核心モデル（チョーンシー・ハリス＆エドワード・ウルマン）

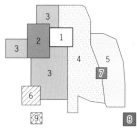

- 6　重工業
- 7　周辺商業地区
- 8　郊外住宅
- 9　郊外工業

注）右の3図は、第1部参考文献-41 p.183掲載資料をもとに筆者作成

れてきたが、いずれも、同心円モデルの概念のなかに含まれる都市空間の把握の仕方といえる。ただ、バージェスの都市空間構造理論への批判として、この理論が歴史の短い国で短期間に成長したシカゴのような都市の観察結果であり、長期にわたって存続し持続的に発展してきた都市を時間軸に沿っては説明できていない点が指摘されている。この点については、セクター・モデルも多核心モデルも同様に欠点を有している。ここでは、同心円の都市空間構造が時間とともに形成されると考えてみたい。

（1）都市空間の年輪構造

今回、対象とした30都市のいくつかは、古代や中世、近世など前近代の地層に生まれ出てきた都市である。そこで、都市の空間構造を可能な限り単純化するため同心円構造を借用しつつ、都市の歴史的空間を年輪のように理解する枠組みを提唱する。年輪（growth ring）は、樹木の断面に生じる同心円状の層で、成長輪ともいい、1年に一つずつ増加するものが年輪と呼ばれている。年輪の成長量は気候などの環境要因によって大きく影響されるため、樹木に刻まれた年輪のパターンはその木が生育した時代の環境条件を表している。

都市の同心円型空間構造を年輪として層を摘出すると、1年ごとに観察することは困難で、フェルナン・ブローデルが提唱した「長波」を形成する都市文明の地層で観察するのがふさわしい。都市の空間規模は、まず、最大の構成要素である都市居住者の量を示す人口によって規定される。次いで、都市活動の領域を形成する人間の移動可能範囲によって規定されるが、この移動範囲は交通手段によって決定されてきた。これらの要素の相互作用で、都市規模が著しく変化する最初の時期は近代の地層に現れる産業革命である。産業革命では、蒸気動力によって工場制機械工業が成立し、都市がモノの生産の場となって農村から労働力が流入してくる。かつての都市は、周辺農村に食糧を依存していたことから、都市の規模拡大には限界があったが、産業革命がもたらした工業生産力は、海外からの穀物輸入を介して都市の人口扶養力を高め人口の社会増加を可能にした。加えて、医療技術の進歩が死亡率を低下させ、人口の自然増加を高めていった。豊富な労働力が、鉄道や船舶などの輸送革命に支えられて都市活動量を増大していったのが近代の都市社会である。

これに続いて、第2次世界大戦が終了した現代の地層では、先進国、発展途上国の双方で都市への人口集中が生じた。まず、産業革命を経た先進諸国では、産業構造変革とも称せられる第3次産業の台頭により、都市はサービス生産の場としてその集積の利益が追求され、さらなる労働力の流入を加速し、その活動がモータリゼーションによって高速化され、都市を膨張させていった。一方、植民地から独立したアジア、アフリカの都市は、同時期に「緑の革命」による農産物の低コスト大量生産により人口扶養力を増大させて人口爆発を引き起こし、増大する人口が都市に集中し、経済成長速度を上回る形での都市膨張を起こしていった。都市の成長は、拡大を呼び、新たな層を堆積させていく。

このような都市規模の拡大は、第1段階が近代の地層が始まる時であり、第2段階は、現代の地層が始まる時と言える。近代の地層が始まる以前には、古代、中世、近世の地層があるものの、前章で見たように、古代と中世は、都市の規模はそれほど変化することなく長い年月が経過し、近世では、近代への移行準備期としてさまざまな変化が表出していった。ここでは、前近代、近代、現代の地層を区切りとして都市の同心円型空間構造を形成するものとしたい。年輪は語源的には1年ごとの層であることから、正確を期すには都市の地層輪とでもいうべきであるが、あえて、「都市の年輪構造」と呼称する。

ルイス・マンフォードは、

> 都市は、時間の産物でもある。これは、人間の生涯がその中で結晶し凝縮してきた鋳型、……（中略）……都市の中では、時間が目に見えるものになる。建築物、記念碑、公共道路などは書かれた記録よりいろいろ人の目につき、……（中略）……多くの人々の目に触れるし、……（中略）……時が時に挑み、時と時がぶつかり合う。多くの習慣と価値が、生けるものの集団を越えて受け継がれ、ある単一世代の性格に、時代の様々な堆積層の縞を付ける。過去は層を積み重ねながら、自らを都市の中に保存する。……（中略）……現代人は博物館を発明しているのだ。
> （ルイス・マンフォード著、生田 勉訳『都市の文化』鹿島出版会、1974年、p.4）

と述べている。

この都市の積層を年輪構造と捉え、前近代、近代、現代の地層ごとに、都市活動の中心となったもの、都市内の移動手段と移動範囲、都市間交通結節、都市空間の性格、過去の地層の継承の五つの点について見ていきたい。

前近代の地層形成

前近代は、産業革命を区切りとすることから、時期は国

によって1世紀ほどのずれが生ずるが、おおよそ19世紀半ば以前の時期としたい。古代から、中世、近世とかなりの長期にわたるものの、都市の変化は緩慢であった。都市活動を牽引していく拠点となったものは、政治・社会的側面では、帝国、国家、宗教活動の拠点としての宮殿、教会、城塞であり、経済の側面では、1次産品生産地域を後背地とする集散拠点である市場や広場、1次産品加工品および手工業生産品の交易拠点である海運・水運の港であった。これらが活動の核となったが、ここを出発点とする行動半径は限られていた。それは、この時期の移動手段が徒歩や馬車という人力、馬力の限界があったからである。都市内は、支配階級以外は徒歩での移動であり、歩行速度は現在と同じ1時間4km程度で旅行者は1日25〜40km歩くが、都市の規模はもっと小さかった。江戸時代の五街道の宿場町が7〜10km間隔で設けられたように、都市の直径は最も大きな北京でも10km程度、江戸で8km、近世のパリやロンドンでは5km、ローマはひと回り小さな規模であった。中世から近世にかけての最大規模の城壁都市でも直径4〜10km程度が2,000年以上もの間の都市の空間規模であり、人類が徒歩で1日の間に周遊する移動範囲であったといえる。こうした規模の空間であれば、その当時の建物の尖塔に昇れば見わたすことができ、人々、特に為政者にとっては全体を一体的に把握できる規模の都市空間であった。この時期、他の都市や周辺地域との間を結ぶ交通の結節点として、城郭都市では城門周辺、海運・水運を利用する都市では港がその役割を果たし、そこから都市内部の商人・住民が集まる市場や広場で社会経済交流がなされていた。この時期のこうしたヒューマン・スケールの都市を表現する言葉としては、「街（town）」というのがふさわしく、現在、国際観光地として人々を魅了する都市の歴史的エリアの多くは、こうした「街」のスケールのものである。

大陸や海岸寄りの敵からの攻撃を受けやすい都市は、防御のため城塞を持つ城壁都市や環濠都市として建設され、内部に市民の居住地を配置して、城壁や堀、自然地形などが都市空間の境界を形成するものが多かった。都市の整備は、為政者による最初の建設時の都市形態を残して段階的に拡大整備されていった。都市内街路構成は為政者の防御への姿勢などによって異なり、整形、不整形、迷路状と多様だったが、街路幅員は、歩行、馬車に対応すればよく、狭隘であった。産業革命前のこの時代、建築の材料は都市周辺の地域で産出するものが用いられ、その材料に適した建築構法で造られた。石造、煉瓦造、木造、土造など材料の種類が限定されたことから、ほぼ同じ表情の建築物がつくられ、これらが集合してその土地特有の統一された風土的景観を生み出していった。為政者など特別な権力者の建物のみが、遠隔地から運ばれた異なる石材などで建造され、都市内で象徴性のあるランドマークとなっていった。

この時代の都市空間は、為政者の意向と風土性の影響を受けたことから、空間イメージはローカルであり、それゆえ、地域個性にあふれるものであった。

都市の用途構成では、中心ゾーンに為政者・統率者の施設や都市活動の集散拠点が象徴的に建設され、モニュメンタルな表情を持った。これらの施設を取り巻き、貴族や商業特権者の館が配置された。この周辺ゾーンには、一般住民の住居が職住一体型で高密度に立地していった。都市は、時間を経るにつれて、政治や宗教、経済の変化によって、その空間も変化していく。古代から中世へ、中世から近世へと時代が移行し、都市空間を規定する原初の地形や水系も改変されていくが、大きな自然の骨格や枠組みは時間に対する普遍性を持ち、都市空間を規定する条件となっていた。

近代の地層形成

近代に移行する準備期間といえる近世の地層において、都市の形態と発生に影響をもたらす出来事が起こった。科学技術の発達は、戦争兵器の革命を起こし、火薬を用いる大砲を生み出した。それまでの中世都市の多くは城郭都市であったものの、その城壁や城砦は火薬の威力で飛翔する弾丸には耐えることができなかった。そのため、高く薄い城壁ではなく、低く広大な稜堡で囲まれた幾何学的な形態の城塞都市が登場した。軍事工学が都市の形態を決定し、これに基づく都市改造が一部の都市で実施され、地域個性と無関係の空間が生まれた。しかし、火薬がより強力になるとこの稜堡も防御能力を果たせず無用の長物となった。ついには、城壁は消滅し多くは環状道路に転用されていき、都市は外に開かれ農村を侵食していった。もう一つの出来事は、数多くの植民都市の出現である。植民都市はローマ帝国が、ヨーロッパ大陸の各地に建設したが、大航海時代が到来すると列強諸国によって新大陸やアジアに新たに数多くの植民都市が建設された。当初は、城塞を有した植民地運営のための小都市にすぎなかった。しかし近代に入ると、蒸気動力がもたらした輸送革命は、前近代に緩やかに成長してきた都市や植民地の拠点として建設された都市の活動と規模を一挙に拡大させた。工場制機械工業が都市をモノの生産の場とし、動力がもたらす交通革命が増大する人口を労働力として都市活動力に変換していった。都市内

移動手段は、路面電車、バスに替わり、時速は40kmまで可能となり、移動範囲から見た都市空間規模は直径10〜20kmまで倍増する。都市間交通結節点として、これまでの街の境界付近に鉄道駅が建設され、郊外や他の都市への移動を可能にし、蒸気船の航行のため大型の港湾が建設された。

城壁や環濠は撤去され、環状道路などに転換されて都市は開放的になり、市街地は外側に拡大していき、鉄道・道路網や自然地形に影響された不定形な境界を形成する。自動車、路面電車に対応し、かつ、都市の衛生維持のため広幅員街路網を整備するための都市改造が行われる。増加する人口の収容のため、碁盤目状や放射状の整形区画の市街地の増設が行われ、郊外に田園都市など新市街地が出現する。産業革命の影響で、鉄骨石張り・煉瓦張り、鉄骨造、鉄筋コンクリート造の近代建築が登場し、これまでの風土的街並みの中にこれらが混在する景観を生み出していく。為政者の意向だけでなく近代技術力の影響も強く、国民国家の威容を誇示する様式が生み出され、新たな空間イメージが形成される。

この時代には、前近代の都市域は中心ゾーンとして位置づけられ、これまで配置されていた帝国、国家・地域、宗教活動の拠点の他に、用途の転換によって大航海時代の世界交易システムの拠点としての貿易商社や金融機関が集積していく。その周辺ゾーンは、これまでの職住一体型地域の他に、新市街地として貴族や商工業者など富裕層の住宅地と貧困層の零細住宅密集地が生まれてくる。輸送に至便な地域に工場制軽工業地や物流施設が立地し、年数が経つにつれ重化学工業も立地していく。鉄道を利用して市街地から外に移動した場所に新しく郊外住宅地が生まれてきて、中間層が戸建住居を構え、通勤という手段を活用した新しい職住分離型生活が誕生する。この時期には中心ゾーンを囲み、歩行圏の規模の街が複数組み合わされ、それらを交通機関が結合していく。

この規模と複雑さから、近代の都市は、一体的に把握するのが困難な規模となり、「都市」の言葉になじむ地域となる。この都市空間構成は、帝国、国家・地域の中心地である都市にとどまらず、植民都市でも同様の都市成長を遂げていく。この近代の地層への移行の時期は、おおよそ18世紀半ば頃から20世紀半ばである。この地層の都市が過去の地層を継承していくのは、自然に与えられた地形や水系のほか、前近代に築かれた帝国、国家、宗教活動拠点や富裕層の住宅地などであり、これらが、中心ゾーンを伝統的なエリアに性格づけていく。

現代の地層形成

現代になると、産業活動が高度化していく先進国の都市と、産業が未発達のまま人口の膨張する発展途上国の都市の二つのタイプが出てくる。先進国の都市では、都市活動の牽引力として、進行するグローバル経済のビジネスセンターや交流機能の強化のため、国際産業資本や国際金融機関、国際交流施設の立地が都市の競争力を高めるための不可欠な要素になってくる。国家・地域の活動拠点としての政治行政拠点や高い消費ニーズに応えるための商業・サービス拠点、文化・教育拠点、宗教活動拠点などが強化される。産業活動としては、第3次産業のなかでも金融・不動産業、情報・知識・サービス産業が都市経済力の源泉となり、工業生産分野ではハイテク・研究開発型産業がモノづくりの重要分野となる。途上国の都市では、自前でこれらの育成を図ることは困難なことから、自国に賦存する資源などを誘引力として、外資導入策によりモノ、サービスの生産活動自体を輸入し、都市活動を高める方策を採用していく。外資導入のためのインフラ整備などの資金を自国に賦存する資源に頼れない国の都市は、人口扶養力を確保できないまま、都市膨張が進み、貧困層の人口が増大していく。

先進国、発展途上国を問わず、都市内の移動手段の世界標準は、自動車、都市鉄道などの高速交通機関となり、その移動範囲は、直径20km程度以上に拡大している。都市の内部には、鉄道駅、高速道路I.C.が各所に配置され、現代では不可欠となったグローバル・スケールの移動拠点として、国際空港、国際港湾が整備されていく。

モータリゼーションが都市の郊外市街地を拡大し、既存市街地を囲む環状道路が建設されていく。市街地は環状道路を越えて、都市によっては何重もの環状道路を整備しながらも、市街地はさらに外側に拡大し、放射道路網に影響された不定形な境界を形成する。これまでの都市発展に制限を加えていた自然地形も、人工的に改変され拡大が図られていく。

郊外では、ニュータウンや郊外団地、ショッピングセンターが建設され、郊外は急膨張する。中心部には、グローバル化に応えるためのビジネスセンターの整備やその補強のため、周辺部のサブセンター整備や臨海地域再開発が進められていく。都市の拡大は、周辺都市を吸収し、また新たな都市核を誕生させ、これら複数の都市と巨大な交通結節機能と活動支援機能が組み合わさったものとなり、人間の感覚を超越する規模と構成の都市空間を形成し、都市ではなく、「都市圏」と表現されるものとなる。都市圏内

部の景観は、ガラス・カーテンウォール建築や大量生産型建築などの現代建築が近代建築と混在する街並み景観が形成される。都心のビジネスセンターはガラス・カーテンウォール建築が、一方、郊外住宅地は大量生産型住宅が土地を覆い、都市の年輪の芯の部分と表皮の部分の都市空間はグローバル様式の建築に支配され、世界中が画一的なイメージで包まれていく。

同心円を形成する都市の用途構成では、中心ゾーンには、グローバル経済・交流拠点施設、国家・地域の活動拠点施設、金融・不動産業、情報・知識・サービス産業の他にこれらの活動に従事する中〜高所得階層の高層住宅が立ち並ぶ。前近代につくられたローカルな地域個性を表出していた建築物が壊され、グローバル様式の建築に取り換えられていく。近代において郊外ゾーンだった新市街地は周辺ゾーンに取り込まれ、貧富の分離する職住一体型の居住地となっていく。工業・物流施設は、さらに郊外に移転するか海外に移転し、その跡地は中高層住宅へと用途転換される。放射型の高速鉄道や道路網が郊外ゾーンを拡大し、大規模な商業・物流施設が立地し、ハイテク・研究開発型産業が立地する産業活動の場ともなる。都市圏人口の圧倒的多数は、所得階層や民族で分離されながら郊外地域を居住の場としていく。先進国と発展途上国を問わず、都市圏の用途構成と空間構造は似かよったものとなる。ただ、都市人口扶養力や都市活動の牽引力、雇用力、居住者の生活水準には、著しい格差が生じている。

この現代の都市圏が過去の地層を継承していく際、進歩した土木技術力によって、自然の地形や水系の改変が行われる場合も多々見られる。前近代や近代の遺産としての帝国、国家、宗教活動、産業拠点や建築物の多くは、歴史的遺産として保存され、中心ゾーンは、グローバルな経済・交流機能の増強と歴史遺産保全のせめぎ合いの場となり、このどちらが重要視されるかが、その都市の個性や魅力を決定づけていく。

地層の重層化

都市の空間構造は、空間を拡大させる人口や活動量の増大に比例して拡大していく。前近代からの地層を持つ都市の場合、「街」の規模であった前近代都市では、中心ゾーンに為政者・統率者の施設、集散拠点が配置され、周辺ゾーンに職住一体型施設が立地していたものが、近代になるとこの二つのゾーンは中心ゾーンとして合体して面積を拡大し、為政者・統率者の拠点施設の他に世界交易システムの拠点施設を配置していく。そして土地利用がなされてい

都市の年輪構造の展開

1. 前近代の年輪構造

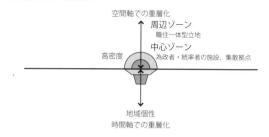

2. 近代の年輪構造

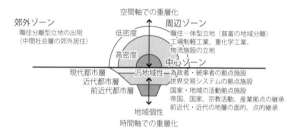

3. 現代の年輪構造

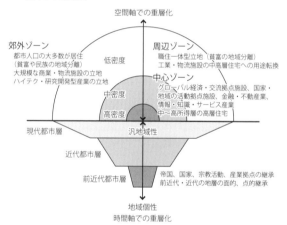

4. 年輪に今後増加する問題

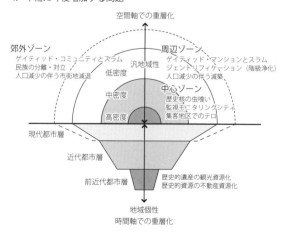

都市の年輪構造

都市文明の地層	地層時期	前近代 18世紀頃まで（国により異なる）	近代 19世紀（国により異なる）～20世紀半ば	現代 20世紀半ば以降
都市活動の牽引力		①帝国、国家・地域、宗教活動の拠点：宮殿、教会、城塞 ②1次産品生産地域を後背地とする集散拠点：市場、広場 ③1次産品加工品および手工業生産品の交易の拠点、海運・水運の港	①世界交易システムの拠点：貿易商社、金融機関 ②帝国、国家・地域、宗教活動の拠点：宮殿、教会、城塞、総督府 ③工場制軽工業、重化学工業	①グローバル経済・交流拠点：国際産業資本、国際金融機関、国際交流施設 ②国家・地域の活動拠点：政治行政拠点、商業・サービス拠点、文化・教育拠点、宗教活動拠点 ③金融・不動産業、情報・知識・サービス産業、ハイテク・研究開発型産業
都市の移動手段	移動速度と手段	低速（人力・馬力）	中速（バス、路面電車など機械式交通機関）	高速（自動車、都市鉄道など高速交通機関）
	移動範囲	直径4～10km 1日で徒歩にて都市内周遊可能	直径10～20km程度 徒歩での周遊不可能、中速交通機関で都市内移動	直径20km程度以上 高速交通機関で都市内移動
	都市間交通結節	城門・市場・広場、海運・水運の港	鉄道駅、港湾	国際空港、国際港湾、鉄道駅、高速道路IC
都市空間の形成	表現方法	街	都市	都市圏
	空間認識	全体が一体的に捉えられる都市空間	一体的に捉えるのが困難な規模の都市空間（複数の街＋交通結節機能＋活動支援機能）	人間の感覚を超越する規模と構成の都市空間（複数の都市＋交通結節機能＋活動支援機能）
	都市の境界	防御のため城塞を持つ城塞都市や環濠都市として建設され、内部に市民の居住地を配置して、城壁や堀、自然地形などが都市空間の境界を形成。	城壁や環濠を撤去し環状道路などに転換、都市は開放的に。市街地は外側に拡大、鉄道・道路網、自然地形に影響された不定形な境界を形成。	モータリゼーションによる郊外の市街地拡大と既存市街地を囲む環状道路も建設。市街地はさらに外側に拡大し、自然地形の制約を超え放射道路網に影響された不定形な境界を形成。
	都市整備	為政者による建設時の都市形態を、段階的に拡大整備。街路構成は防御的な姿勢によって整形、不整形、迷路状など多様。街路幅員は歩行、馬車に対応。	機械式交通機関への対応と都市衛生維持のために街路網整備と広幅員確保。碁盤目状や放射状の整形区画の新市街地増設や都市改造。田園都市など郊外に新市街地が出現。	ニュータウンや郊外団地、ショッピングセンターが建設され、郊外が急膨張。中心部のビジネスセンター整備、周辺部のサブセンター整備、臨海地域再開発。
	都市景観	材料、構法が同じ建築物が集合する風土的街並み景観。石造、煉瓦造、木造、土造。	近代建築が風土的街並みに混在する景観。鉄骨石張り・煉瓦張り、鉄骨造、鉄筋コンクリート造の出現。	現代建築が近代建築と混在する街並み景観。ガラス・カーテンウォール建築、大量生産型建築。
	空間イメージ	ローカルなスタイル。為政者の意向と風土性の影響。	ナショナルなスタイル。為政者の意向と近代技術力の影響。	グローバルなスタイル。ビジネスセンター・郊外住宅地のグローバリズム支配。
都市の用途構成	中心ゾーン	為政者・統率者の施設、集散拠点が象徴的に建設される	為政者・統率者の施設、世界交易システムの拠点施設、国家・地域の活動拠点施設	グローバル経済・交流拠点施設、国家・地域の活動拠点施設、金融・不動産業、情報・知識・サービス産業、中～高所得階層の高層住宅
	周辺ゾーン	職住一体型立地	高所得階層の新住宅市街地と貧困階層の零細住宅密集地。工場制軽工業、重化学工業、物流施設の立地。	中～高所得階層の高層住宅と貧困階層の零細住宅密集地。かつての中間所得階層の郊外居住地が高所得階層住宅化。工業・物流施設の中高層住宅への用途転換。
	郊外ゾーン	―	職住分離型立地の出現（中間所得階層の郊外居住）	都市人口の大多数が居住（貧富や民族による地域分離）。大規模な商業・物流施設の立地。ハイテク・研究開発型産業の立地。
過去の地層の継承		地形、水系の改変と活用	①地形、水系の改変と踏襲 ②帝国、国家、宗教活動拠点の継承 ③前近代の地層の面的継承	①地形、水系の改変と踏襲 ②帝国、国家、宗教活動拠点の継承 ③前近代・近代の地層の面的、点的継承

なかった外側地域に新たな周辺ゾーンを形成し、富裕層の新住宅市街地と貧困層の零細住宅密集地に加え、工場制軽工業、重化学工業、物流施設を立地させていく。さらに、その外側の一部地域に中間層の郊外居住地として職住分離型市街地を建設していく。

現代都市に移行すると、近代都市の中心ゾーンは、グローバル経済・交流拠点施設、国家・地域の活動拠点施設、金融・不動産業、情報・知識・サービス産業を立地させる場所として、建物を高層化させて都市活動を収容し、近代都市の周辺ゾーンの一部の土地利用を高層化させ、中～高所得階層の高層住宅を立地させ、これらが合体して現代都市の中心ゾーンを形成していく。現代都市の周辺ゾーンは、前時代の区画の大きな富裕層の住宅市街地が中～高所得階層の高層住宅に転換し、貧困層の零細住宅密集地は土地の再編が困難なため放置される。前時代に建設された中間層の郊外居住地は高所得階層住宅地として市街地の中に包含されていく。かつての工業・物流施設用地も中高層住宅へと用途転換する。これらが現代都市の周辺ゾーンとして位置づけられていく。現代都市の郊外は、前時代に農地や山林だった地域が短期間に都市人口の大多数の居住地に変貌していく。

バージェスの同心円空間構造は、現代都市の用途構成をモデル化したものであるが、長い歴史を経る都市は、年輪として層を変化させ、現代に至っている。そこには、バージェスのモデルには指摘されなかった都市文明の地層が重層して、現在の都市空間を形成している。前近代に誕生した都市は、地面の下に古代、中世、近世、近代の何層もの地層を重層し、近代に誕生した都市は、近代の地層を現代

の地層の地下に持つ。都市の多くは、前近代、近代を問わず、中心ゾーンから建設され外延部に広がることから、都市の中心部は、最も深い地層を持つ歴史的な地域となる。

しかし、中心部はまた、その都市にとって交通至便の地となることから、高い土地効用が求められ、建物は更新され立体化し、どの都市もグローバル様式の都市空間が生み出され、歴史遺産保全とのせめぎ合いの場となっている。その都市が、単なるグローバリズムに支配された都市になっていくのか、歴史を感じさせるローカルな個性を持つ都市になっていくのか、中心部の街づくりにその分かれ目がある。どの都市も都市間競争といわれるものに勝つために、世界都市といわれるものになろうとグローバリズムに追随する都市空間形成に余念がない。しかし、歴史的、地域風土的に培われてきたローカルな存在としての都市独自の魅力から離れ、画一化、標準化を進めた場合、その都市が国際的に差別化できる魅力は喪失していくわけであり、都市づくりのエアポケットであると言える。

年輪を持つ樹木としての都市を見た場合、最も外側にある現代の年輪となる表皮は、都市の場合、郊外に当たる。このゾーンはモータリゼーションの生活様式に覆われ、広範囲にグローバル化した都市空間であり、世界のどこの都市も似た表情を有した量産型の建物で覆われている。続く近代の年輪では、その国特有の様式を垣間見られる都市もある。そして中心の年輪である前近代の層は、過去の文明や文化が時間を経るなかで最も地層が堆積している場所となっている。前近代の都市空間は、その地域の歴史と風土を表現し、しかも五感で体感できるヒューマン・スケールの規模である。この空間が地表に表出している場所は貴重である。これら都市の年輪の芯ともいえる部分を画一的なグローバル化した空間で覆い尽くすことなく、積極的に保存、保全することが都市の個性と魅力を左右していくことになる。バージェスは、都市の空間構造を水平に拡がる横の重層性のみに着目したが、都市には歩んできた歴史が持つ時間の軸が空間の地層として縦に重層している。都市を年輪構造で見るということは時間と空間の縦と横の重層性で見ていくということである。

> ルイス・マンフォードは、
>
> > 都市は、そうした時間構造の多様性を持つことによって、……(中略)……時間と空間の織り成す複合的なオーケストレーションによって、交響楽の性格を帯び、……
> > (ルイス・マンフォード著、生田 勉訳『都市の文化』鹿島出版会、1974年、p.4)

と語るが、この交響楽が、どのようなハーモニーを奏でられるかが都市の魅力に通じる。

(2) 現代の地層に見る都市の成長と様相

都市は、前近代にも各地に数多く成立しているが、その時代の規模は小さい。第1章で述べたように、近代に至るまでで最大規模の人口を有した都市は北京の110万人で、かつて北京は最大の空間規模を有し、城壁内は6,200haの面積であった。これは、2014年における北京の都市域面積455,684haや建築被覆面積265,434haに比べてそれぞれ2％未満、3％程度の規模である。パリの場合、近代が始まる1800年の人口54.7万人に対する城壁内面積は5,000ha程度と推測できる。これも2014年のパリの都市域面積277,848haや建築被覆面積198,626haに比べてそれぞれ2％未満、3％未満の規模である。都市の空間規模は、前近代では小規模で、近代の地層から現代の地層にかけて急拡大していくことがわかる。いち早く近代の地層に入ったロンドンやアムステルダムでは、1500〜1800年の近世の期間に20倍近い人口増加を示し、1800〜1950年の近代の期間には、パリ、ロンドン、ローマ、ベルリン、プラハ、モスクワ、カイロ、東京の諸都市がほぼ10倍以上を上回る人口増加をしていく。

人口成長でのタイプ分け

現代の地層に至ると、本書で対象とした30都市もその規模が変化する。その拡大の速度は急で、数十年間でそれまでの規模を上回る都市も多い。そこで、この現代を4時点の人口データで30都市の都市規模の変化を見てみたい。第2次世界大戦が終了して新しい時代に入った1950年、戦争に参加した各国が戦後復興を成し遂げ、植民地が新興国として成長し始めた1970年、社会主義陣営が崩壊し冷戦の終了する1990年と最近年の2010年である。

1950年において30都市の人口規模は、500万人以上がブエノス・アイレス、ニューヨーク、パリ、ロンドン、モスクワ、東京の6都市、300万人以上がリオ・デ・ジャネイロ、ロサンゼルス、ベルリン、上海の4都市、100万人以上がワシントンDC、サンフランシスコ、シドニー、ローマ、カイロ、デリー、シンガポール、バンコク、北京の9都市である。これらは、現代の地層のなかで4種類の人口変化のタイプを示している。

第1は、「成熟型」といえるタイプであり、近代までの間に都市の量的成長を遂げ、1950年以降の現代の期間は、人口増加速度を落とし都市活動の質的充実、高度化を歩

む都市である。これらの都市は1950年時点までに蓄積された人口が、その後の1950～2010年間の増加人口を上回っている。このタイプの都市には、グローバル経済のリーダーとなっていくニューヨークやロンドン、パリがその代表としてあり、グローバルな地域拠点の役割を果たすブエノス・アイレス、ベルリン、ローマ、サンフランシスコ、そして文化活動などの分野の牽引車となっているアムステルダム、プラハ、また国際観光に特化しているヴェネツィアがあげられる。

第2は、戦後復興期の間に都市の量的成長が進み1970年までに人口が増加し、その人口をそれ以降の人口が上回らないタイプで「成長減速型」タイプといえる。東京、モスクワ、ロサンゼルス、リオ・デ・ジャネイロ、シドニー、ワシントンDCの都市で、いずれも所属する国が先進国か途上国を脱した国の首都や同等の都市力を持つ都市である。

第3のタイプは、1970年の人口よりそれ以降の期間に増加する人口が上回る都市で、「近年成長型」タイプといえる。バンコク、カイロ、シンガポール、フェズ、キャンベ

30都市の都市別人口増加量比較グラフ

注) 国連のデータ（第1部参考文献-35）をもとに筆者作成

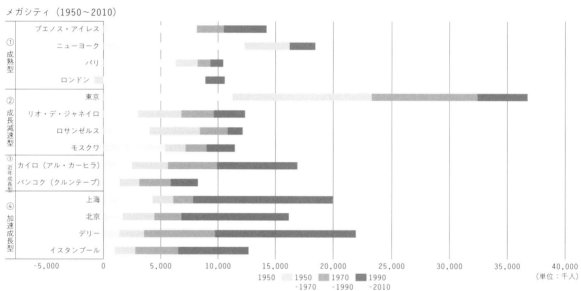

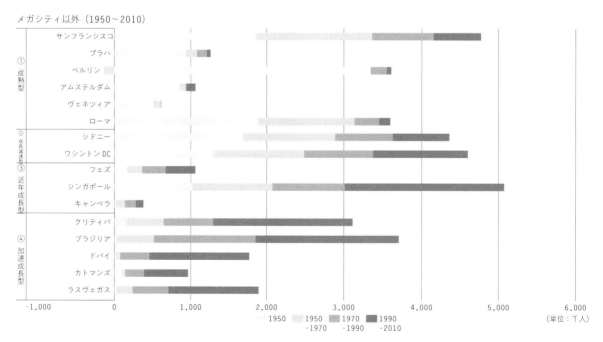

ラの5都市である。いずれも、所属する国が戦後に途上国から新興成長国家として経済成長した首都やそれに次ぐ都市である。ただ、キャンベラについては経済成長が牽引役というより、オーストラリアの新首都として戦後本格的に首都機能を果たし始めたことによる成長である。

　第4のタイプは、「加速成長型」といえるタイプである。このタイプは、1990～2010年の最近20年間の増加人口が1990年までの人口を上回るタイプである。上海、北京、デリー、イスタンブール、カトマンズ、ドバイ、ラスヴェガス、ブラジリア、クリティバの9都市が該当する。このうちラスヴェガスは、カジノ都市から世界規模のエンターテイメント都市に発展したという背景を持ち、ブラジリアはブラジルの首都として建設され、首都としての活動が本格化するにつれ発展を遂げた都市である。他の7都市は国の首都や地域拠点都市である。加速成長タイプの都市の中には、ブラジリア、クリティバ、ドバイのように、独特の都市計画を実施し、都市発展の原動力にしてきているものがある。

　これらの4種類のタイプの都市空間構造を「NYU都市拡大プログラム2016」調査（p.34第1部参考文献-45参照）によるランドスキャン[注4]・データにて見てみる。

　この調査では、都市圏を対象に世界の大規模都市をランドスキャンによって、行政界とは異なる都市エリアや建物立地エリアとそこにおける人口等を計測し推計している。本書で対象とした30都市のうち、16都市について推計数値データ（p.28表）があり、12都市については地図情報（p.29図版）を活用することができる。まず、数値データで1990～2014年の15年間の都市エリアの拡張、建物立地エリアの増加、建物立地域の人口密度について、16都市を見てみたい。

成熟型と成長減速型の都市

　成熟型と成長減速型の都市については、どの都市も都市エリア面積を拡張し都市圏の年輪は拡大しているものの、その拡大はほとんどが2倍以下の面積となっている。面積拡大の主因である人口は当然増加し、その多くは建物立地エリア面積の増加率が人口増加率を上回り、郊外ゾーンの拡大による低密・粗密地域が増加している。また、都市エリアにおける建物立地エリアの15年間の増加はロンドン、モスクワ、ロサンゼルスについては30％前後で穏やかに増加してきたが、パリ、ニューヨーク、ブエノス・アイレス、シドニーについては、50％前後の増加を示し郊外ゾーンの拡張が速かったと推測される。

　これらの都市のうち、地図情報のある6都市について都市エリアの形状を見てみる。ロンドン、パリ、モスクワについては河川沿いに古代、中世の時期に最初の都市が建設され拡大してきた。当初は、都市形状が河川の影響を受けつつ、拡大するにつれ、全方位同心円状に市街化が行われ、次いで、交通網の影響を受け放射状に郊外ゾーンが形成されてきたことを見ることができる。これらのうち、モスクワは放射状の市街化が著しく、星状市街地の典型パターンとなっている。東京とシドニー、ブエノス・アイレスについては、中世ないし近世の最初の都市が港湾と一体化して建設され、その後拡大した。これらは半円心状に拡大するが、海域や陸地の地形形状に影響を受け、かつ交通網の影響も受けつつ、放射状の郊外化の過程を歩んできていることがわかる。ロサンゼルスについては、内陸部の集落を出発点として近代市街地が形成されたが、大農場単位で市街化され、モータリゼーションが拍車をかけて1990年までに海域と山地に挟まれた地域が市街化し、地形によって形づくられた都市エリアを形成した。

　次いで、これら都市の建物立地エリアの面積について、1990年の面積が2014年の面積に占める比率を見てみよう。各都市のどれもが、62～77％の間である。これらは地図情報には、中濃度の色彩で示されている。これでわかることは、成熟型、成長減速型では1990年以降の最近15年間で形成された郊外地域は、都市エリアの1/4～1/3にとどまっているということである。さらに地図情報では、都市エリアの中心部に近づくにつれ、中世までの1880年頃の地層は黒の色彩で、1945年以前の近代の地層は中心部に濃い色彩で判別することができ、前近代、近代、現代の地層が読み取れ、都市の年輪構造を見ることができる。

注4　ランドスキャン
　アメリカ国防省が管理する人工衛星「セツルメント・マッパー」のセンサーから取得した情報を、同国エネルギー省所管であるオークリッジ国立研究所（ORNL）が最新のGIS（地理情報システム）およびリモート・センシング技術を駆使して作成した、全世界の人口分布データである。地球全域を1kmメッシュでくくり、人口等のデータを提供している。人口等のデータが多くの国で信頼に値する調査がなされていない現状のなかで、同一基準の調査方法によって計測された唯一のデータと言える。本書では、このランドスキャン・データをもとに、ニューヨーク大学が国連ハビタットおよびリンカーン土地政策研究所と共同して研究を行った「NYU都市拡大プログラム2016」の分析結果を活用した。

ランドスキャン・データに見る都市圏の拡大（1990-2014）　　注）NYUデータ（第1部参考文献-45）をもとに筆者作成

人口成長タイプ	都市名	都市エリア人口（人）			都市エリア面積（ha）			建物立地エリア面積（ha）			1990/2014面積比（％）	建物立地エリア人口密度変化率
		1990	2014	2014/1990増加率	1990	2014	2014/1990増加率	1990	2014	2014/1990増加率		
成熟型	ロンドン	8,520,935	11,197,941	1.31	197,355	250,771	1.27	131,495	177,273	1.35	74	0.97
	パリ	9,265,734	11,114,026	1.20	197,210	277,848	1.41	127,790	198,626	1.55	64	0.77
	ベルリン	3,248,604	3,860,243	1.19	44,886	109,026	2.43	24,707	68,743	2.78	36	0.43
	ニューヨーク	16,235,289	18,412,093	1.13	688,875	951,103	1.38	509,235	747,852	1.47	68	0.78
	ブエノス・アイレス	10,568,200	13,879,006	1.31	133,014	193,394	1.45	99,014	147,306	1.49	67	0.88
成長減速型	モスクワ	10,377,113	15,220,986	1.47	176,270	357,596	2.03	314,393	424,453	1.35	74	0.72
	ロサンゼルス	12,355,295	15,138,973	1.23	488,265	585,902	1.20	353,941	459,047	1.30	77	0.94
	シドニー	2,871,961	4,114,435	1.43	113,035	162,527	1.44	69,123	110,033	1.59	63	0.88
	東京	291,681,161	34,765,638	1.19	417,904	643,240	1.54	278,695	448,929	1.61	62	0.73
近年成長型	シンガポール	2,700,539	5,085,789	1.88	29,981	42,039	1.40	15,760	27,392	1.74	57	1.09
	バンコク（クルンテープ）	6,048,386	14,011,131	2.32	96,925	294,462	3.04	50,746	172,912	3.41	29	0.68
	カイロ（アル・カーヒラ）	9,621,785	15,734,934	1.64	41,203	136,396	3.31	29,717	93,093	3.13	32	0.52
加速成長型	イスタンブール	8,662,185	13,974,428	1.61	46,928	131,606	2.80	28,372	102,589	3.62	28	0.45
	北京	6,037,392	20,669,397	3.42	98,733	455,684	4.62	66,759	265,434	3.98	25	0.87
	上海	10,044,522	24,387,272	2.43	195,581	468,872	2.40	95,071	320,046	3.37	30	0.72
	クリティバ	1,375,084	2,728,388	1.98	28,118	64,027	2.28	14,909	44,527	2.99	33	0.66

注）「バンコク」の名称はタイ国外における呼称であり、国内では「クルンテープ（天使の都）」と呼ばれている。「カイロ」は現地アラビア語では「アル・カーヒラ」と呼ばれ、その英語読みがカイロである。両者ともに、第2部の各都市の「名称の由来」を参照のこと。

近年成長型と加速成長型の都市

　近年成長型と加速成長型の都市は、1990〜2014年の15年間に激しく拡大した。どの都市についても都市エリア面積による都市圏の年輪拡大は、シンガポールを除き2〜4倍にまで至っている。人口増加率よりも建物立地エリア面積の増加率のほうが高く、カイロでは建物立地エリア面積の増加率が人口増加率の約2倍に至っている。郊外ゾーンが急ごしらえで爆発的に拡散・拡大したことを示している。ただ、シンガポールと上海は従来通りの拡大が続いている。

　続いて、地図情報のある5都市について都市エリアの形状を見てみる。北京は内陸に建設された都市であることから、同心円状に拡大し都市が形づくられている。バンコクとカイロは河川流域に建設され、ともに当初は右岸に都市形成がなされたものの、近代以降は左岸にも市街化の波が押し寄せ同心円状の発展形態となった。イスタンブールは、ボスポラス海峡を挟んでヨーロッパとアジアにまたがる珍しい都市であり、都市の建設は海峡の西側のヨーロッパ地域から開始され、西側地域で市街地の拡大が行われていた。しかし、二つのボスポラス橋の建設によって東西が結合され、海域に沿ってヨーロッパとアジアの両側に長く伸びる帯状の市街地が形成された。上海は大河揚子江の支流域に建設され、揚子江の河口域を自然の市街化限界として同心円状に膨張した。

　次いで、これら5都市の2014年の都市域に占める1990年時点の建物立地エリアの面積比率は、どれもが25〜32％の間で、中濃度の色彩で地図上に示される地域は少なく、どの都市も70％以上がこの15年間に膨張してできた市街地である。地図情報では、都市域の中心部に近づくにつれ、中世までの地層が黒の色彩で、近代の地層は中心部に濃い色彩で判別することができる。これらの5都市は、都市圏の拡大は1990年以降によるところが大きいが、すでに前近代、近代において都市の形成がなされてきたことから、都市中心部の古代〜中世の地層は成熟型・成長減速型都市と同様の規模を有している。ここに類型化した四つの都市タイプともに、近代以前、近代、現代の三つの年輪が読み取れる。その空間構造は、早い時代に成長した成熟型では歴史を持つ地層が大きな面積を占め、最近成長した加速成長型では近年になって形成された郊外が都市空間の圧倒的な面積を占めているのがわかる。

（3）都市郊外の様相

　現在の都市圏の年輪構造のなかで、現代に形成された郊外は、どのタイプも広大な面積となっている。この郊外の住宅立地を眺めてみると、都市によって異なり、戸建住宅中心、集合住宅中心、戸建・集合住宅の混合の三つのタイ

世界の都市圏に見る年輪構造

注）NYUデータ（第1部参考文献-45）をもとに筆者作成

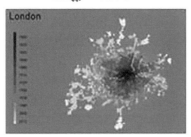
成熟型-1 ロンドン

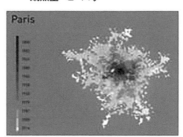
成熟型-2 パリ

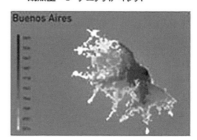
成熟型-3 ブエノスアイレス

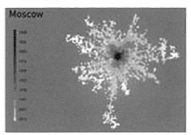
成長減速型-1 モスクワ

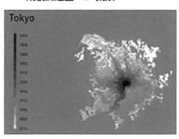
成長減速型-2 東京

成長減速型-3 ロサンゼルス

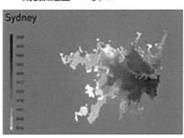
成長減速型-4 シドニー

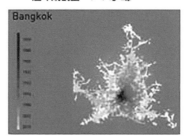
近年成長型-1 バンコク

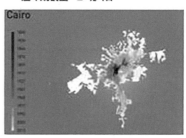
近年成長型-2 カイロ

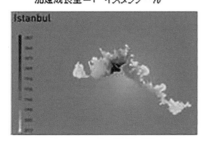
加速成長型-1 イスタンブール

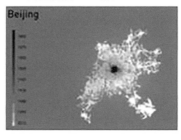
加速成長型-2 北京

加速成長型-3 上海

ブの住宅立地によって郊外が埋められている。

戸建住宅立地の郊外

アメリカの諸都市やシドニーでは、中所得階層は郊外居住を好み、芝生の庭を持つ良質な1〜2階建ての木造戸建住宅が立ち並ぶ郊外地域を形成し、アメリカン・ドリームを現出させている。バンコクは日本の郊外住宅と同水準の住宅が立地するが、ブラジリアやカトマンズでは安価な水準の造りとなっている。これら3都市では、セキュリティ上、住宅は塀で囲まれたつくりとなっている。また、これらの都市の郊外は、戸建住宅とマイカーを所有しモータリゼーションの利便を享受できる社会層の住まいであり、これらの都市では、低所得階層は、都市の周辺ゾーンの稠密住宅地に住んでいる。

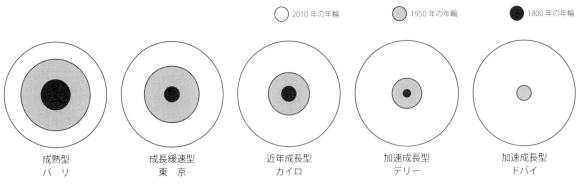

3時点の人口から類推した各時点の年輪面積比

成熟型 パリ / 成長緩速型 東京 / 近年成長型 カイロ / 加速成長型 デリー / 加速成長型 ドバイ

注）NYUデータ（第1部参考文献-45）をもとに筆者作成

戸建・集合住宅複合立地の郊外

　戸建住宅と集合住宅が複合的に配置される郊外は、多様な社会層が居住できる世界で最も一般的な郊外住宅地といえる。30都市のうちでは、ロンドン、パリ、ローマ、ベルリン、ヴェネツィア（内陸部）、東京、上海、北京、リオ・デ・ジャネイロ、ブエノス・アイレス、デリー、カイロ、ドバイ、イスタンブール、フェズが複合立地の郊外を形成している。

集合型住宅立地の郊外

　集合住宅を中心に形成される郊外を持つのは、戦後の住宅需要に対し、強力な住宅政策を実行した都市である。迅速な大量供給が目的となるため、コンクリート・プレハブの板状高層集合住宅[注5]団地が立ち並ぶ都市風景が多い。
　アムステルダムでは第2次世界大戦後、市街地拡張計画に沿って住宅地開発が行われ、大型板状高層住宅団地が建設され郊外を埋め尽くしていった。現在、これらは老朽化し大量の空き家を抱え、その減築、再生が推進されている。モスクワでは、低コストの中層集合住宅の大量供給に始まり、大型板状高層住宅団地が建設されていった。プラハは第2次世界大戦後、社会主義国家の体制上、旧ソ連をモデルに、板状プレハブ中高層集合住宅団地が郊外を埋め尽くした。シンガポールは、国民持家制度の発足（1964年）と連動させて、大型板状高層住宅によるニュータウン建設を進めた。

ゲイティッド・コミュニティとスラム

　アメリカでは社会的環境の悪い地域を逃れた中所得階層は郊外での居住を求めていったが、その郊外も犯罪が勃発し、その対応のための方策が生まれた。
　ロサンゼルスの郊外では、低所得階層が行う犯罪を恐れ、住民は自己防衛のため住宅地のまわりを塀で囲み、外部との行き来は門を通じ、外来者を門にてチェックするという「ゲイティッド・コミュニティ」をつくり出した。かつての城壁都市を想起させるこの郊外住宅地様式は、現在では全米各地に普及し、世界各地の社会格差の著しい地域において採用されていっている。デリーやカイロでも高級住宅団地は、ゲイティッド・コミュニティとしての開発が進行

注5　板状集合住宅

　集合住宅の形態は、大きく分けると2種類ある。タワー（筒状）型と板状型である。タワー型は、筒を立てたような形で、現在、日本で建設されている超高層マンションの多くは、このタイプである。板状型は、板の壁が立っているように、薄く幅広い形のものである。日本では、旧来の住宅団地に建てられた集合住宅のほとんどが、このタイプであった。タワー型は、風の影響を受けにくいが、東西南北との方向にも住戸ができ、日照時間の短い住戸ができてしまう短所がある。板状型は、日照を重視する国では、南面の住戸だけにすることが可能であり、南側と北側の両面に窓を設置でき、通風、採光に優れるのが特徴である。ただ、高層にすると風の影響を受けやすくなる。

　板状型は、画一的な住戸を廊下に沿って並列配置した標準階を積層したものである。高い有効率と開放性を持ち、プレキャスト鉄筋コンクリート工法により短い工期で大量生産できたことから、第2次世界大戦後以降、増大する住宅需要を抱えた大都市郊外の多くではこのタイプの集合住宅が建設されていった。社会主義国をはじめ、強力な住宅政策を実行した国や都市で特に導入され、郊外は、この板状集合住宅が林立する都市風景を生み出していった。日本では、日本住宅公団（現UR都市機構）がその建設の主導者となり、郊外各所の団地やニュータウンでの建設を行った。社会主義国では、郊外地域のほとんどが板状集合住宅で埋められ、時代を経るに従って巨大なスケールのものとなり、人間の住まいでありながら非人間的な都市景観を呈するものとなっていった。

している。

　このように、郊外地域は都市圏の圧倒的な面積を占める地域であり、画一的な造りの膨大な量の住宅が大地を埋め尽くしていっている。都市により住戸規模やデザイン、構法、材料に相違はあるものの、第2次世界大戦後の短期間に大量に建設されたという共通点からして、大量生産型の画一性は免れることはできない。ここでの生活様式は、アメリカが生み出したモータリゼーションと大量消費型生活が標準であり、経済成長を達成している都市ではアメリカと同様の生活となっており、成長途上にある都市では夢のモデルとなっている。

　しかし、大都市に流入してきても住宅を確保できない人々や戦乱から逃れた難民など最底辺の人々も、大都市圏の郊外や周辺ゾーンに増加している。

　貧しい途上国や戦乱の発生している国、飢えに苦しむ農村からは大都市への人口流入が続くが、流入しても、手に職のない人々は、流入した先でも雇用機会は無く、貧困のまま、スラムと呼ばれる最底辺の場所をつくり出す。多くのスラムは、不法建築物で作られ行政が立ち入れない場所となっていく。国に経済力があっても所得格差の激しい国、発展途上で都市自体が人口扶養力に欠けるところにスラムは形成され、その場所は、国、都市によって異なり、周辺ゾーン、郊外、それぞれである。

　ヨーロッパの大都市では、貧困層は城門の外側や城壁外の新市街地などに集まるケースが多い。パリでは、移民が主に住む低所得階層用の社会住宅を「バンリュー（郊外）」と呼ぶようになり、貧困で危険な地域だとみられるようになった。ロサンゼルスは、メキシコ国境に近く、ヒスパニック系移民の未熟練労働者が多く、これらの移民による社会問題が生じ、犯罪都市としての汚名を着せられている。リオ・デ・ジャネイロでは、不法居住地のスラムは「ファヴェーラ」と呼ばれ、丘の上や郊外の空き地を不法占拠して住居を建て、共同体を形成している。ブエノス・アイレスでは、流入人口は「ヴィラ・ミセリア（悲惨な街）」と呼ばれる貧民街に住みつき、最底辺層を形成している。デリーでは、2011年で全人口の10.6%の178.5万人がスラムに住んでおり、共有を含みトイレを有する世帯は31%にすぎず、小規模なスラムが全域的に分布している。

　一部の都市圏を除き、人口は今後とも増大し、このスラム問題はより深刻となる。人口の増加する欧米の都市でも、増加人口は、出生率の高い流入人口によるものである。かつて多数派住民であった白人は高齢化し、その人口比率を減少させ、半数を下回る都市も多くなっていく。多数派に転換する流入人口やその2世、3世の貧困層は一層スラムを拡大していく。

　国連は、2030年までの世界の都市圏の人口を予測している（p.34第1部参考文献-35）。これによると、将来の都市圏は二つの道を歩むことが予想される。大多数の都市圏では、今後ともに人口膨張が続き、郊外はまだまだ拡張を続け、これまで郊外が抱えてきた問題を解決するに至らない。これとは逆に、日本、ヨーロッパや旧ソ連の一部の都市圏では人口が減少傾向となり、それまで大量に建設された郊外住宅の減築、都市圏の縮退などの施策によるコンパクトシティ化が課題となる。すでに、これらの都市圏の多くでは現実に減築等が実施されている。

（4）都市中心部の様相

　一方、都市の中心部に目を転じると、そこには都市発祥のルーツといえる前近代や近代の歴史的空間の地層が存在する。地層の深さは都市により異なるものの、その都市が生み出し都市の特徴を表現し、その時代の空気を残してくれている。これに比べてグローバル経済の空間は、経済価値のみで存立しており世界標準であることのみに価値を求めていることから、その地域性を覆い隠してしまうものである。歴史的空間の維持は、その都市行政の姿勢に依存する。ローカルなアイデンティティを維持する意識の高い都市では、そのための都市空間の保存やそこでの活動の維持がなされる。グローバルなエコノミック・アニマルにすぎないのか、それとも自らのルーツ、伝統に誇りを持つ都市であるのかが問われる。歴史的空間については、世界的な価値があるものについては、近年世界遺産登録されるものが多くなり、保存はしやすくなってきている。しかし、そうした登録の有無にかかわらず歴史的な独自の価値はどの都市にもある。こうした都市ごとの歴史的空間資産は都市発祥の地の中心部に位置しており、最大の経済利便性を求めるCBD（Central Business District：中心業務地区）との空間的なせめぎ合いが生じてくる。この二つの空間の関係は次の四つのパターンに分かれる。

歴史核保存型の都市中心部

　このタイプは、都市の核ともいえる歴史的空間にグローバル・ビジネスが侵食してくるのを、歴史遺産の地域指定で阻止している都市である。建築物単独でなく、エリアを指定している都市が保存に成功している。

　ベルリンのウンター・デン・リンデン通り、プラハの旧市街地、シンガポールのヘリテッジ・リンクとエスニック・

タウン、シドニーの湾岸周辺をはじめとする歴史的空間エリアでは、歴史とグローバル化の共存がなされている。

歴史核虫喰い型の都市中心部

このタイプは保存対策が建物単位である限界から、害虫が蝕むように、歴史的空間がグローバル・ビジネスに支配され侵食されているタイプである。

ニューヨークにおけるガラス・カーテンウォールの林の中に埋もれるアール・デコの摩天楼群、リオ・デ・ジャネイロにおけるポルトガル帝国時代の歴史遺構、東京の現代建築群に取り囲まれ埋もれた江戸時代の土木的遺構、デリーのニューデリー地域のコンノートプレイスにおける現代建築への建替えなど、歴史的空間は蝕まれている。

CBD隣接型の都市中心部

このタイプは、歴史的空間とグローバル・ビジネスの空間が隣接する都市である。両者が適切に分離、隔離されていると、ローカルな歴史的特徴は維持されていく。

バンコクのCBDのシーロム通り、カイロの城壁都市とナイル川との間のCBD、ドバイの歴史的遺構としてのクリークを取り巻く超高層ビル群、北京の城壁建国門の外に計画配置されたCBDは、歴史的空間と分離、隔離されている。

新CBD建設型の都市中心部

このタイプは、歴史的空間とグローバル空間の共存に苦慮し、既存市街地の外側にグローバル・ビジネスの空間を集約配置している都市である。

ローマ郊外のエウル（EUR）地区と周辺、パリのラ・デファンス、アムステルダムの世界貿易センター地区、モスクワのモスクワシティ、ロンドンのドックランド、ワシントンDC郊外のタイソンズコーナー周辺、サンフランシスコ湾岸のシリコンバレー、ロサンゼルス郊外に位置するオレンジ郡のビジネスパーク、上海の浦東地区、イスタンブールのレヴェント、マスラクの新CBDは、歴史的空間と地理的に分離されている。

経済合理性と非合理性

都市の中心部における歴史的空間とグローバル経済とのせめぎ合いの実態を見てみると、建物単位の保存では歴史的ローカリティを感じさせる都市のアイデンティティの創出は困難であり、エリアとしての保存が必要不可欠といえる。

また、ローマやプラハのように、建物が物理的に保存され、街並み景観に歴史性が維持されている都市では、歴史的建築物の中身がグローバル・ビジネスに支配され、地域経済、文化活動、地元民の居住が排除されていくことが問題視されている。国際金融機関、マイクロソフト、フォルクスワーゲンのような企業だけでなく、ホテル・ハイアットやマクドナルド、スターバックスのようなグローバル・チェーンの商業サービス資本はローカルな店舗を駆逐して、サービス自体もグローバルなマニュアル方式に変えていっている。世界遺産の制度は、物理的な外形保存には役立つものの、その地域経済は国際資本に支配され、遺産の周辺は観光ビジネス街としてテーマパーク化させられていく危険性を有している。歴史によってつくられたローカル・アイデンティティがグローバル・ビジネスの道具とされていっているのである。

都市のローカル・アイデンティティは建築物に残されているだけではない。長い時間のなかで自然の空間のように人々の目になじんでいった土木的遺構も歴史を表現している。また、街の人々の生活と一体化している催事、行事、

歴史的空間とグローバル経済空間の地理的関係

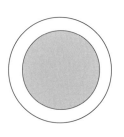

歴史核保存型

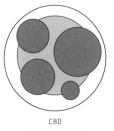

歴史核虫喰い型

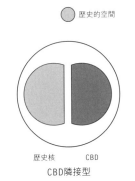

CBD隣接型　　新CBD建設型

都市中心部の過去・現在のスカイライン

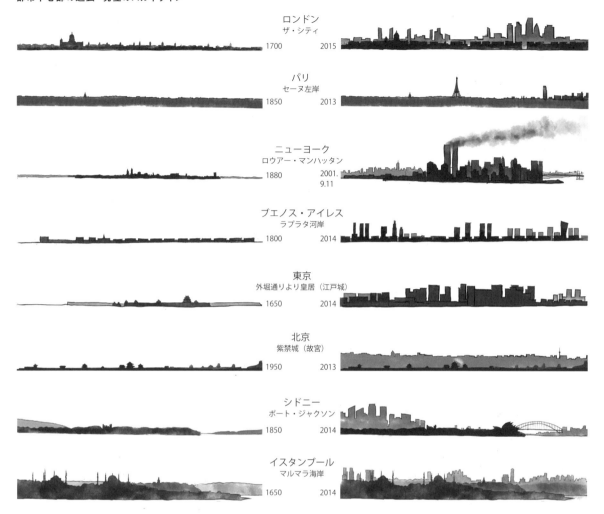

風習、音楽、舞踊、美術・工芸、衣服、料理などローカリティはさまざまな分野に蓄積されている。建築をはじめとする歴史的空間の保存は、視覚的に歴史の保存をしてくれるが、建築物の中身がグローバル・ビジネスの活動に置き換えられ消失してしまうという大きな弱点を有している。建築物の保存が十分でない都市では、その物理的保存のみが問題視されるが、実は、都市の歴史的な活動の保存も大変重要なことなのである。

グローバル・ビジネスは経済合理性で動いていく。ローカルな存在すらも、画一化、標準化の中のひとコマに位置づけ、ビジネスの仕組みの中に組み入れていくのが理にかなうのであろう。一方で、人々の価値観は多様であり、その生活行動や展開される都市空間も多様、多彩な要素で成り立っている。都市が成立した場所の自然風土、そこで営まれた都市の活動と人々の生活、育まれた文化と伝統は、都市それぞれに異なっている。都市中心部のガラス・カーテンウォールの林、郊外を覆い尽くす工場生産型住宅という世界各地の都市に共通する標準化の流れのなかに溺れることなく、都市が歴史的に形成してきた独自のローカルな特色、経済非合理な魅力を都市の各所に醸成し、都市全体の血流を高めていくことが、現代都市の課題である。

地球を一体として捉えることが不可欠な分野についてはグローバリズムを推進し、各国の独自性を保持するなかで共通する課題についてはインターナショナリズムのもと、協調・連携する。そして、都市の個性を育成するためローカリズムの視点のもとその魅力を高めていくという、三つのベクトルのバランスが必要とされる。

第1部　参考文献

1. フェルナン・ブローデル著、松本雅弘訳『文明の文法Ⅱ―世界史講義』みすず書房、1996
2. フェルナン・ブローデル著、金塚貞文訳『歴史入門』中公文庫、中央公論新社、2009
3. W.H.マクニール著、増田義郎・佐々木昭夫訳『世界史（上）（下）』中公文庫、中央公論新社、2008
4. ウォーラーステイン著、山下範久訳『入門　世界システム分析』藤原書店、2006
5. サミュエル・P.ハンチントン著、鈴木主税訳『文明の衝突』集英社、1998
6. サミュエル・P.ハンチントン著、鈴木主税訳『分断されるアメリカ』集英社文庫、集英社、2017
7. ポール・ケネディ著、鈴木主税訳『大国の興亡　上巻・下巻』草思社、1988
8. 山崎正和著『文明の構図』文藝春秋、1997
9. 高坂正堯著『文明が衰亡するとき』新潮選書、新潮社、2012
10. ルイス・マンフォード著、生田勉訳『都市の文化』鹿島出版会、1974
11. ルイス・マンフォード著、生田勉訳『歴史の都市　明日の都市』新潮社、1969
12. ルイス・マンフォード著、久野収訳『人間―過去・現在・未来（上）（下）』岩波新書、岩波書店1978（上）、1984（下）
13. アーサー・コーン著、星野芳久訳『都市形成の歴史』SD選書25、鹿島出版会、1968
14. C.A.ドクシアデス著、磯村英一訳『新しい都市の未来像』鹿島研究所出版会、1965
15. J.ゴットマン著、木内信蔵・石本照雄協訳『メガロポリス』SD選書、鹿島研究所出版会、1967
16. H.R.ヒッチコック、P.ジョンソン著、武澤秀一訳『インターナショナル・スタイル』SD選書139、鹿島出版会、1978
17. 日端康雄著『都市計画の世界史』講談社現代新書、講談社、2008
18. サスキア・サッセン著、田淵太一・尹春志・原田太津男訳『グローバル空間の政治経済学―都市・移民・情報化』岩波書店、2004
19. 『2016年度グローバル都市調査』A.T. Kearney、2016
20. 『世界の都市総合力ランキングYEAR BOOK 2016』森記念財団都市戦略研究所、2017
21. 藤田弘夫著『都市と権力―飢餓と飽食の歴史社会学』創文社、1991
22. 倉沢進編『社会学講座5　都市社会学』東京大学出版会、1973
23. 倉沢進、町村敬志編『都市社会学のフロンティア1　構造・空間・方法』日本評論社、1992
24. 鈴木広 他編『日本の社会学7　都市』東京大学出版会、1985
25. 藤田弘夫著「都市の歴史社会学と都市社会学の学問構造」〈特集　歴史社会学〉『社會科學研究57(3/4)』東京大学、2006
26. 藤田弘夫著『都市の論理―権力はなぜ都市を必要とするか』中公新書、中央公論社、1993
27. 村松伸、加藤浩徳、森宏一郎編『メガシティ1　メガシティとサステイナビリティ』東京大学出版会、2016
28. 村松伸、深見奈緒子、山田協太、内山倫太編『メガシティ2　メガシティの進化と多様性』東京大学出版会、2016
29. 高橋勇悦、園部雅久著「インナーシティ問題の構造分析」『総合都市研究第34号』東京都立大学都市研究所、1988
30. 高木恒市著「郊外の都市社会学に向けて」『応用社会学研究No46』立教大学社会学部、2004
31. 三浦展著『ファスト風土化する日本　郊外化とその病理』洋泉社新書、洋泉社2004
32. 『OECDグリーン成長スタディ/コンパクトシティ政策：世界5都市のケーススタディと国際比較』OECD、2012
33. 日端康雄著『都市計画の世界史』講談社現代新書、講談社、2008
34. Tertius Chandler, "Four Thousand Years of Urban Growth:An Historical Census" Lewiston, NY: The Edwin Mellen Press, 1987
35. "World Urbanization Prospects The 2014 Revision" Department of Economic and Social Affairs Population Division, United Nations, New York, 2015
36. "PATTERNS OF URBAN AND RURAL POPULATION GROWTH" Department of International Economic and Social Affairs POPULATION STUDIES, No. 68, UNITED NATIONS, New York, 1980
37. "The World's Urban Population in History" POPULATION COMMISSION 19th session 10-21 January 1977, UNITED NATIONS, New York, 1977
38. "Growth of the world's urban and rural population, 1920-2000 United Nations" Department of Economic and Social Affairs POPULATION STUDIES, No. 44, United Nations, New York, 1969
39. "International Migration Report 2015" Department of Economic and Social Affairs Population Division, 2016
40. Peter Hall "THE WORLD CITES" Weidenfeld & Nicolson, 1977
41. Jean-Paul Rodrigue "THE GEOGRAPHY OF TRANSPORT SYSTEMS" Routledge, New York, 2017
42. Leonardo Benevolo "The History of the City" MIT Press, 1980
43. A.E.J.Moriss "History of Urban Form: Before the Industrial Revolutions" LONGMAN, 1994
44. Spiro Kostof "The City Shaped: Urban Patterns and Meanings Thorough History" BULFINCH PRESS, 1991
45. Shlomo Angel, Alejandro M. Blei, Jason Parent, Patrick Lamson-Hall, and Nicolás Galarza Sánchez with Daniel L.Civco, Rachel Qian Lei and Kevin Thom "Atlas of Urba Expansion—2016 Edition, Volume 1: Areas and Densities" the NYU Urban Expansion Program at New York University, UN-Habitat, and the Lincoln Institute of Land Policy
46. Shlomo Angel, Patrick Lamson-Hall, Alejandro M. Blei, Jason Parent, Patrick Lamson-Hall, Manuel Madrid, Alejando M Bleo, and Jasin Oarent, with Nicolas Galarza Sanchez and Kevin Thom "Atlas of Urban Expansion—2016 Edition, Volume 2: Blocks and Roads" the NYU Urban Expansion Program at New York University, UN-Habitat, and the Lincoln Institute of Land Policy.
47. "DEMOGRAPHIA WORLD URBAN AREAS 12th ANNUAL EDITION April 2016" DEMOGRAPHIA, 2016
48. "Large-Scale Urban Development Projects in Europe / Drivers of Changein City Regions" INSTITUTE FOR URBAN PLANNING AND DEVELOPMENT OF THE ÎLE-DE-FRANCE REGION, 2007

第2部
5大陸の30都市

　人類は、地球という天体の表層に都市という文明体を構築し、星雲のように地表を覆ってきた。それらの都市は、第1部で概観したように、同じ地球の文明体であるがゆえに共通した特質を持つが、それでも都市それぞれに違いと個性を持っている。歴史や風土がその相違を生み出してきた。

　ここでは、ヨーロッパ8都市、アメリカ9都市、アジア9都市、オセアニア2都市、アフリカ2都市の5大陸の合計30都市を対象に、それぞれの都市の形成過程と特徴を述べる。30都市のうち首都が19都市、それ以外が11都市である。

　各都市の形成において、都市の中心エリアが前近代にどのように建設されていき、都市の特徴を生み出していったか、そして、近代から現代にかけて同質性を持つ空間建設がどう展開されていったか、成長していった都市の各々異なる都市形成プロセスを理解し、その都市が持つ特徴的な側面にもスポットを当てていく。

■第2部における都市別概要データは、以下を出典とした統一データを使用した。
国名：外務省公式HPの「国・地域」/ 2017.9　http://www.mofa.go.jp/mofaj/area/index.html
現代都市圏人口（1950〜2030）："World Urbanization Prospects The 2014 Revision" Department of Economic and Social
　　Affairs Population Division, United Nations, New York, 2015
歴史都市人口（AD100〜1900）：Tertius Chandler, "Four Thousand Years of Urban Growth: An Historical Census"
　　Lewiston, NY: The Edwin Mellen Press, 1987
面積・人口密度（2014）："Demographia World Urban Areas, 10TH ANNUAL EDITION" Demographia, 2014
世界文化遺産：公益社団法人日本ユネスコ協会連盟HPの「世界遺産一覧」/ 2017.9　http://www.unesco.or.jp/isan/list/
年代：主要な出来事の年代については、原則以下の文献1をもとにし、文献2にて補足検討した。都市別の詳細な年代
については、都市別参考文献（pp..204-215）に基づいた。
文献1：亀井高孝、三上次男、林健太郎、堀米庸三編『世界史年表・地図』吉川弘文館、2017
文献2：歴史学研究会編『世界史年表・第二版』岩波書店、2001

01

ローマ

西欧都市の原型

名称の由来
ローマ市役所の入り口でもお目にかかる、狼に育てられた双子の兄弟の彫像。このロムルス、レムスの兄弟がBC753年に建国をし、その初代の王となったロムルスにちなんでローマの名がついたと伝えられている。

国：イタリア共和国
都市圏人口(2014年国連調査)：3,592千人
将来(2030年)都市圏人口(国連推計)：3,842千人
将来人口増加(2030/2014)：1.07倍
面積、人口密度(2014年Demographia調査)：1,114㎢, 3,400人/㎢
都市建設：BC650年頃 カンピドリオの丘の神殿とフォロ・ロマーノ建設
言語：イタリア語
貨幣：ユーロ(€)
公式サイト：http://www.comune.roma.it/pcr/do/jpsite/Site/home
世界文化遺産：ローマ歴史地区，教皇領とサン・パオロ・フオーリ・レ・ムーラ大聖堂

1. 都市空間の形成

1) 近代以前の地層

①古代都市国家の誕生

BC10〜9世紀頃には現在のローマを貫通するテヴェレ川の左岸には集落が形成されていたという。その後、南イタリアにはギリシャの植民地ができ、トスカーナ地方はエトルリア人の文明が栄えていた。このエトルリア人の支配のなか、七つの丘に点在していたラテン人、サビニー人たちの集落がBC650年頃に連合してカンピドリオの丘にユピテル(英：ジュピター)等に捧げる神殿を建設し、その眼下に位置する湿地帯を灌漑してフォロ・ロマーノ(Foro Romano：ローマ広場＝ラテン語Forum Romanum フォーラム・ロマヌムのイタリア語読み)を建設した。

ローマ人は、ギリシャの影響も受けつつ、エトルリア人の持つ文字や建設技術や軍隊組織力などを吸収して勢力を拡大し、BC510年頃にはエトルリア王を追放し共和制を誕生させた。この都市発展に伴い、セルウィウス王の時代に城壁が建設され始め、BC390年にガリア人の略奪を契機に都市防御のため、七つの丘が「セルウィウスの城壁」として環状に結ばれた(図01-1)。この城壁は現在もテルミニ駅横と地下に残っており見ることができる。

②カエサルの都市計画とフォロ・ロマーノ

ローマの共和制末期に登場したユリウス・カエサル(英：ジュリアス・シーザー、BC110〜44)は、ローマ史上傑出した人物であり、政治、軍事に力を発揮するのみならず、最初の本格的な都市計画の実施者でもあった。彼は都市計画に関する法令制定、建物高さ制限、フォーラム(広場)の新設、カンポ・マルティオ地区の整備を開始した。

フォーラムは古代ギリシャの広場「アゴラ」に代わるロ

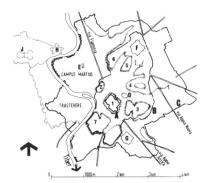

図01-1 七つの丘から城壁都市に*20

ーマの広場であり、まわりを公共建築に囲まれた都市の中心であった。最初のフォーラムであるフォロ・ロマーノはすでに排水や舗装が完備していた。フォロ・ロマーノのまわりに、神殿をはじめ公共的な建築が多く建てられ密集していくと、カエサルは隣接する土地に新しいフォーラムを建設し、その後、アウグツツス、ヴェスパシアス、トラヤヌスなど歴代の皇帝が続々とフォーラムを建設し、古代ローマの政治・経済・宗教の中枢、市民生活の中心の場所となっていった(図01-2)。

フォロ・ロマーノには、それ以外の施設も多く建てられた。市民の集会や裁判などに使われたバシリカという矩形の多目的ホールも多く建設され、後のキリスト教の教会堂の原型となっていく(図01-3)。七つの丘の一つであるパラティーノの丘は、アウグツツスが私邸を構えたが、その後、多くの皇帝たちの宮殿が建設され、宮殿建築の立ち並ぶ場所となった。「パレス(宮殿)」の語源はこの地名に由来している。

③アウグツツスの都市計画

カエサルの後継者のアウグツツスは、すでに100万人に達していたローマの人口を支えるため新しい水道を建設す

図01-2　フォロ・ロマーノ中心部再現模型*15

図01-3　バシリカ・ユリアの跡地周辺の遺跡群

アウレリアヌス帝、プロブス帝の時代を通じて異民族の攻撃に備えるため、市街地全域を取り巻くアウレリア城壁が完成する（271）。それまでのセルウィウス城壁のほぼ2倍の全長19km で、高さ8m、厚さ3.5m であった。19世紀まではこの城壁がローマ市の境界線とされ、現在もかなりの部分が保存され、旧市街地を取り巻く歴史建造物として目にすることができる。

ディオクレティアヌス帝は広大となりすぎた帝国の領土を東西に分割し共同統治を開始する。しかし、キリスト教勢力を味方につけたコンスタンティヌスは単独皇帝となり、313年にミラノ勅令を発してキリスト教を公認し、サン・ピエトロ大聖堂をはじめ大規模な教会堂の建設に乗り出し、ローマ帝国のキリスト教化を進めていった。コンスタンティヌスは保守的な勢力の多いローマを去り、東西の地理的要衝であるビザンティオンに新しい首都を建設する。その後のローマ帝国は急速に衰退し始める。ローマ帝国は西ゴート族、ヴァンダル族のローマ略奪を経て崩壊し（476）、都市ローマも歴史の舞台から消えていった。

④放牧場と化したフォロ・ロマーノ

東ローマ帝国の支配下、キリスト教国家の一地方となったローマであるが、聖ペテロの後継者であるローマ司教の力が次第に増し、教皇グレオリウス1世（在位590～604）はゲルマン民族をキリスト教徒化することに努力を払った。

その後、西ローマ帝国復興の形をとった神聖ローマ帝国が樹立されるものの、教皇と皇帝は対立し、教皇の立場は不安定なまま、フランク国王と対立したことをきっかけに、教皇庁はローマからアヴィニオンに移されてしまう（1309～77）。教皇不在のローマはかつての大都市から人口17,000人程度の小さな共同体にすぎなくなっていった。それまでにも、異民族の襲撃のたびにローマは都市機能が破壊され、生命線であった水道が止められていくにつれ、大浴場もただの巨大な石の塊と化していった。住民は、水の便の悪い丘陵地帯からテヴェレ川に近いカンポ・マルテ

るとともに、密集した地域に集合住宅の建設を許可した。さらに、カンピドリオの丘の北西にありテヴェレ川との間の低湿地であったカンポ・マルティオ地区を再開発し、マルケルスの劇場、アグリッパの公衆浴場、パンテオン（初代）などを建設していった。この地区は、フォロ・ロマーノが廃墟となっていった後もローマの中心地として発展していく。

トラヤヌス帝（在位98～117）の時代にローマ帝国の領土は最大の規模に達した。七つの丘とカンポ・マルティオ地区が市街地として連担して総面積は約10km²、人口は80万～120万人に達したと推定され、その後建設されるアウレリア城壁の全域に当たる約14km²の場所が市街化された。カラカラ帝の時代に建築はより複合的で壮大となりカラカラ浴場（216）が誕生し、次いでより大規模なディオクレティアヌス浴場が建設される。

図01-4　牧場と化したフォロ・ロマーノ*11

ィオ地区の低地に移り住んでいった。古代都市の中心であったフォロ・ロマーノは洪水による土砂の堆積、石材の採取などにより放牧場と化していった（図01-4）。

⑤キリスト教の首都としてのローマ再興

それでも、ローマは、キリスト教カトリックの宗教的中心となり、聖ペテロの墓を有する巡礼地として信者が多く訪れていた。そんなローマのなかで、15世紀になって教皇ニコラス5世（在位1447〜55）はローマ再興の都市づくりに乗り出した。第1に古代ローマ時代に建設された道路、水道、橋、城壁などの都市基盤で活用可能なものの修復を行い、第2に、バティカン宮殿とサン・ピエトロ大聖堂の改築を決定した。コンスタンティヌス時代に建設されたサン・ピエトロ大聖堂は1,000年を経て老朽化し崩壊しかかっていた。これを受け継いだユリウス2世（在位1503〜13）はこの大聖堂の改築を開始する。このなかで、サン・ピエトロ大聖堂の再建は莫大な費用を必要とし、そのための費用の一部を免罪符で賄った。これは、マルティン・ルターの異議申し立て（1517）の原因となって、宗教改革を引き起こした。しかし、この宗教改革に対して、カトリック側では反宗教改革の運動が始まり、それはバロックの美術や建築、都市空間を生み出す契機となっていった。

⑥都市軸の導入によるヴィスタの出現

シクストゥス5世（在位1585〜90）は反宗教改革の場としての都市空間の演出を考え、ローマの主要な宗教建築を道路によって結合することにした。主だった聖堂の前には、ランドマークとなるオベリスクを立てさせ、道路を通して遠望するヴィスタを作り出した。3本の道路の交差点に位置するポポロ広場（図01-5）やサンタ・マリア・マッジョーレ教会、4本の道路の交差点となるスペイン階段の上にある聖堂前広場はその代表例である。この演出されたバロック型都市空間の形成手法は、その後オスマンの手によるパリ大改造の中心手法となっていく。この時期、カンピドリオ広場、トレビの泉、スペイン階段、ナボーナ広場など新たに演出された都市空間が続々と建築され、ローマに魅力を加えていった。

一方で、このルネッサンス期は、古代ローマの遺産が最も破壊された時期でもあった。遺産の破壊は、それまで蛮族の手によってなされてきたものの、最も大規模な破壊行為は、この時期の新しい建設事業のための材料供給源としての取壊しであった。神殿、宮殿、バシリカ、彫像などの部材のなかから、利用可能な石材は加工して使われ、使いづらいものは粉砕されたセメントとして使われていった。ローマの古典復興を意味するルネッサンスは古典を破壊し搾取することにより行われたのである。

2）近代の地層

①イタリア王国の首都

1870年、ローマは統一されたイタリア王国の首都となった。首都となるとともにローマに集中する政治、行政、経済機能を支える多くの人々のための器づくりが必要とされた。人口の膨張がもたらす建設需要と限られた供給のアンバランスは、市街地の地価を10〜100倍に跳ね上げてしまった。城壁の内側（旧市街：チェントロ・ストリコ）とすぐ外側が建物で埋め尽くされた後、遠く郊外に向けて市街地は何の計画的配慮もなく無秩序に拡大していった。旧市街では、ヴィットリオ・エマニュエレ大通り、ナティオナーレ大通りなど幹線道路建設のため、歴史的建築物の破壊が開始された。

この近代の都市づくりのなかで、ローマがパリやロンドンと異なるのは、産業革命が創造した鉄やガラス張りの大規模な建築が造られなかったことである。逆に時代錯誤で醜悪な折衷様式の建物が建設され、都市の景観をひどいものにしていった。ヴィットリオ・エマニュエレ2世記念碑（1911）はその代表例であり、ランドマーク的存在であるがゆえに大きな問題となっている。

②ムッソリーニのローマ改造

国民ファシスト党によって1922年に独裁政権を樹立したムッソリーニは、「ローマ改造計画」を発表し（1931）、旧市街地に大通りを計画して、近代国家の首都を帝国時代のローマが持っていた壮大なイメージで再建しようとした。コロッセオからフォロ・ロマーノ地域を縦断するフォリ・インペリアル通りが計画され、古代遺跡を大規模に破壊して建設が進められていった（図01-6）。また、サン・ピエトロ広場から一直線に延びるコンティリアティオーネ通りが住民を強制的に退去させることによって建設された。さらに、ファシスト革命20周年（1942）のためローマ

図01-5　ヴィスタを形成したポポロ広場のオベリスクと双子の教会*11

図01-6 フォロ・ロマーノ遺跡を破壊したフォリ・インペリアル通り*12

図01-7 左右対称の街並みの新都市EUR

万国博覧会(EUR)が郊外の400haの土地に計画された。第2次世界大戦により、この建設は一時中断されたものの、戦後、計画は踏襲され、博覧会自体は新都市EURとして実現した(図01-7)。オベリスクの立つ広場、巨大聖堂、直交する大通り、左右対称の壮大な建築などは、古代の皇帝の権威を感じさせる都市空間となっている。現在、政府機関、国立の博物館群、コンベンションセンター、民間企業オフィスなどが立地し、周囲に建設された郊外集合住宅エリアの新都心としての役割を担っている。

3) 現代の地層
①旧市街の保存・再生

ファシズムの嵐が去り、第2次世界大戦の痛手から立ち上がったローマ市民の間で問題とされたのは、都市改造による歴史的建造物の破壊であった。1950〜60年代初頭の都市計画に関する論争の結果、保存の方針を明記した都市基本計画が制定された。大規模な都市改造は、旧市街では規制され、そのための制度が制定された。この計画では、1870年以前に建設された旧市街地(ほぼ城壁の内側)を「チェントロ・ストリコ」と定義して保存・再生地区に指定し、そこでの大規模商業施設、ホテル、公共施設の建設を禁止した(図01-8)。しかし、この計画の段階では建物の外観の保存は義務づけられたものの、内部の改造は可能とされた。その結果、歴史的に庶民の住居や生業の場であったところが不動産投機の対象となり、ファサードは残しつつもその中身は、オフィス、銀行、商店、高級アパートメントに変えられていった。こうして、庶民は旧市街地から追いやられ、郊外に大量に建設された画一的な住宅へと移住させられていった。この反省として、建物の保存のみに注目した計画は見直しが行われ、1974年には生活の保全を目的とし、保存地区を拡大し、建物内部についてのオフィス化等について制限をする基本計画が制定された。しかし、高騰した地価の下で旧来の住民が郊外に転出し、高い所得階層や商業機能が流入するメカニズムは止まらない。

②郊外の拡大とその景観

ローマの人口は、イタリア王国の首都になった1870年に244,484人であったが、1970年には2,799,836人となり、その後横ばいとなっているが、近代に入っての1世紀の間に実に11倍の人口増を経験した。1970年の人口のうち、歴史的な建築物が立ち並ぶ旧市街に住むのはわずか3%の9万人にすぎず、残り97%の270万人が郊外の近代ないし現代に建設された市街地に住んでいる。旧市街地は政治・行政機関の集積する場であるとともに、観光産業の集積地であり、市民の生活の場は郊外となっている。アメーバ状に膨張し、自動車に依存する生活となった郊外地域を結合

図01-8 コルン通りの街並み

図01-9 高速道路沿いの無国籍な現代の都市景観

するため、ローマを取り巻く周囲68.2kmに無料の環状高速道路GRA（グランデ・ラッコルド・アヌラーレ：大環状合流点の意）が建設された。その沿道の都市景観は無国籍な建物で占められ、東京や他の国の都市と変わるところがない（図01-9）。

ローマにおける都市の年輪は、フォロ・ロマーノを出発点にカンポ・マルティオ地区が加わり、アウレリア城壁内へと拡大し、近代になって急速に膨張した。その道のりは平坦ではなく、建設と破壊の繰返しであり、自らの肉体である歴史遺産を喰いちぎり生き延びてきた凄惨な様相が見られる。大なり小なり、どの都市にも当てはまるであろうこの構造は、都市の原型を生み出したローマだからこそ、一層、ドラスティックな都市の歴史となっている。

2. 都市・建築、社会・文化の特徴

1) ローマの建築・都市空間
①建築の基本的構造

ローマの建築は、矩形構造の「古典」的なものと円形構造の「非古典」的なものの二つがある。前者はギリシャ・ローマで発展した建築構造であり、後者はロマネスク、ゴシック、バロック様式の建築である。これらは、交互にその時代の潮流となって特徴を形づくっていった。ローマでは、円形構造を多用し、矩形構造との組合せも行い、セメントや煉瓦など粗末な材料の上に石材で表面を仕上げるなど、構法の幅を広げていった。

矩形構造（オーダー）：古典主義建築の基本単位となる円柱と梁の構成法で、ギリシャのドリス式、コリント式、小アジアのイオニア式に加え、ローマではトスカーナ式、コンポジット式が加わり5種類となった。

円形構造（アーチ、ヴォールト、ドーム）：アーチは、中央部が上方向に凸な曲線形状をした梁で東方地域にて古くから使われていたが、古代ローマが、橋、水道、門など地上の構造物として発展させた。アーチ断面を水平に押し出したものがヴォールトで、回転させたものがドームである。古代ローマのドーム建築は、浴場、別荘、宮殿、墓がほとんどで、神殿であったパンテオンが代表例である（図01-10）。キリスト教信仰の浸透に伴い、ドームは宗教建築の象徴となっていった。

②生み出された建築・都市空間

道路・水道：軍隊の迅速な移動を目的として石畳で完全舗装されたローマ街道は、ローマを起点に80,000kmに及び、ローマ帝国内の植民都市を結んだ（図01-11）。同時に、都市に水を供給するために、数多くの水道が建設され、古代ローマ滅亡後1,000年以上も、これに匹敵するものは造られなかった。古代の浴場もルネッサンスの噴水もともにこの水道の産物であり、水道橋はアーチ構造の代表例である。

凱旋門：軍事的勝利を讃え、凱旋式を行う記念碑としての門で、城壁や城門とは独立して建てられた。アーチ構造の開口部があるのが特徴である。

競技場・闘技場：ローマでは戦車競技と剣闘士競技が民衆に熱狂的に支持された。前者の例はパラティーノの丘のもので、全長640m、幅120mの規模で、観客収容数は25万人で、現在のサッカーや陸上競技場の数倍の規模である。後者は、剣闘士や人と獣の戦いなどの残忍な見世物の場であり、その好例のコロッセオは188m×156mの楕円形で5万人の観客を収容できた。この建築は、3層のオーダーを使用したアーチで構成されている（図01-12）。

図01-10　パンテオンの内部

図01-11　アッピア街道の石畳

図01-12　3層アーチのコロッセオ遺跡

公衆浴場：皇帝から庶民までもが利用できる大規模娯楽施設として、水道の水を利用して公衆浴場が造られた。サウナ、大浴室、運動施設、文化施設を有する複合厚生施設で、カラカラ帝の浴場、ディオクレティアヌス帝の浴場は一度に数千人を収容できる規模であった。

2) サン・ピエトロ大聖堂

①バシリカの大聖堂

キリスト教を公認したコンスタンティヌスが建設した教会堂の一つがサン・ピエトロ大聖堂である。それまで古代ギリシャやローマにおいてキリスト教以外の神々を祀る神殿は、建物の外部より礼拝する様式であり、建物内部に大勢の人が集まり儀式を行う形にはなっていなかった。多くの人々が祭壇に向かって儀式を行うのに適した建物の様式は、古くからローマに存在したバシリカであった。これは長方形の会堂で一端ないし両端に半円形の後陣を備えており、祭壇を配置するのに適していた。この様式で大教会堂を建設するのは困難ではなく、最初のサン・ピエトロ大聖堂はバシリカ様式で建設された。大聖堂は、聖ペテロの眠る場所に円柱に囲まれた壮大な中庭を持つ5廊式の巨大なバシリカ様式で建設された。

②集中式大聖堂

一方、円や正多角形の平面を持つ集中式の建物も教会堂に発展する可能性を持っていた。すでにパンテオンはその代表例であった。しかし、大規模なドームは技術的な困難を伴い建設費も多額となったし、儀式を行うのに祭壇や信徒席の配置が決めづらかった。したがって、集中式は霊廟や洗礼堂といった特別な用途に用いられていった。

そんななかで、ユリウス2世は、老朽化し崩壊しかかったサン・ピエトロ大聖堂の建替えに向かって動き出した。ユリウスの命を受けて最初に設計を担当したのはブラマンテであった。彼の提案は、縦横の長さが等しいギリシャ十字の集中式のプランであり、屋根にはパンテオンのような半球ドームが載せられることになっていた。ブラマンテが途中で死亡したことから、後任者が替わっていったが、1546年に設計者となったミケランジェロはブラマンテの案のモニュメンタル性を高く評価し、フィレンツェのドームを参考として集中式の壮大なドームの教会堂を設計した。天上世界をイメージさせるこのドームはその後、さまざまな教会堂建築で取り入れられていく。

③折衷式大聖堂と広場

しかし、より多くの信者を収容するには長堂式が必要であり、前面に長い身廊が付け加えられ、壁のような平板なファサードが配置され、ミケランジェロのドームの下部は隠されてしまった。次いで、広場の設計を委託されたベルニーニはオベリスクを中心に列柱廊を楕円形に配置し、256本のドリス式円柱を4列に並べ、両翼を広げ人々を包み込む広場を設計した（1656）。この空間は都市と建築を結びつけ大群衆を収容する劇場装置となった（図01-13・14）。

3) バロックの演出型都市・建築空間

ルネッサンス期以降の特徴は、ローマの各所に都市空間の演出装置が構築されたことである。

①カンピドリオ広場（設計年：1538）

古代のカンピドリオの丘はいわばアクロポリスの丘であ

図01-13 大聖堂にベルニーニの列柱廊と広場が追加される

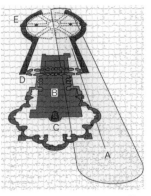

図01-14 建物増設の位置関係[*14]
A：ネロの競技場への軸線、B：バシリカ教会、C：ミケランジェロの集中式ドーム、D：身廊の追加、E：ベルニーニの列柱廊

図01-15 カンピドリオ広場

り、正面はフォロ・ロマーノのほうを向いていた。パウルス3世により広場の再開発計画を依頼されたミケランジェロは階段と正面のセナトーリオ宮殿（現ローマ市庁舎）を基軸として両翼に同じデザインの宮殿を配置した。三つの宮殿は2層構成で、巨大オーダーによって結合され二つの階を統一している。広場は優雅な楕円形で構成され中心にマルクス・アウレリウスの騎馬像が立つ（図01-15）。このカンピドリオ広場は近世におけるローマ最初の広場となり、市民社会の中枢となった。

②スペイン階段（1726）

設計競技によりデ・サンクスが優勝し、階段を完成させた。一様でなく高低差のある二つの街路を彎曲する階段によって景観として統合するとともに、トリニタ・ディ・モンティ聖堂からコンドッティ通りに至る上下に貫通する都市軸が形成された（図01-16）。階段はそれまで建築の脇役にすぎなかったが、都市空間の演出・結合装置として、その魅力を最大限に発揮するものとなった。

③トレビの泉（1762）

泉に背を向けてコインを投げると、また再びローマに戻れるという言い伝えで有名なこの泉は、古代のヴィルゴ水道の修復を記念して建設された。トレビの名は三差路であることにちなんでいるが、背後に立つ建物のファサードを活用して建築と彫刻、泉を一体として構成されたこの空間装置は他に見られない傑作である。

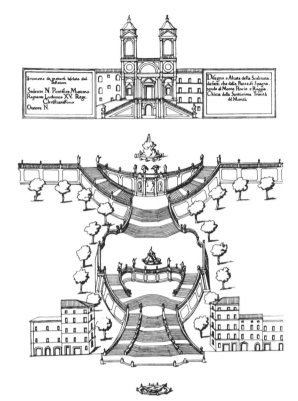

図01-16 都市空間演出装置のスペイン階段[*22]

④ナボーナ広場

ローマ最初の競技場（81〜96）の馬蹄形をしたトラック跡に広場が造られ、3万人を収容した観客席跡に建物が建設されている。広場の中央にベルニーニが4大河川をテーマにした噴水を作り（1651）、ボロミーニがサンタニーゼ・イン・アゴーネ教会の彎曲したファサードを設計し、バロック芸術の巨匠の競演する都市空間が造られている。

⑤イル・ジェス聖堂（1580）

宗教改革に対するカトリックの反宗教改革は、民衆に神の威厳を知らしめるため、視覚メディアとしての芸術の効果を武器とした。この教会はイエズス会の総本山として、ヴィニョーラの設計によって建設された。金箔装飾を用い、透視図法、だまし絵（トロンプ・ルイユ）の技法で描かれた天井画は、人々がそこに天国を見出すための演出空間である。

02

ヴェネツィア

水際都市の魅力

名称の由来
ローマ時代以前に住み着いていた古代民族ウネティ人（ラテン語で「土地」の意味）に由来。

国：イタリア共和国
都市圏人口（2014年国連調査）：618千人
将来都市圏人口（2030年国連推計）：662千人
将来人口増加（2030/2014）：1.07倍
面積、人口密度（2014年Demographia調査）：130k㎡、3,200人/k㎡
都市建設：697年ヴェネツィア総督選出、共和国発足
公用語：イタリア語
貨幣：ユーロ（€）
公式サイト：http://www.comune.venezia.it/it
世界文化遺産：ヴェネツィアとその潟

1．都市空間の形成

1）前近代の地層

①ゲルマン民族移動によりラグーナ移住

ヴェネツィアの市域はアドレア海の最奥部に位置するヴェネツィア湾の島々と本土の陸地側とで構成されるが、都市の歴史は島々から始まる。569年にゲルマン民族の部族であるランゴバルト族の侵入から逃れてラグーナ干潟に移り住み、その後810年のフランク族の侵入に抗して敵の侵入困難なリアルト（「高い岸」の意味、当時は現在のサン・マルコ広場からリアルト橋に至る島々を指す）に移った。そこで、ラグーナの入り口を監視できる高台に行政機構を配置して最初の中心地を形成し、干拓・造成により面積を増やしながら都市建設を開始した。都市形成の初期においては、多くの有力な人々が島をひとつずつ占領し、教会を建て、小さな集落を築き、これらのコミュニティがモザイク的に集合してヴェネツィアという都市を構成していった（図02-1）。島と島の間の海面は次第に干拓・造成され、隣の島と隔てる海面が現在の運河となって残されていったことから、現在の迷路のような運河のネットワークが形成された。この島に作られた集落には、教会や住居によって囲まれた空地の「カンポ」が生み出され、その後、建物で囲まれていくなかで、コミュニティの核としての広場としての機能を持っていった。

ヴェネツィアの地はオリエントとヨーロッパの中継交易にもってこいの場所であった。当初のヴェネツィア人は、河川を活動の場としていたが、9世紀頃から次第に海へと進出し、奴隷貿易や木材貿易によって財力を蓄えていった。その過程で海賊との戦いによって武力を磨き、その力を対外的に示すことによりビザンティン帝国の要請でアド

図02-1　ヴェネツィア湾のラグーナとヴェネツィア本島*9

レア海の海上統治を委任され、その代償として交易上の特権を授与される。

②守護聖人サン・マルコの到来

当時、ヨーロッパにおいては、その国の存在をアピールするために守護聖人を奉る風潮が強かった。広く信仰されている聖マルコの遺体がエジプトのアレクサンドリアにあることを知ったヴェネツィアの2人の商人は、828年アレクサンドリアに船で渡り、頭部のない聖マルコの遺体を奪取しヴェネツィアに持ち帰った。聖マルコを守護聖人に祀ることは、宗教上はそれまでの教会権力から、政治上はビザンティン帝国から独立した存在になることを意味した。こうして聖マルコは、各集落のコミュニティの聖人や祭事を統合する象徴となり、ヴェネツィアの都市国家を支えていくこととなった。この守護聖人のための教会建設は、この時から始まり何世紀も続けられて、1060～63年頃大規模な改築が行われた。この新たな建物はギリシャ十字の平面構成を持つビザンティン様式で建設された。

③第4次十字軍以降の貿易国家としての繁栄

ビザンティン帝国の支配下にあったヴェネツィアは、1204年の第4次十字軍のために艦隊を提供したが、攻略先を変更させビザンティン帝国の首都のコンスタンティノー

図02-2　バルバリによる「ヴェネツィアの眺望」1500年*13

プルを征服し、帝国の領土を分割して地中海東部に基地や領土を得て東地中海の海軍国家となり、アドレア海沿岸を支配下に置くこととなる。コンスタンティノープル征服は、ヴェネツィアに黄金期をもたらすことになる(図02-2)。莫大な資本と商品がもたらされ、それが新航路、新市場の探求を促すこととなり、ヴェネツィアのガレー船団は、地中海から北海にまで達し、陸路は、マルコポーロに代表されるように中国まで進出していった。

貿易を中心とした経済活動の繁栄はその担い手である商人貴族を生み出し、彼らは商品の搬入、搬出のため運河に面して館を建設していく。当初は、水量の多い大運河を避け建設が容易な内部の小運河に沿った場所の開発が行われていった。

サン・マルコ広場拡張：この頃までにサン・マルコ広場はすでに存在していたが、11世紀時点での広場は現在と異なり真ん中を小運河で分断され、サン・マルコ寺院の反対側は修道院が配置されその菜園で占められていた(図02-3左)。また、総督宮殿も城塞として建設され、現在のカナル・グランデ(大運河)に面する小広場はなく、物見やぐらとしての鐘楼(カンパニーレ)と寺院の足元まで船溜まりが迫っていた。

12世紀になると、広場の拡張・整備が行われることとなった。菜園が撤去されて広場の縦幅はそれまでの2倍以上の現在の規模になり、船溜まりが埋め立てられ小広場が建設され、水辺に面してマルコとトダーロの2人の聖人の名をとった2本の円柱が建てられた(図02-3右)。これにより、サン・マルコ広場は権力誇示と儀式の場としての広場(ピアツァ)、日常的行政執行の場としての小広場(ピアツェッタ)という二つの機能で組み合わされたヴェネツィアの象徴的空間となっていく。

広場の拡張に伴い、取り巻く建築も変化を遂げる。サン・マルコ寺院は、広場の奥行にその高さが調和するように既存のドーム屋根の上に木組みのドームを載せ高くそびえる屋根の外観を生み出した。また、垂直性を強調するため、ファサードのアーチの上にゴシックの尖塔状の装飾を施し、視覚効果を高めた。

さらに14世紀には総督の館の城塞を宮殿に改築し、16世紀の旧行政館・図書館の建設、鐘楼の修復、16世紀末の新行政館建設が行われる。この過程でドーリア式、イオニア式のオーダーを重ねる2層のポルチコが広場の視覚的な空間の統一を形成しサン・マルコ広場が完成していった(図02-4)。この時期、並行してヴェネツィア共和国は君主

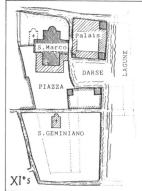

図02-3　サン・マルコ広場　左：11世紀、右：12世紀*9

図02-4　カナレットが描いたサン・マルコ広場　1730年*12

図02-5　リアルト橋

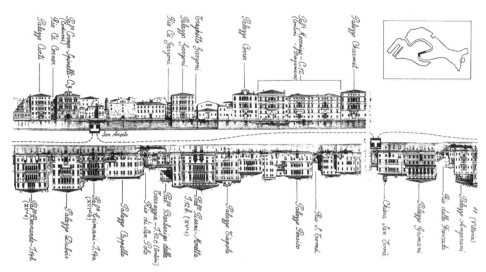

図02-6　カナル・グランデの商館建築が連続する都市景観*9

制、貴族制、民主制の原理を総督、元老院、大評議会の形で具現化していくが、広場にはこれらの機能が配置されその象徴ともなっていった。

リアルト橋建設：リアルト橋は、カナル・グランデの両岸をつなぐ唯一の橋として、1172年に運河に並べた船の上に板を渡した簡易な橋が建設された。1200年頃から木造の橋に替えられたが、それらはことごとく崩壊したことから、1524年に石橋の建設を決定し、共和国はパラーディオ、ヴィニョーラ、ミケランジェロなどの大建築家が参加するコンペを行った(1557)。結果はダ・ポンテの案が採用され、現在見られる橋(図02-5)が完成した(1591)。

④カナル・グランデの景観形成

この頃から商人貴族の館は、その富を競うようにカナル・グランデに直接面し、独特のファサードデザインの商館建築が連続する華麗な都市景観を形成していく(図02-6)。大規模な商館建築は、ファサードの中央部分を連続アーチによって開放的にし、両側面にもアーチを配置し、全体を3列構成にしている。このほぼそろったファサードの繰り返しによって、連続する都市景観にはリズムが生まれてきている。

サン・マルコ広場からリアルト橋周辺まで立ち並ぶ華麗な商館建築は独特の景観を生み出し、カナル・グランデをヴェネツィアのメインストリートにしていった。これにより、かつて、小さな集落の集合体であったヴェネツィアは、カナル・グランデを背骨とする一体感のある都市構造を持つこととなった(図02-7)。

アルセナーレ(Arsenale)：ヴェネツィアの強さの原点

図02-7　カナル・グランデを行く。アカデミア橋からサルーテ教会を遠望

は、その海軍力にあり、その建造技術の中枢はヴェネツィア本島の東端に位置するアルセナーレにあった。13〜14世紀を通じて中世最大の工業センターとしての形が整えられ、造船、武器製造、ロープのより合わせの3部門に分かれ、部品には規格が定められ、標準製品の生産が行われていた。

このように、都市国家の中心のサン・マルコ、商業の中心のリアルト、生産の中心のアルセナーレという三大機能が12世紀から16世紀にかけて形成されヴェネツィアの繁栄の礎となった。

⑤ルネッサンスのヴェネツィア

ヴェネツィアは14〜17世紀前半の間で、「海の都市」から「陸の国家」へと変貌を遂げる。1404年から陸地への侵攻を図り、20年の間にヴェローナ、パドヴァ、ヴィチェンツァなどを併合して領土を拡大し、これまでの海に対

図02-8　ゴンドラの船着き場から見るサン・ジョルジュ・マッジョーレ教会の風景

図02-9　別荘建築ヴィッラ・フォスカリ

し陸を領土として持つ国家となった。1527年のボローニャ会議でパドヴァなどミラノに近い地域も領土として認められていった。しかし、1571年に、レパントの海戦でオスマントルコに勝利し海軍力に自信を持つものの、ヨーロッパの大国との陸での抗争においては、海軍力中心の自国の限界を認識せざるを得なくなった。

それでも、この時期、ヴェネツィアは爛熟期を迎えたといえる。独自のルネッサンス様式を生み出したアンドレア・パラーディオが登場し、サン・ジョルジュ・マッジョーレ教会、レデントーレ教会など水辺景観を形づくる建築が登場する（図02-8）。

一方で、陸地への領土拡大は、16～18世紀にかけて農業経営に対する投資へと傾斜していく。その建築的表れとしてパラーディオによるヴィッラ・バルバロ、ヴィッラ・フォスカリなど庭園を備えた豪華なヴィッラ（別荘建築）が商人貴族によって陸地に建設されていった（図02-9）。

2) 近代の地層
①コロンブスの新大陸発見とナポレオンの侵攻

アメリカ大陸の発見（1492）によってヨーロッパ経済のリーダーシップは、ヴェネツィアからスペイン、ポルトガルに移り、次第にイギリス、オランダ、フランスへと移行していった。強力な近代国家への対抗が困難になるにつれヴェネツィアは次第に制海権を失い、オスマントルコが台頭するなか、その抗争を通じて国力を消耗していった。

1796年ナポレオンはヴェネツィアに侵入し、その通告に従い都市国家としてのヴェネツィア共和国は崩壊する。ヴェネツィアは、フランス、オーストリアの2国間の交換領土となり、多くの財宝・芸術品を略奪され、急な衰退と人口の減少が進む。

②近代化に伴い、陸に顔を向けた観光都市に

ヴェネツィアがオーストリアのハプスブルク家の支配下となっていた間（1815～66）にヴェネツィア本島に大変化が訪れる。それは本島の北西端と陸地を結合する鉄道橋（1846）と鉄道駅（1861）の建設である。これにより海に独立して存在していた都市ヴェネツィアは、都市の表裏が反対となり陸側に顔を向け従属する都市に変わっていったのである。

イタリア半島は全域で国家としての統一が進んでいき、1866年ヴェネツィアはオーストリアからイタリア王国へと編入がなされた。この19世紀末の近代化の波はヴェネツィアを変革し始める。

時期を前後して、リド島の観光開発が1857年より開始され、カジノや国際映画祭（1932）の創設につながっていく（図02-10）。隔年開催のビエンナーレ美術展の開始（1895）もこの頃である。鉄道橋に続き自動車用のリットリオ橋も1933年に建設、自動車にて陸地と結合され、車の発着地としてのローマ広場が作られる。ヴェネツィア島

図02-10　国際映画祭が開かれるリド島[*18]

図02-11 ポルト・マルゲーラの重化学工業地帯

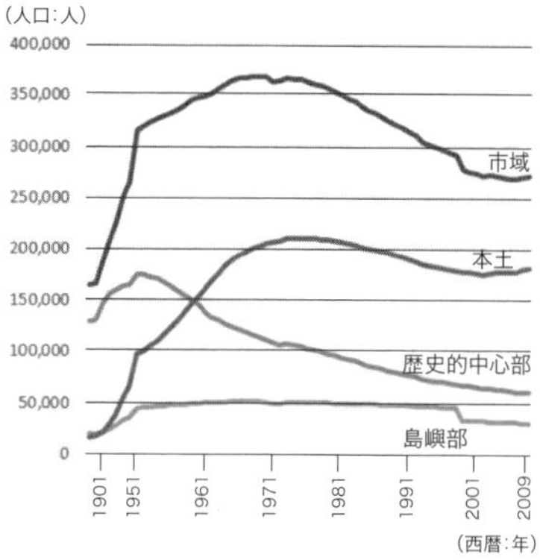

図02-12 島嶼部と陸側の人口推移グラフ[15]

峽部に近代交通インフラが整備されることにより、かつての独立国家は観光客依存の都市へと変貌し始める。

3）現代の地層

第1次世界大戦中に、陸地側に臨海工業地帯としてのポルト・マルゲーラ（マルゲーラ港）が建設され（1917）、ヴェネツィアは工業化への道を歩み出す（図02-11）。この港湾の建設で、ヴェネツィアに寄港する船舶は増加し、鋼鉄、造船、金属加工、化学工業など生産活動は活発となり、陸側の発展を促していった。ヴェネツィア本島は、家賃が高く、居住環境は悪く、住民は雇用機会と居住環境を求めて陸地側のメストレ地区に移動を始め、次第に住民は大流出し、人口分布が変化していった。15世紀に陸地に侵攻した頃は、陸側は田園地帯であったが、現代となって陸側は、郊外地域として発展し、ヴェネツィアの人口を支える住宅地や地域経済を支える場となっている。

2009年時点でヴェネツィア市域全体の人口は約27万人で、そのうちヴェネツィア本島22.1％、その他島嶼部11.2％、陸地側66.7％となり人口は逆転している。本島の人口は最盛期の1951年の34％へと減少し、手工業のある島嶼部は横ばいをたどってきた。陸地側も最盛期は、1975年のポルト・マルゲーラの臨海工業が活発な頃に比し85.7％の水準に落ち込み、市域全体でも人口は減少・横ばいの傾向が続いている（図02-12）。

ヴェネツィアを年輪構造でとらえると、本島の歴史的中心部が前近代の都市のアイデンティティを形成する魅力の塊であり、近代部分は本島の近代交通インフラ部分と観光開発されたリド島というごく一部の地域であり、現代都市域は郊外地域としての本土側のみとなっている。しかし、魅力の源泉であるヴェネツィア本島では、無分別な観光経済化を進めた結果、地域の経済活動の発展は妨げられてテーマパーク化が進み、陸側の産業も現代の産業構造革新の流れに乗り遅れ、停滞している。世界遺産観光ブームで表面的に華やかななか、典型的な地方都市衰退の構造を抱えている。

2．都市・建築、社会・文化の特徴

1）水上交通手段

車の乗り入れができないヴェネツィア本島では、一般の人たちが乗れる交通手段は以下である。

ヴァポレット（Vaporetto）：最も使いやすい交通手段の水上バス。本島の大運河沿いに点在する30以上の乗り場と離島を、10以上の路線で結ぶ（図02-13）。料金は1回券€6.50（60分間有効）。

水上タクシー：荷物が多いときや急ぐときなどに便利なモーターボートを活用した水上タクシー。ヴェネツィア市内も€50～60と高額。

トラゲット（Traghetto）：大運河には四つしか橋がないため、運河の両岸を行き来するトラゲットと呼ばれる渡し船が使われる。料金は1回€50で格安。

ゴンドラ（gondola）：昔は主要交通手段だったが、現在は観光用の乗り物となっている（図02-14）。時間単位での利用になり、基本的に乗った場所に戻る。料金は1隻（6人乗り）1時間€120が相場で高額である。

18世紀には、ゴンドラの数は数千を超えたといわれるが、現在の数は200～300、そのほとんどは観光案内用の船である。船頭はゴンドリエーレと呼ばれ、厳しい資格試験への合格が求められる。

2）モーゼ（Mose）計画

ヴェネツィアには、「アクアアルタ（acqua alta）」と呼

図02-13　ヴァポレット（水上バス）

図02-14　ゴンドラ

ばれる高潮が晩秋から初春にかけてやってきて水位が高まり街が浸水する。この定期的な異常潮位現象は、1900年初頭では10年間で10回以下だったものが、近年では10年間で40回程度となり年々増加してきており、サン・マルコ広場の冠水は冬季の年中行事となっている。

これを防ぐため国家プロジェクトとして、モーゼ（Mose：MOdulo Sperimentale Elettromeccanico：実験用電子工学モジュール）計画と呼ばれるものがある。この計画は、高潮を引き起こすアドレア海とラグーンを結ぶ3カ所の水路（リド、マラモッコ、キオジャヤ）に鋼鉄製の河口堰を設置し高潮時にラグーンへの海水が浸入した時、一時的に高潮を防ぐシステムである。

3カ所の水路ごとに、幅20mの金属製の巨大な箱状のゲートを設置し、高潮が襲来した時に箱の中に圧縮空気を流し込むとゲートが持ち上がって水を食い止める。潮が収まると箱状のゲートに水が注入されゲートは水没する（図02-15）。ゲートの持上げに有する時間は30分、下げるための時間は15分である。また、航行する船を通すためにパナマ運河のような閘門式のゲートが設けられている。この計画は2003年に承認され建設が進行しており、現在、最後の仕上げ段階に来ている。この仕組みは巨大な土木事業となることから、工事に伴う環境破壊が危惧され市民運動が起きている。

図02-15　左：モーゼ計画のゲート開閉機構　右：モーゼ計画の河口堰[*14]

03

パリ

パースペクティブな都市

市章

名称の由来
BC3年、ガリア人（ケルト人）の1種族パリジー族が船でセーヌ川を往来するうちに、中州（現在のシテ島）を見つけて住み着いた。3世紀頃には、パリジー族の街として、パリと呼ばれるようになった。

国：フランス共和国
都市圏人口（2014年国連調査）：10,764千人
将来都市圏人口（2030年国連推計）：11,803千人
将来人口増加（2030/2014）：1.10倍
面積、人口密度（2014年Demographia調査）：2,845㎢, 3,900人/㎢
都市建設：BC1世紀セーヌ川右岸にローマ植民都市ルテティア建設
公用語：フランス語
貨幣：ユーロ（€）
公式サイト：https//www.paris.fr/
世界文化遺産：パリのセーヌ河岸

1. 都市空間の形成

1) 前近代の地層

①ローマの植民都市ルテティア

最初に集落ができたシテ島を征服したローマ人はルテティア（水に囲まれた住まいの意味）と名付け、左岸に新しい街を建設した（BC1世紀、図03-1）。現在でも競技場の跡が残っている。ユリアヌス帝が358年に滞在した時にはシテ島を囲む都市壁が建設され、セーヌ川の右岸と左岸を貫通する幹線道路（現在のサン・ジャック通りからサン・マルタン通り）はでき上がっており、帝都ローマ、属領フランドル・ラインとの間を繋ぎ、パリはガリアの中心となった。

図03-1　ローマが築いたルテティア（BC1世紀）*11

ローマ帝国支配の後、フランク族のメロヴィング朝を経て、カロリング朝に変わり、その王シャルル2世はヴァイキングの侵攻に備え、2度目の城壁を建設した。シャルル2世の甥のユーグ・カペーがフランス（France：フランク人の土地の意味）の国王に選ばれ（987）カペー朝を創設し、国内を統合する。

②城壁都市として成長

カペー朝のもとパリは発展し、フィリップ2世（尊厳王オーギュスト）の時代（1180〜1210）にパリは、首都としての発展を始める。セーヌ川右岸の干拓を行い、新たな城壁を建設し、ルーブルを城塞として中世の様式で建設する（図03-2）。これにより、パリは右岸、左岸ともに同じ面積が市街化した都市となる。

シャルル5世の時代（1364〜80）に、さらに新たな都市壁が建設され、右岸は、現在のグラン・ブールバールまで広がる。ゴシック様式のノートルダム寺院が約200年を費やして完成し（1345）、宗教の中心地となる。右岸は、中

図03-2　中世様式の城塞として建設されたルーブル *35

央市場（レ・アール）が建設されて商業活動の中心となり、左岸はパリ大学が創設され、キリスト教神学の中心となり、知的活動の中心となっていく。

③ルネッサンス文化の導入

百年戦争（1337〜1453）の間、王族はパリを離れ安全なロワール川沿いの地域に住むようになり、それは16世紀まで続いた。イタリアに遠征したフランソワ1世（在位1515〜47）はルネッサンスの文化に触れ、レオナルド・ダ・ヴィンチをアンボワーズに招き、シャンボール城やフォンテーヌブロー宮殿、ルーブル宮殿の造営を行った。メディ

チ家からアンリ2世のもとに、カトリーヌ・ド・メディチが輿入れして、チュイルリー宮殿を造り、アンリ4世（在位1589〜1610）には、姪のマリー・ド・メディチが嫁いで、リュクサンブール宮殿を造り、イタリアの文化が導入されていった。アンリ4世は宗教による内乱を終結させ、都市計画を実行した。ポン・ヌフが架けられ、シテ島とサン・ジェルマン界隈が結ばれ、マレ（沼地）地区が整備されて貴族の館が立ち並んだ。ヴォージュ広場、ドーフィーヌ広場の二つの王立広場が建設され、モニュメンタルな都市景観が出現した。16世紀末には街は西方のコンコルド広場まで拡張し、都市壁は西に拡大した（図03-3）。

④ルイ14世の都市計画

ルイ14世（太陽王：在位1643〜1715）は財務総監にコルベールを任命し、経済、軍事、植民地経営までを一貫体制とする重商主義政策が推進された。これらの政策が基盤となって、ルイ14世の絶対王政が支えられていった。古典主義の都市計画の空間構成が導入され東西軸の街路を建設し、4列並木のシャンゼリゼが計画された。中世の都市壁が壊され、その跡地に街路樹の続くグラン・ブールバールが建設（1670）され、大通りの両側に並木が植えられ、サン・ドゥニ門、サン・マルタン門が通りを飾った（図03-4）。貴族やブルジョワジーの館が両側に建築され、劇場や見世物小屋、レストラン、カフェ、ブティックが店開きし、パリの街路の文化を生み出す先駆けとなった。ヴィクトワール広場、ヴァンドーム広場の新しい二つの王立広場が設けられアンヴァリッド（廃兵院）が建設され都市空間がよりモニュメンタルになった。

⑤フランス宮廷文化の円熟

18世紀初頭から1780年までの間に工業総生産は拡大し、イギリスに匹敵する規模に達した。その経済力を背景に、ルイ14世は宮廷をパリからヴェルサイユに遷都（1682、図

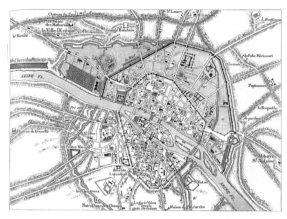

図03-3　城壁のコンコルド広場までの拡張（ルイ13世の壁）[*11]

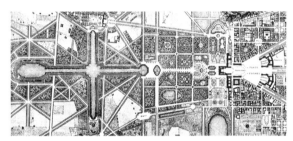

図03-5　ヴェルサイユ宮殿・庭園の建設（1682）[*11]

03-5）し、パリに経済機能、ヴェルサイユに政治機能を置く2都体制を敷いた。この経済と宮廷文化の両輪で、都市的で洗練された文化が生まれていった。

有力な貴婦人を囲み貴族や知識人が集うサロン、イタリアを乗り越えるために文学・芸術・科学の振興と普及を目指したアカデミーの二つがパリ文化と呼ぶにふさわしい独自の文化をフランスに創り出した。国王の豪華な宮廷生活は全ヨーロッパ宮廷の見本となり、18世紀には、ヨーロッパ中にフランス文化が君臨し、各国の君主、貴族は日常生活でフランス語を話し、フランス料理を食べ、フランス

図03-4　グラン・ブールバール。都市壁が壊された跡地に大街路が建設された（1670）[*18]

風のマナーを身に着け、フランス人の建築家や芸術家が造る宮殿や館に住んだ。

2）近代の地層
①反動の繰り返し

コンコルド広場（1757〜72）は、建設時、「ルイ15世広場」として建設され、フランス革命（1789）の際には、ルイ16世やマリー・アントワネットの処刑が行われた。ルイ16世は物品入市税の徴収のための関門として市税徴収壁（1785〜89）を設けたが、この時期、この城壁内の人口は5万人にのぼった。

フランス革命は、結果として、破壊と略奪の場となり、社会的安定と平和を望む国民は強力な政府の出現を希求し、当時の軍人の中で最も市民的とみられたナポレオンを為政者として選んだ。第1帝政を敷いたナポレオン1世（在位1804〜14）は、中央銀行を設立、工業の保護・育成を進め経済振興を推進した。それとともに、イタリア遠征の時に見た古代ローマの壮麗な都市空間に憧れカルーゼルの凱旋門を建造し、次いで、巨大な凱旋門をシャンゼリゼの通りを見下ろす丘に建設することを計画した（図03-6）。南北の街路を延長してリヴォリ通りの両側に1階を商店、2階以上を住宅とする斬新な建物を建設し、ロンドンのリージェント・ストリートの建設にも影響を与えた。

ナポレオン戦争の折、パリは2回外国人に占領された反省から、延長36kmに及ぶティエールの都市壁が建設された。

②パリ大改造

19世紀は人口膨張の世紀となり、その初頭の50万人の人口が半世紀後100万人となり、街路は狭く両側に建物が密集し、排水や糞便が通りの真ん中を流れ、街角は汚物の山となり、民衆の不満が爆発するといつ再び革命が起こるかわからない状況だった。そんな時に、ナポレオン1世の甥は国民投票で圧倒的な支持のもとナポレオン3世（在位1852〜70）に就任し、第2帝政が誕生した。鉄道建設と金融制度の近代化による産業の発展を目指すとともに、公衆衛生の改善と民衆の反乱鎮圧を目的に街路を中心に都市改造を行った（図03-7）。街路については、拡幅と直線化、幹線道路の複線化、重要拠点のロータリーによる接合を3原則とした（図03-8）。環状路としてサン・ジェルマン大通りなどを建設し、鉄道駅への連絡路を確保し、都心と駅、駅と駅を結合した。オペラ座の前にロータリーを造り大幅に民家の切除を行って直線の大街路を設けた。エトワール広場では凱旋門を取り巻く12本の道路を交差させた。パリの道路の合計845kmの1/5の165kmがこの時代に建設され、小説「レ・ミゼラブル」で有名な下水道も道路工事の一環として整備されていった。

ナポレオン3世は公園建設にも力を入れ、ブローニュの森、バンセンヌの森の2大公園のほか、中小の公園と街路樹の植栽で、パリを緑で覆った。一方、オスマンは、古代ローマの知恵に学び、良質水源を遠方に求め、デュイス水道、ヴァンヌ水道などを整備していった。

オペラ座の新築は171件の応募案の中から23歳の若手建築家シャルル・ガルニエの案が採用され（図03-9）、建設後、社交の殿堂となっていった（図03-10）。鉄とガラスの恒久的建造物としてレ・アール（中央市場）が建設され、その後、鉄道駅、百貨店にも普及した。道路工事で貧民窟

図03-7　オペラ通りの既存街並み撤去[*11]

図03-9　現在のオペラ通り

図03-6　凱旋門からのシャンゼリゼ通りの眺望[*11]

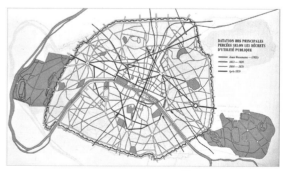
図03-8　オスマンによるパリの街路整備[*21]

図03-10　上流階級の社交の場*17

が取り壊されて都市中心部の人口が減少し、都市郊外に貧民層の住宅地や工業地域がつくられ、西は富裕層、東北は貧民層というパリの東西の住み分けが完成していった。この時期、パリはそれまでの12区から20区に再編され、人口は160万人に拡大した。

③万国博覧会

ナポレオン3世は帝国主義・植民地政策に乗り出し、その治世においてフランスはその植民地を3倍にも拡張させた。そして彼は、第2帝政の威光を内外に示すため、ロンドンで成功した万博に目を付けた。

1855年の第1回パリ万博は、イギリスからヴィクトリア女王夫妻を招いて、シャンゼリゼ公園で開催され、憧れの神秘の国日本をはじめ、アジア、アフリカ、アメリカなど世界各地の珍しい品々が集められ展示された。会場を埋め尽くしたこれらの展示品は、パリの芸術家たちの世界観を変え、日本の浮世絵やアフリカの人体彫刻などは、その後、印象派や立体派を生み出し、新しい美の探求をする契機となった。その後、万博は、1867年、1878年、1889年、1900年、1937年と19世紀はほぼ10年ごとに継続的に開催され、パリを活性化させ文明文化の中心地にしていった。

第4回万博（1889）は、シャン・ド・マルスからセーヌ川にかけての敷地で開催され、エッフェル塔と巨大な機械館が建設された。エッフェル塔は、人類が初めて1,000フィートの塔を実現する偉業となり人々の意識に時代の変化を強烈に植え付けた（図03-11）。同時期に、同じ鉄骨造りで保守的な建築様式のサクレクール寺院がモンマルトルの頂上に建設されたのは興味深い。

第5回（1900年）は、セーヌ川沿いにパビリオンが建てられ、アレクサンドル3世橋、グラン・パレ、プチ・パレ、ギマールのメトロの入り口が建設された。

④夜の世界が出現

万博の時代に夜の世界が人々に開かれていった。19世紀初めには、ガス燈が用いられていたが、1878年には、オペラ通りに電灯が本格的に配置され、パリの夜は明るく輝くこととなった。

ナポレオン3世夫妻の宮廷はパリの社交の舞台であったが、さらにガルニエのオペラ座が上流階級の娯楽の場となり、ブルジョワ階級のためにはオフェンバッハのオペレッタや、歌い踊る場としてのキャバレーが人気を呼んだ。ムーラン・ルージュ、ムーラン・ド・ラ・ギャレットが開店し、ロートレックのポスターやルノアールの絵画はこれらの魅力を広く伝え、万博を契機に増大した海外からの観光客にも人気を博していった。

3）現代の地層

①パリの再整備

1942年ナチスドイツによりフランス全土が占領されたが、1945年から戦後の30年間、パリでは旧植民地からの移民もあり、人口が急激に増大していき、深刻な住宅難の状態となった。1954年からド・ゴール将軍により政治の安定が図られ、1965年にパリ地域整備計画が発表され交通網整備が進められた。人口は、郊外分散化に伴いパリ市内は減少し始め、その分、事務所面積が増加し第3次産業の場としての性格を強めた。建築の高さは1902年に30m

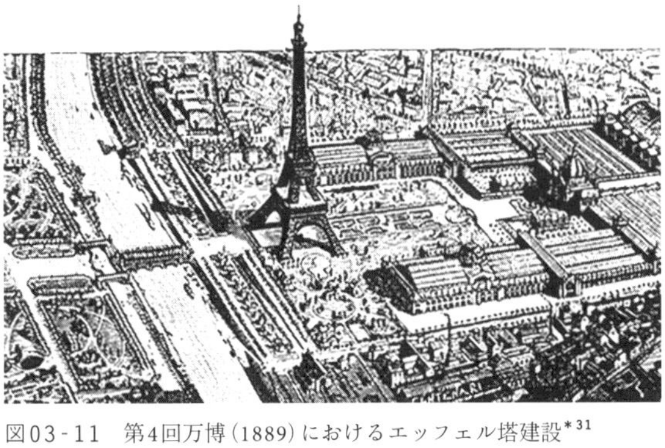

図03-11　第4回万博（1889）におけるエッフェル塔建設*31

図03-12　高さが30mにコントロールされたパリの街。エッフェル塔、モンパルナス・タワーは例外

と定められたままだが(図03-12)、例外地区にて規制の緩和があり、パリの景観を変えていった。市内再整備が進められ、レ・アル地区の再開発により、フォルム・デ・アルと緑地公園が整備され、ポンピドーセンターが建設され、1882年以降には、グラン・プロジェが開始され、グラン・ルーブル、ラ・ヴィレットの科学・産業都市、バスティーユの新オペラ座、アラブ世界研究所など再整備が行われた。

② イル・ド・フランスへの拡大

大戦後、都市圏人口は大幅に増加し、1944年に600万人足らずであったのが1993年には930万人以上となり、そのうち、郊外人口の比率は、50％から80％近くに上昇し、パリ市内の人口は25％減少した。市内人口は、高齢者、女性、単身者、高所得者層が多く、これに対し郊外人口は若年層、低所得者層、多人数世帯、転入者、外国人が多く、住み分けが進行した。郊外は小さな一戸建てが増加し(図03-13)、都市圏全体の住宅数400万戸のうち1/4が一戸建てとなり都市圏の拡大要因となっている。郊外への都市機能分散政策として、業務機能分散のためデファンス副都心が建設された。セルジー・ポントワーズ、エヴリィ、サン・カンタン・アン・イヴリーヌ、マルヌ・ラ・ヴァレ、セナールの五つのニュータウンが建設され(図03-14)、企業誘致を国土整備庁(DATAR)が牽引してきている。マルヌ・ラ・ヴァレには、ユーロ・ディズニーランドも立地している。

パリ都市圏は、イル・ド・フランスと呼ばれる広域地方行政区に属するが、国は自らが開発整備を主導するグラン・パリ法を制定(2010)し、広域的な交通網整備を中心に住宅、科学技術拠点を整備して、10の地域開発拠点の整備とそのネットワーク化を図る計画を立案した。これに基づき、新しい「イル・ド・フランス州基本計画(SDRIF)」が2013年現在策定されている(図03-15)。

2. 都市・建築、社会・文化の特徴

1) 第2帝政の都市改造

① ナポレオン3世

ナポレオン1世の甥の3世は、生涯の半分を亡命生活で過ごし、独特の思想を持っていた。

第1に、サンシモン主義に傾倒し失業者や貧困階級を救済するための皇帝社会主義を意図していた。第2に、産業振興と都市基盤の整備を進め、ブルジョワ社会に対応しようとしていた。この両者の調和を願っていたが、これまでの革命が生み出した恐怖社会の経験から、民衆の反乱を強く恐れていた。一方で、亡命時代のロンドンの緑豊かな都市空間には強く感銘を受けており、これらの複合的な背景がパリ都市改造の方向を決定していった。

1853年オスマンの知事任命式後に、皇帝はパリ改造の計画を打ち明けたが、それまでオスマンの頭の中には構想は無かったといわれる。皇帝が発案者、知事が実行者の相互信頼で事業は進められた。

② ユジェーヌ・オスマン

オスマンは優れた行政マンで、政治的野心のない高潔な人物であった。独裁者だが暴君ではなく、計画は公衆に公開され論議された。専門家の抜擢人事を行い、事業を大胆かつ綿密に進めていった。

街路、公共施設などの公共事業は全額公共投資であったが、その他事業は長期借款(市債発行)で捻出し、後に不動産の売却で償却するという現代的な企業会計を導入した。結果責任を問われオスマンは失脚したが、帝政崩壊にもかかわらず事業は引き継がれ、都市計画の記念碑的事業となって世界各地に影響を与えていった。

19世紀末から20世紀初頭にかけて、パリは建築ブームとなり、第2帝政で建設された新しい街路沿いに建築工事が進み、伝統的な街並みは姿を消し、オスマンの美感に基

図03-13 パリ郊外の一戸建て分譲住宅地

図03-14 セルジー・ポントワーズの集合住宅

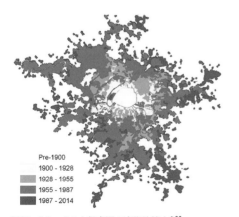
図03-15 パリ大都市圏の市街地拡大*33

づく均質的な都市景観が形成されていった。街路は移動するためのものから、見て楽しむものに変わった。こうした都市景観をマネ、ピサロ、モネ、スーラなどの画家たちは題材として描いていった。オスマンは、美感にこだわり、私有地分譲に際しては建物正面や前庭の装飾を義務付けた。3階と6階にバルコニーのあるアパルトマンがパリの最も見慣れた景観となり、この建物は、「オスマン様式」と呼ばれ(図03-16)、民間企業によって、盛んに建設され、パリのあらゆる地区を覆い尽くしていった。

2) 鉄とガラスの空間

鉄とガラスは、19世紀における産業革命が建築の分野に与えた一大変革である。それまでの石造りや煉瓦造りの建物を重力から解放し、巨大な空間が容易に建設でき、そこに太陽光を取り入れ、光と空間の演出者となった。パサージュが先駆けとなり、次いで、万博のパビリオンで大規模化が進み、百貨店、鉄道駅をはじめ、銀行、取引所、オフィス、図書館、工場、レストランなどあらゆる施設空間に取り入れられていった。

①パサージュ

パサージュは、ガラスのアーケードの両側に個人商店が立ち並ぶ、全天候型の商店街。さまざまな店舗が立ち並び、雨の日のショッピングを可能にした(図03-17)。

②百貨店

アリスティード・ブシコーが1852年にオ・ボン・マルシェを開き、定価設定、わかりやすい表示、薄利多売、どこの国の通貨でも使えるという近代システムを導入して大成功を収め、鉄骨造りの天蓋を持ち、雨の日も買い物ができる商店街を生み出した。

日中は太陽の光が降り注ぎ、夜は4,300基のガス燈と巨大なシャンデリアがスペクタクルな空間を演出し、商業の大伽藍となった。これに続き、登場したオ・プランタンやギャルリエ・ラファイエットには、より巨大で華麗なガラスの天蓋と吹抜け空間が作られていった(図03-18)。

③鉄道駅

第2帝政時代には、鉄道網が急拠整備され、目を奪うようなターミナル駅の建築が出現していった。駅ごとに異なった鉄道会社であったことから、そのPRのためにも豪華な建築が作られた。正面玄関は、豪華さを競うため、伝統的な様式の石造りで作られたが、プラットホームを覆う空間は、鉄とガラスの天蓋で全天候の環境を用意した(図03-19)。その光景は、印象派の画家たちによって好んで描かれ、モネの「サン・ラザール駅」はこの時の様子を伝えている。これらの鉄道は、遠距離の地域とを結んだことから、英仏海峡方面と結ぶサン・ラザール駅、地中海方面とを結ぶリヨン駅、ベルギー、オランダ方面とを結ぶ北駅など各々の駅舎や行き交う旅客にその地域性が現れた。

3) 副都心ラ・デファンス(La Défense)

パリ市西方の外縁地域に開発された副都心であり、ルーブル宮殿から郊外へ延びるパリの都市軸の延長線上に位置する(図03-20)。第2次世界大戦後、経済成長に伴うオフィス需要の増大を受けて、計画された。パリ市内の伝統的な都市景観とはかけ離れ、大企業の本部やラ・グランダルシュなどの超高層ビルが林立する現代的な都市空間として建設されている。なお、「ラ・デファンス」の地名は普仏戦争の際のパリ防衛を記録するものである。

①空間構成

開発地区は全体が800haで、Aゾーンのビジネス、商業地区130haとBゾーンの公園、教育、文化、住居の地区500haに分けられる。Aゾーンには、歩行者空間と自動車空間を完全分離させ副都心の中に広い歩行者空間を確保する人工地盤が建設されている。地上レベルは歩行者、地下第1層レベルは駐車スペース、地下第2層レベルは道路と鉄道からなる3層構造となっている。この都市軸上の地上レベルは広場となり、周囲に超高層ビルが林立し視覚的なヴィスタを構成している。

②開発・運営組織

計画実施のための公的な組織としてラ・デファンス地区整備公社(E.P.A.D.)が1958年に創設され初期の計画の実行と都市基盤の整備を行ってきた。1978年にオフィスビル、住宅などの上物については、SARI社が建築権を取得し、オフィスビルの建設をディベロッパーとして行っている。

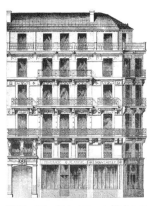 

図03-16　左:オスマン様式のアパルトマン、右:アパルトマンの階層別人間模様*31

図03-17 パサージュ・ショワズール

図03-18 ギャルリエ・ラファイエット百貨店の吹抜け空間

図03-19 パリ・リヨン駅の天蓋

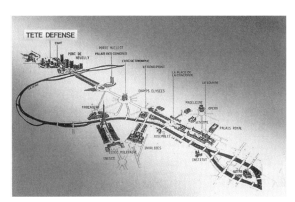
図03-20 都市軸上に位置づけられたラ・デファンス[*14]

図03-21 ラ・デファンス超高層ビル群の鳥瞰

③建築物

　ラ・グランダルシュ (la Grande Arche) は門の形態をし日本では新凱旋門とも称される。カルーゼル凱旋門とエトワール凱旋門の二つの門が形成するパリの都市軸の延長線に存在することから、第3の凱旋門として位置づけられている。ラ・デファンスには90～187mの高さのビルが41棟あったが、2005年12月 E.P.A.D. は「ラ・デファンス 2006-2015」を発表し開発初期の超高層ビルの建替えを進めている（図03-21）。住宅専用ビルの建設も進め、職住のバランスのよい再開発地にする狙いである。

4）消費文化の開花

①ベル・エポック

　産業革命を達成し、ナポレオン3世が始めた万博はパリを輝く大都会にしていった。この19世紀末から1914年に第1次世界大戦が勃発するまでの約25年間をベル・エポック（Belle Époque：良き時代/美しき時代）と呼ぶ。成熟しつつある資本主義の影響が人々の日常生活を豊かなものにしていった。パリには人口が集中し、消費文化が花開き、第5回パリ万国博覧会（1900、図03-22）は約5,000万人もの入場者数を記録し、同年に地下鉄が開通、市民生活は一変した。このような華やかで享楽的な雰囲気を醸し出す社

図03-22 第5回パリ万博、アンパリッドへのゲート[*37]

図03-23　画家が集まったカフェ・ル・ドーム

図03-24　カフェ・ドゥ・マゴのテラス席より街を見る

会環境のなかで、世紀末には絵画は印象派から象徴主義に移行し、装飾美術では、アール・ヌーヴォーがヨーロッパ中に大流行し、百貨店や地下鉄などの建築物、家具・調度品、書籍、ポスターなどのグラフィック、ジュエリーなどあらゆるものにこの様式が現われた。そしてファッションは、ポール・ポワレによって女性たちはコルセットから解放された。ベル・エポックは、都市生活にかかわるすべての分野で新しい息吹が誕生し、消費文化の土壌が築かれた転換期であった。

②カフェ文化

カフェが、パリで本格的に貴族とブルジョワジーに浸透していくのは、1669年に最初のカフェ「プロコープ」が開店して以降のことである。18世紀半ばともなると、すでにカフェの数は、ロンドンを上回って、500〜600軒にまで及んだといわれる。

19世紀末には、グラン・ブールバールにカフェ・ド・ラ・ぺなどのカフェが集まり、1910年代になるとモンパルナスがパリのカフェの中心地となった。モジリアニ、マティス、ピカソ、シャガール、フジタが芸術論議に花を咲かせた。有名なカフェとして、ドーム（図03-23）、ロトンダ、セレクト、クーポールなどがある。戦後、カフェの流行はサン・ジェルマン・デ・プレに移る。有名なカフェとして、ドゥ・マゴ、カフェ・ド・フロールなどがあり、ドゥ・マゴの5階にサルトル、2階にはボーボワールが住み、実存主義の思想が花開いた（図03-24）。

当初、パリのカフェはロンドンと異なり、室内が禁煙だった。そのため、喫煙者用スペースとして外側に席が設けられており、この喫煙用の席が次第に発達して現在のオープンカフェとなっていった。

04

ロンドン

都市膨張への対応

名称の由来
現在の地を発見し開拓地を建設したローマ人が、ケルト語で「沼地の砦」を意味する「ロンディニウム（Londinium）」を地名としたという説がある。

国：グレートブリテンおよび北アイルランド連合王国（通称イギリス）
都市圏人口（2014年国連調査）：10,189千人
将来都市圏人口（2030年国連推計）：11,467千人
将来人口増加（2030/2014）：1.13倍
面積、人口密度（2014年Demographia調査）：1,738km²、5,800人/km²
都市建設：43年テムズ川沿岸にローマ植民都市ロンディニウムを建設
公用語：英語
貨幣：UKポンド
公式サイト：https://www.london.gov.uk/
世界文化遺産：ウェストミンスター宮殿、ウェストミンスター大寺院および聖マーガレット教会

1. 都市空間の形成

1）前近代の地層

①ローマの植民都市ロンディニウム

ローマはAD43年にテムズ川河口に開拓地ロンディニウムを建設し、AD50年には最初のロンドン橋を架け、地域の交易の拠点とした。その後、ケルト人の反乱があったことから、本格的な砦を建設し、行政、交易の中心地とした。後年シティとなるこの場所は城壁で囲まれ、最盛期の3世紀には4万人近い人口がいた（図04-1）。しかし、ローマ帝国の衰退とともに蛮族の侵入が頻発し、410年にローマは撤退をした。

500年頃になると、サクソン人が住み着き、セントポール寺院が建造（604）され、再び中心地として繁栄をし始める。8～10世紀にかけてヴァイキングや蛮族の侵攻が繰り返されるなか、アルフレッド大王は城壁を再構築し（883）、都市を守る市民に土地を下付し、自治都市ロンドンを誕生させた。

修道士として育ったエドワード懺悔王（在位1042～66）は1050年頃にシティの西方に建設中の大会堂（ミンスター）のある場所に新宮殿を建設し、完成したウェストミンスター寺院（1065）とともに、新たな街の建設を行った。エドワードに後継指名されたノルマンディー公ウィリアム（在位1066～87）はウェストミンスター寺院で戴冠を行い、その後、この地は、王権の地となっていく。

②シティとウェストミンスターの分離

ノルマン人のウィリアムは、シティに自治権を与えた。この城壁の中には約4万人が住み、そこで職人たちは商売ごとに集まり、業種ごとにギルド（同業組合）が生まれていった。エドワード2世がギルドによる行政権を認めた（1319）ことにより、市長はギルドから選ばれた議員と行政官とで選出することとなった。ギルドホールを拠点に都市の運営が行われるシティ自治体（Corporation of the City）が誕生し、都市自治の原型を生み出した。以上によりロンドンは、商業の中心としてのシティと、王権の中心地としてのウェストミンスターという二つの街からなる都市複合体として成長していく。

③海上交易の中心地：エリザベス朝

15世紀にロンドンは、イギリスの首都としてゆるぎない地位を築き、16世紀に入ると経済と貿易の大玄関口となっていった。流入してくる外国人も多く、1563年には9万人を超えた人口が、16世紀末には20万人に達していった。エリザベス1世（在位1558～1603）の時代にはスペインの無敵艦隊を撃退（1588）して国際的地位が上昇し、東インド会社を創設（1660）して海外交易に積極的に乗り出

図04-1　ローマが城壁都市として再建*10

図04-2　サザークから見たロンドン*10

した。

　この時期、人口はシティの東側地域で膨張し、王立造船所が開設され、イギリスの海軍力と貿易力を支え労働の場となっていった。テムズ川南岸のサザークはシティの管理外の地域であったことから、娯楽や風俗の地として賑わい、グローブ座（1599）などの劇場が多く立ち並び、シェークスピア（1564〜1616）が活躍する場所となった（図04-2）。この頃、ベッドフォード伯爵が開発したコベントガーデンが発端となって、貴族の土地の開発が開始される。また、王室の御猟場、乗馬のための場所がハイドパークとして一般開放された（1637）。これら西側地域の良質な環境条件は富裕な人々を西へと移動させ始める。

④ロンドン大火とレンによる復興

　ロンドンが繁栄を極めたこの時期に商人の街シティを「ロンドン大火（Great Fire）」が見舞い、その80%を焼き尽くし、中世の市街地は消失した（1666）。国王チャールズ2世は、再建後のロンドンをパリのような壮麗な都市にしたいと計画の作成を命じた。勅命委員の1人のクリストファー・レン（1666〜1723）は、後世のパリ改造計画を先取りする斬新なバロック様式の計画案を提出した（図04-3）。しかし、商人の街であるがゆえに、国王の権力が及ばず、個々の権利関係を調整することの困難さから計画は実現されなかった。ただ、再建する建物は、煉瓦造りないし石造りにすること、大通りに面する建物は4階建て、小さい街路では3階建て、裏路地は2階建てで、正面は防災上平面的であることが規定され、標準化された大量生産住宅を生み出していった。都市計画は採用されなかったが、レンはセントポール大聖堂をはじめ50数棟のシティの地区教会の設計と再建を行い、新しい都市景観を創出していった（図04-4）。

　大火後のロンドンの人口は67万人（1700）に膨張してい

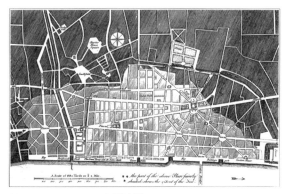

図04-3　レンのシティ再建案*9

図04-4　テムズ川と大火再建後のシティ*16

くが、貴族と資産家は良質な居住環境を求めて西に移住し、労働者は港の拡張に伴う仕事の機会を求めて東に移住していった。

⑤ウェストエンドの発展

　ロンドンの中心市街地には現在も大土地所有者が多い。それは、16世紀半ばの国教分離によってシティを取り巻いていた修道院の領地が王族や貴族たちの手に渡り、彼らによって市街地が開発されていったからである。これらはスクエアを取り囲むように街路や下水が整備され、高級住宅が整然と並び「エステート（estate）」と呼ばれた。17世紀にはセント・ジェイムズ広場（1663）、ブルームズベリ広場、ソーホー広場が開発され、18世紀にはグロブナー広場、バークリー広場、ポートマン広場が、19世紀に入り、ラッセル、ベルグレイビア、ブルームズベリ、パディントンなどの開発が続いた。グロブナー家が開発したエステートは、メイフェア地区という屈指の高級住宅地となり、ミュージカル「マイフェア（メイフェアの語呂合わせ）レディ」の舞台ともなり、いまだ、ロンドンを代表する高級ホテルが立地する場所でもある。しかし、エステート単位に上質な都市開発が行われてもそれらを結合する基幹的なインフラなど全体計画は不在のまま、市街地は膨張していった。

　その結果、ロンドンは、パリのような大街路が壮大な都市景観を形成するパースペクティブでモニュメンタルな都市空間は生み出されず、小さな街のモザイク的な集合体としての性格となっていく。

2）近代の地層

①ジョン・ナッシュによる都市整備

　こうしたロンドンに都市骨格を建設したいと考えたのが当時の摂政皇太子（プリンス・リージェント）のジョージ4世であった。ナポレオン1世の建設したパリのリヴォリ通

りの壮麗さに感嘆した皇太子は、建築家ジョン・ナッシュにロンドン中心部のザ・マルからピカデリー・サーカスとオックスフォード・サーカスを経て、ポートランド・プレイスに接続し、そこからロンドン最大の公園リージェント・パークに接続する南北の大動脈の建設を指示した（1812、図04-5）。リージェント・ストリートは彎曲する街路（四分円的街路：クワドラント）として独特の景観を生み出した。また、リージェント・パークは公園のみならず、外縁部に田園邸宅地を彷彿とさせるテラスハウス群を建設した（図04-6）。ナッシュは、トラファルガー広場、バッキンガム宮殿の計画や設計にも加わり、ロンドンのモニュメントやヴィスタの形成に貢献していった。

②世界の中心都市：ヴィクトリア朝

この時代は産業革命による経済の発展が成熟に達したイギリスの絶頂期である。19世紀半ばには世界の工場と呼ばれる地位を確立した。ロンドンには、19世紀の初めに五つの港が建設され、イギリスが七つの海を支配するための拠点となった。スコットランドやアイルランドから、ヨーロッパ大陸やアフリカから人々がロンドンに流入し、人口は、約100万人（1801）が50年後に3倍の約270万人（1851）に、そしてさらに50年後には約660万人（1901）と膨張の一途をたどった。

シティには、銀行、取引所、保険会社などの金融機関が集中して、世界の資本主義の中心となった。新たなドックが開港して、海外交易が活発化し、東部・南部には工業立地が進められていった。

③ウェストミンスター宮殿再建と万国博覧会開催

1834年にウェストミンスター宮殿が全焼する事故が起こったことから、その再建の設計案が募集され、ビッグベン（92.4m）とヴィクトリアタワー（102m）の二つの塔を持つゴシック様式の作品が選ばれた。1852年に完成した建物は全長300mの国会議事堂としては大規模なものとなった。

その頃、ハイドパークでは、奇妙な建築物が姿を現してきていた。全長約600mと国会議事堂の2倍の長さの、ガラスと鉄でできたクリスタルパレス（1851、図04-7）である。これは、多数の反対を押し切って実施されたアルバート公主催の第1回万国博覧会のパビリオンであった。世界中から集められた19,000点の展示物を見学に600万人が訪れ、博覧会は驚異的な成功を収めた。

博覧会の収益は莫大となり、この利益を活用して、跡地周辺の土地が購入され、数々の博物館や専門高等教育機関が設けられた。現在、ロイヤル・アルバート・ホール、ヴィクトリア・アンド・アルバート美術館などが立地している。

有名な「ロンドンの霧」が発生したのはこの頃である。工場や家庭で使用される石炭の煤煙が海流が引き起こす湿気と混ざって、黒い霧を発生させ、ロンドンの雪も建物も黒ずんだものにしていった（図04-8）。

④都市の拡大

ロンドンと近郊を結ぶ最初の鉄道が開通（1836）し、高騰した地価問題を解決するため地下鉄の建設が行われた

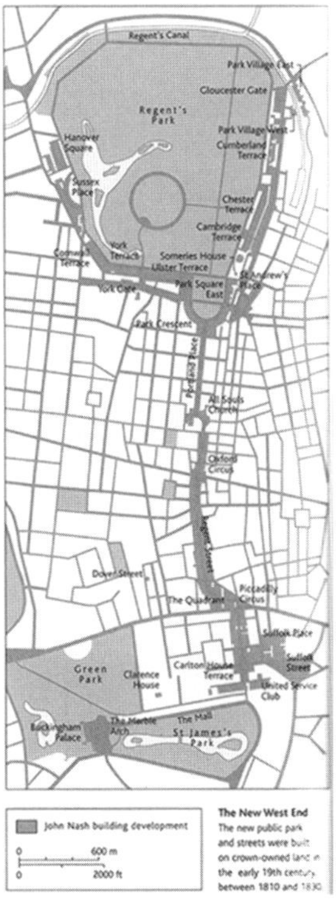

図04-5 リージェント・パーク・アンド・ストリートの都市改造[*10]

図04-6 リージェント・パークの上流階級の住まい

図04-9 高密狭隘の貧民住宅[*8]

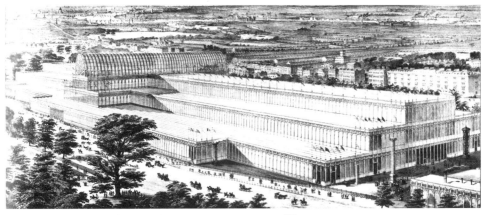

図04-7 ハイドパークに建設された全長600mのクリスタルパレス*12

図04-8 ロンドンの霧除けの服装*8

（1863）。これらの都市鉄道の建設は、郊外住宅の建設を促し市街地の範囲を拡大し、規格化された煉瓦造りの家、テラスハウス、庭付き住宅が郊外に大量に供給されていった。産業革命前の労働者の生活は、仕事も家事も夫婦共同で行う職住一致の形態で営まれていたが、都市鉄道は、郊外の住まいと都心の仕事場との間を通勤するという就業形態を生み出し、職住分離の新しいライフスタイルを作り出した。夫の給料で家計を賄える家庭では専業主婦という形態が生まれた。

イーストエンド：しかし、郊外化は都心部やイーストエンドの貧民街の人口過密を解決することにはならなかった。13もの鉄道ターミナルが建設されていったが、その場所は、地価の安い貧民街が対象とされ、多くの住民が立ち退きを迫られ、これら住民は、郊外に住むだけの収入はないことから、すでに人口過密な周辺の地区に流入し、さらに人口の過密をもたらしていった（図04-9）。ここに住む貧民の多くは、腐りかけた床板の部屋の中の一つのベッドに5人が寝ていたという。

ウエストエンド：一方、ウエストエンドに住む豊かな人々も増加していた。これまでの土地所有者の上流階級以外に、産業革命がもたらした資本主義経済の結果、産業資本家や金融業者などのブルジョワジーと弁護士、医師、技術者などの専門職が台頭し、ピカデリーの邸宅街に住んで、豊かな生活を享受していた。ハロッズデパートは、これらの人々の買い物で賑わい、多くの劇場が新設され、リージェント・ストリートはファッショナブルな場所としてショッピングと散策の場となった。

田園都市の提唱：イーストエンドとウエストエンドという二つの地域を見て、イーストエンドの問題解決のため、エベネザー・ハワードは都市と農村の優れた生活環境を結合した第3の生活を目指し、1898年に「田園都市（Garden City of Tomorrow）」構想を提唱する。

3）現代の地層：大都市圏の形成
①グリーンベルトとニュータウン建設

ハワードの田園都市論はイギリス政府を刺激し、1944年にパトリック・アーバクロンビーによって、人口集中の克服と戦災復興を目的に大ロンドン計画（Greater London Plan）が策定される。

この計画ではロンドン地域を同心円状に、内部市街地、郊外地帯、グリーンベルト、周辺地帯の4地域に設定する。そして、既成市街地では一定の密度を認めるが、郊外地帯では人口密度を抑制し、その周辺はグリーンベルトとして開発を抑制する。それでも過剰な人口は、さらに外側の周辺地帯の既存都市の拡張と新設のニュータウンが受け皿となる。このため、政府は1946年にニュータウン法を制定し、外側に八つのニュータウン開発を決定した（図04-10）。

②既成市街地の再生：民間活力導入

一方、シティの人口は、1801年に13万人いたのが1881年になると4,700人と減少し、中心部の空洞化が激しくなっていた。そこで、都市政策は、内部市街地の活性化と企業誘致に目標が切り替えられ、1979年に登場したサッチャー政権によってドックランズ開発公社（LDDC）が設立され、2,064haにわたる港湾地域の再生が実施された。これらの東部地域は、オリンピック開催に伴う整備もなされテムズ・ゲイトウェイ計画も推進されている。

一方、ドックランズへの企業誘致は成功し、シティの企

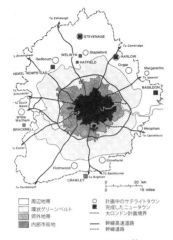

図04-10 大ロンドン計画[*22]

図04-11 セントポール寺院（左端）が象徴となるスカイラインを破壊して林立するシティの超高層ビル群

業が流失するほどとなり、シティの強化方策としてその東側地域に超高層ビルの建設を容認するエリアを設置し規制の緩和を行っている。超高層ビルの設計にはヨーロッパの著名な建築家が勢揃いして、18世紀以来保たれてきたセントポール寺院を象徴とするシティのスカイラインを醜く変貌させている（図04-11）。経済活動優先の行政と景観破壊を進める建築家たちの意識を問わざるを得ない。

③人口のモザイク化

ロンドンの大都市圏人口は、1939年に870万人へと急膨張を遂げたが、戦後の社会混乱で1988年には673万人まで減少した。しかし、2015年時点には863万人と過去最大規模となり、成長を取り戻した。この背景は経済活性化にあるものの、南アジア・アフリカ・カリビアンなど途上国からの流入が主因で、イギリス人は人口の50％に陥り、人口構成はモザイク型に変貌している。

2．都市・建築、社会・文化の特徴

1) 建築の特徴

①テラスハウス

1707年と1709年の条例で、火災防止のため、ファサードに使用する木材が制限された。1774年には、上げ下げの窓のサッシュも隠すように定められた。テラスハウスは、それまでの褐色系とは異なるグレーや黄色などの冷たい色調の煉瓦が使用されるようになったことから、白やアイボリーの漆喰の上塗りを施すようになった（図04-12）。

1875年に制定された公衆衛生法による条例住宅は、労働者住宅の衛生条件の改善のため、テラスハウスを義務づけた。間口が狭く奥行の長い連続住宅が住宅需要の強い既成市街地の縁辺部に数多く建設され、画一的な煉瓦建て住宅が延々と連なる都市景観が生み出されていった。

②煉瓦とテラコッタの建築

ロンドン大火の後、ジョージ王朝は、再建する建築に煉瓦造りを義務づけた。これは石材が採れないロンドンの苦肉の策で、同じ理由で、煉瓦建築が発達したオランダの技術を導入したものである。

1820年頃建物の建造者の間で、景観への反省から装飾的な中世建築への興味が蘇ってきた。1840年代の新しい宗教復興運動により、ゴシック様式をアカデミーが推奨し、ウェストミンスターの国会議事堂のコンペには、その様式での設計が条件づけられた。その設計者のオーガスタス・ピュージンやイギリス国教会の信者の建築家たちは、大火以来のテラスハウスの単調さに対し、モニュメンタルな様

図04-12 白塗りのヴィクトリア時代のテラスハウス

図04-13 煉瓦造りのセント・パンクラス駅

図04-14 ガーデンシティとしてのレッチワースの環境

式としてネオ・ゴシックを提唱し、実業家や資産家たちもその提案を受け入れ、ヴィクトリア朝特有のゴシック様式が誕生した。ギルバート・スコットによるセント・パンクラス駅（図04-13）は、その代表となった。数々の探偵小説などにも登場するおなじみの旧スコットランドヤードの建物も、煉瓦造りの典型である。それでも、煉瓦造り建築の素材に飽き足らない人々は、色彩が一層多様で清潔で輝きのあるテラコッタ（陶板）を、建築材料として1870年代から使用し始めた。歴史的な様式を好む建築家たちによって、劇場や博物館に多く用いられている。ロイヤル・アルバート・ホール、自然史博物館、パレス劇場などはその代表といえる。

2）郊外開発
①田園都市（Garden City）

都市膨張に対するハワードの田園都市提案は、人口3万〜10万人で既存の大都市から30〜50kmの距離を隔てた農村地帯に建設され、バランスのとれた社会階層が居住し、住む、働く、憩うの3要素を備えた自足的な都市で土地は公有制のものだった。一定の賛同者が現れ、1899年には田園都市協会が設立された。この協会は、1903年にはロンドン北郊のレッチワースにて初の田園都市建設に着手した（図04-14）。1920年には二つ目の田園都市となるウェルウィン・ガーデン・シティを着工している。

②田園郊外（Garden Suburb）

ハワード理論をもとに開発が進められたが、田園都市と異なり業務施設や商業施設はない。ハムステッド・ガーデンサバーブ（1906）は、その好例であり都市空間を絵画的手法で集大成したモデルとなった。自足的な都市の実現は困難が多く、田園都市を標榜して建設されるものの多くは、このモデルである。東京の田園調布やニューヨークのラドバーンもこの例である。

③ニュータウン

レッチワースなどの成功に影響されたイギリス政府は、第2次世界大戦後の1946年にニュータウン法を制定し、ロンドンの周辺16km程の距離にグリーンベルトを造り、そのまわりに衛星状に自足型の都市を並べる計画が実施された。

ニュータウンの開発始動期（1947〜55）は、人口3万〜5万人規模で田園性（低密度）を特徴とし、開発定着期（1956〜66）には、人口5万〜10万人でラドバーン方式などの計画手法が導入された。しかし、政策転換期（1967〜77）と言える時期になると、人口20万〜40万人の大型開発となり、地域的な戦略拠点としての機能が重視されたものになっていった。

この大規模なものの例として、ミルトンキーンズ（1967年開発開始、図04-15）があり、人口約25万人、面積6,800haで、外国企業の立地とその従業員家族の居住が進み、国際都市として発展した。わが国でも、このモデルの建設を目指して、東京の多摩や大阪の千里に「ニュータウン」が建設された。しかし、その内実は都心通勤のためのベッドタウンに近い。

3）都市再生ドックランズ

ドックランズ（London Docklands）は、ロンドン東部、テムズ川沿岸にあるウォーターフロント再開発地域の名称であり、現在は、主にオフィスと住宅が混在した地域として再開発されている。

図04-15　ミルトンキーンズの商業施設

①犯罪の温床と化した未利用地

名前のもととなったドックとは、ヴィクトリア時代に世界最大の港であった時期の港湾荷役用水面のことである（図04-16）。第2次世界大戦後、船舶の大型化・コンテナ化などにより、港湾機能は下流に移転し、ドックランズは未利用の地となった。

ドックランズには荷役労働の肉体労働者が多く集まり、この労働形態は第2次世界大戦後まで続いた。労働者としては、アイルランドや海外などからの移住者も多く、イーストエンドの典型地域として貧困者が密集して住み、ギャングなどの犯罪の温床にもなっていた。

②中央政府直轄の再開発

物流の革命により1980年代までに、すべてのドックは営業を停止し、広大な未利用地として放置されていたことから、サッチャー政権によって、この都市再生のための政策と組織が作られた。

ロンドン・ドックランズ再開発公社（LDDC）が設立され（1987）、ドックランズの土地取得とインフラの建設を行った。ここへの企業の誘致策としてアイル・オブ・ドック地区にエンタープライズ・ゾーンの指定（1892）が行われ、地域内のビジネス活動には不動産税が免除されるほか、開発手続きの簡略化などインセンティブが与えられた。

③水の上のウォール街の誕生

1980～1990年代のLDDCによる開発は、ドックランズを新しい都心に転換させた。その中心が「水の上のウォール街」として計画されたカナリー・ワーフである（図04-17）。ワン・カナダ・スクエアなど何本も立ち並ぶ超高層ビルに国際金融機関が集積した。東に位置するロイヤルドックは、エクセル・エキシビション・センター（国際展示場）として生まれ変わった。その他の地区は、ミレニアム・ドームと同時期に建設されたミレニアム・ビレッジなどをはじめとして、比較的所得の高い人々のさまざまな住宅が立地する場となった。都心との交通は、新交通システムと地下鉄ジュビリー線で結合されている。ドックランズは、東京のお台場のモデルとなった場所である。

4）飲食の文化

①パブ（Pub:Public House）

イギリスで発達した、階級を問わず誰もが入れる居酒屋で、カウンター席や椅子席を設け、主にビールやその他の酒類を提供している。18～19世紀にビールが体を強くする飲み物として労働者階級に流行り、ビールを提供する便利な社交の場として増えていった。ヴィクトリア時代の末期には民家25軒につき1軒のパブがあったという（図04-18）。文字を読める人が少なかったため、店の目印として独特の屋号を考え看板の絵柄を描いた。現在もパブの看板は、王様、有名人、動物、植物、海関係など多様な屋号とそれを描いたものが多い。

②コーヒーハウス

ロンドンでは18世紀の最盛期、コーヒーハウスの数は2,000店に達したが、次第に客層が固定化していき閉鎖的になり、クラブという社交の場を生み出しコーヒーハウス

図04-16　1980年以前のドックランズ[*28]

図04-17　ミレニアムドームとカナリー・ワーフ（2010年頃）

図04-18 17世紀の様子を伝えるジョージ・イン

図04-19 著名なザ・ブラウンズのアフタヌーンティー

は斜陽化した。加えて、オランダとのコーヒー貿易競争に敗れたイギリスは、コーヒーの輸入を断念し、紅茶に切り替え、その輸入を増大させた。高騰したコーヒーに見切りをつけた結果、コーヒーハウスは紅茶店に変わり、紅茶がイギリスの国民飲料となっていった。

③紅茶（ブラックティー：強発酵茶）

オランダがマカオと平戸で緑茶を買い母国に送り、ヨーロッパ諸国にお茶を広めた。ロンドンではコーヒーハウス「ギャラウエイ」で初めてお茶が登場する（1657）。国王チャールズ2世の王妃キャサリンが部屋で喫茶のサロンを開き（1662）、その東洋の香りが上流社会でブームとなっていった。イギリスは、中国から茶を直接輸入するようになり、18世紀には発酵系の烏龍茶や紅茶が中国からヨーロッパ向けに量産された。緑茶よりも発酵茶が普及したのは、硬水のイギリスでは発酵茶のほうが味がよかったためである。紅茶（ブラックティー）の需要の増大に伴い、植民地インドのアッサムやセイロン（現スリランカ）などでの生産が開始され廉価な紅茶が供給され、貧困層にも普及していった。

また、紅茶にまつわる独自の食習慣も生まれた。イギリス貴族の一日の食生活は、朝と夜の2回が一般的で、昼は取らないことが多かった。これではお腹が減るので、午後のひと時に紅茶と軽食を取ることが始まった。ベッドフォード侯爵夫人アンナ・マリア（1788～1861）が始めたこの催しは、貴婦人たちの午後の社交の場としての習慣、アフタヌーンティーとして広まっていった（図04-19）。

05 ベルリン

二つの都市の統合

名称の由来
辺境の見捨てられた湿地であったことから、スラブ系部族の言葉で「湿地」を意味する言葉を語源とする説と、ベルリンの紋章の熊（Bär）と関係があるという説があり、どれも確かなものではない。

国：ドイツ連邦共和国
都市圏人口（2014年国連調査）：3,475千人
将来都市圏人口（2030年国連推計）：3,658千人
将来人口増加（2030/2014）：1.05倍
面積、人口密度（2014年Demographia調査）：1,347㎢、3,000人/㎢
都市建設：1307年ベルリンの名を持つ双子都市成立
公用語：ドイツ語
貨幣：ユーロ（€）
公式サイト：https://www.berlin.de/
世界文化遺産：ポツダムとベルリンの宮殿群と公園群、ベルリンのムゼウムスインゼル（博物館島）、ベルリンの近代集合住宅群

1．都市空間の形成

1）前近代の地層

①辺境の双子都市から城壁都市へ

中部ヨーロッパに神聖ローマ帝国が成立し、この帝国の北東の辺境のシュプレー川両岸に二つの商業・交易集落が形成されていき、中州にはケルン（1237、ライン河畔に古代ローマが建設した植民都市ケルンとは別）、右岸にベルリン（1244）の名称がつけられていった（図05-1）。この地域の領主はブランデンブルク辺境伯であった。この二つの都市は、1307年に統合されて「ベルリン」の名を持つ双子都市となり、経済的に発展し、都市の中心となる広場ができ教会が建設されていった。ケルン地区にはペトリキルヘ（聖人ペテロ教会、現存せず）、ベルリン地区にはニコライキルヘ（聖人ニコラウス教会、現存）がまずでき、次いでマリーエンキルヘ（聖母マリア教会、現存、図05-2）が建立された。そして、ニコライキルヘのあたりは現在、ベルリンで唯一中世の印象をとどめる地区として残り、マリーエンキルヘは、その後ゴシック風に手が加えられ、ベルリンの象徴として森鷗外の小説「舞姫」の舞台ともなっていった。

この双子都市は地方都市のひとつにすぎなかったが、1415年にニュルンベルクの領主ホーエンツォレルン家が選帝侯（皇帝の選挙権を持つ家柄）となり、ブランデンブルク領を与えられて領主となった。この領主のフリードリヒ1世は、この領地の主都をそれまでのブランデンブルクからベルリンに移し本格的な宮殿の建設を行った。都市の核ができたことにより、この双子都市は空間的にも一体構造になった。フリードリヒ1世はさらに大王宮構想を描き、2世によって受け継がれて王宮の建設がなされ、第2次世界大戦までの期間、王国、帝国の象徴となる建築物となった。

城壁都市の建設：神聖ローマ帝国では、1618〜48年の間30年戦争が発生する。こうした事態への対応のため、当時の大選帝侯フリードリヒ・ヴィルヘルムはベルリン全体を城壁で囲み、城塞都市化することを決定する。イタリア・ルネサンス様式の星形稜堡（図05-3）で、大砲時代の戦闘に対応できるように建設された（1658〜83）。

しかしこの時期、フランスではユグノー（新教徒）の追

図05-1　ベルリン・ケルンの双子集落[*26]

図05-2　現在のマリーエンキルヘ（後ろにテレビ塔）

図05-3　ルネッサンス様式の星形稜堡[*27]

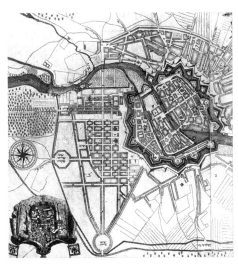

図05-4 星形稜堡の西側に建設されたフリードリヒ・シュタット*27

放が始まり、これに対し、新教徒の大選帝侯はポツダム勅令（1685）を発して、新教徒の受入れを宣言した。ベルリンには、約6,000人が移住してきたが、この人口は星形稜堡の中に収容できるものではなかった。

パースペクティブ空間の整備：すでに星形稜堡の西方に宮廷人の乗馬や散策の場としてウンター・デン・リンデン（菩提樹の下）が、狩猟場のティアガルテンまで並木道として整備されていた。この道の北側に、まず、新市街地ドロテーエン・シュタットの建設が始まり（1674）、続いて南側に、大規模な新市街地の建設が始まる。東西軸のウンター・デン・リンデンに直角に南北軸のフリードリヒ通りを交差させ、南北5本、東西15本の格子状市街地フリードリヒ・シュタットが造られた（1688〜98、図05-4）。フランスからのユグノー移民はこの新市街地に住み着き、ルイ14世時代のフランスの新しいライフスタイルを伝搬し、ベルリンを都会的な自由なものに変えていった。この市街地の中央に位置する場所に広場が造られ、ドイツ教会とユグノーのためのフランス教会の一対の教会が建てられ、これらの教会は、その後、同じデザインのドームが建設され、双子の教会として、この地区のランドマークとなった。その後二つの教会の間に劇場シャウシュピールハウスが建設され、フランス語の名前ジャンダルマン・マルクト（近衛騎兵広場）と呼ばれる新市街地の拠点となった。

②プロイセン王国（1701）の首都

次の選帝侯は、ブランデンブルグを含む国家プロイセンの国王フリードリヒ1世が就任した（1701）。ベルリンの西方に王妃のために離宮のシャルロッテンブルク宮殿が建設された。ウンター・デン・リンデン通りは、ティアガルテンの中をシャルロッテンブルク通り（現6月17日通り）と名を変えて延長され（図05-5）、パリのシャンゼリゼ通りと同様の都市の背骨となる幹線道路となっていく。またベルリン王宮も拡張（1707）され、ベルリンは、王都の様相を強めた。この頃の人口は、1688年の16,000人が1709年に56,600人へと拡大している。

広場の建設：フリードリヒ・シュタットの西外郭に城壁と関税徴収のための城門と広場が3カ所建設される。南北に貫くフリードリヒ通りの南端にハレ門と円形広場（現メーリンク広場）が建設され（1730頃）、次いで、ウンター・デン・リンデン通りが城壁に交わるところにブランデンブルク門と正方形広場（現パリ広場）が、そしてこの二つの門の中間地点にポツダム門と八角形広場（現ライプツィヒ広場）が建設された。これらは、ローマやパリの広場を模したものだった。フリードリヒ大王（2世：在位1740〜86）はイタリアやフランスの文化、建築に傾倒し、ローマのフォーラムを思い起こすフォルム・フリデリキアヌム（フリードリヒ広場の意味、現ベーベル広場）をウンター・デン・リンデン通りに配置し、王子宮殿（現フンボルト大学）、オペラ座、聖ヘトヴィヒ大聖堂、王立図書館を建設した。また、大王は都市改造を行いながらも自然環境を愛し、ベルリン郊外のポツダムの森に夏の離宮としてサンスーシ宮殿を建設し生活の中心とした。これは、パリのヴェルサイユ宮殿への憧憬を想起させる。

クラシック（古典）への回帰：小さな門にすぎなかったブランデンブルク門が改築され（1788、図05-6）、ドリス式の柱が並ぶギリシャ様式の建築となる。その後、登場した建築家カール・フリードリヒ・シンケルはクラシックに回帰（新古典主義）した建築を生み出す。ノイエ・ヴァッハ（新衛兵所）を皮切りに、劇場シャウシュピールハウス、アルテス・ムゼウム（古博物館：1822〜30）と連作（1813〜30）して、端正なファサードの建築でベルリンの中心部をクラシックな景観に変化させる。アルテス・ムゼウムのある中州北部には、ノイエス・ムゼウム、ナツィオナール・ガレリー、ベルガモン博物館、ボーデ博物館が建設され、博物館島（ムゼウム・インゼル）と呼ばれ、大規模な博物館複合体として、世界でも有数の文化拠点となっていった（図05-7）。

2）近代の地層

19世紀に入るとベルリンは、産業革命により市域の人口は50万人台へと急増し、1861年には周辺郊外地域を編

図05-5 シャルロッテンブルク通り（現6月17日通り）

図05-6 新古典主義で改築されたブランデンブルク門

図05-7 文化拠点としての博物館島*23

入して拡張され、赤の市庁舎をはじめ、道路、鉄道、上下水道施設が整備され近代都市となっていく。

①ドイツ帝国の誕生

プロシャは、1871年にナポレオン3世との普仏戦争に勝利し、記念塔ジーゲスゾイレが建設される。ドイツ帝国が建国され、ヴィルヘルム1世は皇帝に即位しベルリンは帝国の首都となる。帝都としての機能強化のため、帝国議会、帝国銀行、大聖堂、帝国諸官公庁などの大規模施設の建設が、目白押しとなった。帝国議会（ライヒスターク：1894）や大聖堂（1905）は絢爛豪華なネオ・バロック様式で建築された。帝国建設時、市域の人口はさらに93万人（1871）と拡大した。鉄道網が拡充されベルリンへの集中が加速し、郊外は煉瓦建て集合住宅で埋め尽くされ、30年後には人口は3倍の271万人（1900）へ膨張していった。兵舎のような集合住宅が大量に建設され、賃貸兵舎（ミーツ・カゼルネ）と呼ばれた。一方、商業の近代化を象徴する大型のデパートが現れ、近代的な工場が建設される。

②世界都市を目指して

第1次世界大戦：ドイツ帝国は第1次世界大戦へと突入するが革命が勃発し皇帝は逃亡して降伏をする。帝政は消滅し、ワイマール共和国が誕生した（1919）。当初、社会経済は崩壊したものの、その後の経済復興により、ベルリンは、経済、文化ともに最高潮の「黄金の20年代」を迎える。民主化された首都には、海外からも人々が流入しコスモポリスの様相を呈した。世界的な文化人が集まり、映画「キャバレー」で表現されているナイトライフも栄えた。フリッツ・ラング制作の映画「メトロポリス」に見られるように、摩天楼が林立する都市空間の中で、資本主義や機械に支配される労働者という未来像が予言されていった。

1920年には、周辺地域を統合し、大ベルリン（グロース・ベルリン）が設立され（図05-8）、人口は380万人にもなり、自他ともにメトロポリスとなったが、ポツダム方面の水と緑の自然地域も市域に編入され、ベルリンは水と緑の環境都市の性格も持った。一般大衆を対象にしたジードルンクと呼ばれる集合住宅団地が進歩的建築家の設計によって建設されていった。ブルーノ・タウトによるブリッツの馬蹄形集合住宅、ハンス・シャロウンによるジーメンス・シュタットをはじめとする6カ所の集合住宅団地は、近代の住宅建築のプロトタイプとなった。

ヒトラーの「ゲルマニア」構想：黄金期は世界恐慌（1929）

図05-8 大ベルリン（グロース・ベルリン）計画*9

図05-9 第三帝国の首都「ゲルマニア」[*13]

により10年未満で終了し、共和政は崩壊し、ヒトラーが首相に任命され（1933）、ナチスの支配に変わる。ヒトラーは、他の権力者同様、ローマ帝国の建築への憧憬を持ち、若手建築家アルバート・シュペーアを登用し、第三帝国の首都「ゲルマニア」となるベルリンの改造を計画させた（図05-9）。現在の中央駅から南駅に至る南北軸に幅120m、長さ3.5kmの凱旋道路を建設し、北端に17万人収容、高さ290mのドームホールを配置し、南駅近くに高さ117mの凱旋門を配する計画であった。1945年の敗戦により、これは幻の夢と化し、逆にプロシャ以降建設されてきた建造物は連合軍の空襲により瓦礫と化した。ナチス建築は、ベルリン五輪のためのスタジアム、ギリシャの野外劇場を模した森の劇場くらいしか残存していない。

3）現代の地層
①東西への分断

第2次世界大戦後、ベルリンは西側3カ国と旧ソ連によって周辺地域とは別に分割占領された結果、社会主義国東ドイツの首都・東ベルリンと、自由主義国西ドイツ領・西ベルリンに分割された（1949）。西ベルリンは周辺地域が東ドイツ領という、東西冷戦下で敵対する地域に囲まれた陸の孤島となった。異なる通貨の導入により経済交易は断絶し、陸路による食料などあらゆる物流が遮断された。西ベルリン市民の生命を維持するため、空路輸送に頼る「空の架け橋」と呼ばれる緊急物流ルートが構築された（図05-10）。約11カ月の封鎖後、陸路での物流は可能となったものの、西ベルリンは、外界と隔絶された孤島のコンパクトシティと化した。しかし、その後、東ベルリンから西ベルリンに脱出する人間が続出したことから、東ドイツ政府は1961年に東西ベルリンの国境線を封鎖する「ベルリンの壁」を建設した。奇しくも、この壁はフリードリヒ・シュタットの西外郭の城壁と同じ場所であり、かつてのベルリン・ケルンの双子都市にルーツを持つベルリンは、再び、一卵性双生児の双子として出発することとなった。

二つのベルリンは、東西陣営にとって国家体制を宣伝するショーウィンドウとなり、象徴的な都市施設が求められた。東ベルリンでは、アレキサンダー広場に高さ365mのテレビ塔が建設（1965〜69）され、王宮を爆破した跡地にガラス張りの共和国宮殿が建設された（1976）。西ベルリンでは、壁に接してこれ見よがしに奇抜な曲面デザインのベルリン・フィルハーモニー（1960〜63）と州立図書館（1967〜78）が建設され、メッセ会場に隣接して世界最大の国際会議場が建設された。市民の生活水準を競うため、東ベルリンでは大量のプレハブ高層集合住宅が建設され（図05-11）、西ベルリンでは、ハンサヴィアーテルで行った国際建築展「インターバウ」（1957）の開催やそれを具現化したグロピウス・シュタットやメルキッシェス・フィアテルなどの住宅団地が建設された（図05-12）。都心を東ベルリンに奪われた郊外地域の西ベルリンでは、ツォー駅近くのヴィルヘルム皇帝記念教会（1895）から西のクーダム（選帝侯）通りが高級な専門店やホテルなどが立ち並ぶ繁

図05-10 「空の架け橋」作戦[*20]

図05-11 東側のプレハブ高層集合住宅

図05-12 グロピウス・シュタット[*28]

図05-13 連邦政府諸機関移転とポツダム広場再開発*17

図05-14 空き家発生地域の再生。減築後のマルツァーン地区*28

華街となっていった。時間を経て、西ベルリンでは再びベルリン国際建築展（IBA：1984）が開催され、172地区での集合住宅建設が行われた。

②ベルリンの統合と首都としての整備

旧ソ連の国力の低下によって東欧の共産主義政権が連続的に倒れる動きのなかで東ドイツは自壊した（1989）。東西ドイツが統合され、双子都市ベルリンは再び一体化し、ドイツ全土と結ばれた（1990）。翌年、ベルリンは統一ドイツの首都となり、分断されていた交通網などの結合が行われた。東西ドイツは、各々都心を形成していたことから、統一ドイツは、ミッテとシティと呼ばれる二つの都心を持つ2核都市となった。再開発は、荒廃していた東ベルリン地域のフリードリヒ通りから始まった。ボンからの連邦政府諸機関の移転も進められ、東西ベルリンを都市空間的にも結合する形で整備された。ベルリンの壁が撤去された跡地には連邦政府諸機関の移転が行われた（図05-13）。共産主義政権によって爆破された王宮は再建され、世界的な文化センター「フンボルト・フォーラム」として2019年に開館する。

一方、西ベルリンは移民を保護したことから、人口の約30％の約100万人が移民人口（2011）となった。ベルリンのインナー地域は人口の半数は移民人口で、中心部のノイケルンなどでは80％に達し、移民の中では、トルコ人が最も多い。宗教面でベルリンは、住民の60％以上が宗教を持たず、「欧州の無神論者の首都」と呼ばれ、特に東ベルリン地域には無宗教だった社会主義国家の歴史がいまだ影響している。

③ベルリン・ブランデンブルク都市圏

2016年6月末のベルリン市の人口は約365万人（面積約892km²）で、周辺地域を含むベルリン・ブランデンブルク都市圏の人口は約600万人（30,370km²）である。空間構成としては、都市ベルリンを田園地域のブランデンブルク州が取り囲む形となっている。近年のベルリンの人口は微減で、ブランデンブルク州は、ベルリン近郊は増加しているものの、遠郊は減少している。この都市圏では、東ベルリン時代のプレハブ集合住宅は老朽化し居住性が低く、大量の空き家が発生しており、その減築が課題となっている。ベルリン市内のマルツァーン・ハベマン地区や都市圏外延のシュヴェット/オーダーをはじめとし、住宅団地の解体・減築による都市改造プログラムが実施されている（図05-14）。一方、郊外地域となるブランデンブルク州では、ベルリンの市街拡大を制御するため、州都ポツダムをはじめとする中小都市を階層別の中心地に位置づけ、住宅開発許可地域と禁止地域とに分け人口配置をしている。これらを鉄道、道路でネットワークし、都市圏全体を「分散型集中」により、メトロポールレギオンと呼ぶ都市圏連携による発展を目指している。

2．都市・建築、社会・文化の特徴

1) ベルリンの壁

①西ベルリンを囲む環状壁

第2次世界大戦後、東西への分割後、東ドイツ国民は毎年15万〜30万人が西ドイツに大量流出し、西ベルリンはその脱出地となった。この阻止のため、東ドイツ政府はベルリンの壁の建設を始めた（1961）。都市の城壁は、都市を囲んで攻撃してくるものから守るためのものであるが、ここでは、囲むほうが城壁の中に逃げていくのを防ぐためという都市史上稀有なことが行われた。西ベルリンを囲む環状155kmにわたる有刺鉄線がわずか1夜で完成し、2日後には石造りの壁の建設が開始され、強固な鉄筋コンクリート製のものとなっていった。壁は二重に建設され、その壁の間は数十mの無人地帯にして、壁を越えようとする者

がいれば監視塔の機関銃で射殺できるようになった（図05-15）。それでも脱出者が続出し、ほとんどは失敗したが、「トンネル57」と呼ばれるトンネルを掘って57人が西へ逃れた事件は、稀有な脱出劇であった（1964）。境界線に置かれた国境検問所チェックポイント・チャーリーは、東ドイツ市民にとっては自由へのゲートとなっていた。壁の間の無人地帯は広大な面積となり、ほぼ一つの町の規模に等しかった。

②壁崩壊

東ドイツでは、1970年代後半から深刻化した経済の停滞を打開するために西ドイツから多額の財政協力を得て国力の低下を防ごうとしたが、財政は破綻寸前だった。1989年の秋以降には、ハンガリーやチェコが国境を開放し東ドイツから西側への流出が始まる。11月4日には、首都東ベルリンでも百万人以上の大規模なデモが起こり、為政者ホーネッカーが失脚し、11月9日、東ドイツ政府はベルリンの国境線を開放し、ベルリンの壁は崩壊した（図05-16）。翌日、壁の破壊が始まり、すべて撤去されていった。

壁は、崩壊前から西側では撤去を求める政治的な落書きが出現するようになり、さまざまな主張や色とりどりのストリートアートが描かれていた（図05-17）。崩壊後、この壁を米ソ冷戦時代の歴史的遺跡として保存しようとの声が高まり、シュプレー川沿い約1.3kmの壁がイースト・サイド・ギャラリーとして残された。ここには24カ国の芸術家118人による壁画が描かれた。この芸術家たちは、その後、古い建築物の壁面をアートで飾り、ミッテ（中心）地区の荒廃した建物をアトリエやギャラリーとして活用し始め、ミッテ地区は、次第にアートを特色として街の再生がなされていくこととなった。

2）新しい首都の構築
①首都機能移転

統一ドイツでは首都機能の再編が必要となった。首都をボンにとどめるか、ベルリンに移転するかの議論がなされ連邦議会にて小差でベルリン移転が決議され（1991）、実施された（1999）。その後、議会や10の連邦省庁がベルリンへ移転した。

新たな首都機能施設の建設に当たってコンペが実施された。旧帝国議会堂とシュプレー川彎曲部との間に配置が決まり、世界の50カ国、800以上の建築事務所が応募し、ベルリンのシュルテス・フランク事務所が1位を獲得した。この案は、過去に壁によって分断されていたベルリンを結合する軸状施設群を建設し（図05-18）、国家統一の象徴とするドイツ人ならではの発想であった。別途、廃墟となっていた旧帝国議会堂の再生コンペも実施され、イギリス人建築家ノーマン・フォスターの案が選ばれた。ガラスの展望ドームを持ち、太陽光を議場へと導く開放的な連邦議会堂に生まれ変わった（図05-19）。この首都機能施設群は議会堂前の緑の広場を囲むように配置され、国民に、そして観光客にも開放的で、新たなドイツの政治行政を象徴する都市空間となった。

②ポツダム広場の再開発

18世紀に建設された八角形のライプツィヒ広場とポツダム門の外側に、その後ポツダム広場ができ、多くのトラムやバス路線が交差し、デパートやホテルが立地する繁華街となっていた。しかし、第2次世界大戦で破壊された後、ベルリンの壁によって無人地帯となっていた（図05-20）。この地区は、ベルリンの東西結合の拠点とするにはもってこいであり、壁の崩壊後、ダイムラー・ベンツとソニーが中心地区を取得し、各々、レンゾ・ピアノ、ヘルムート・ヤーンが設計を担当し建設を行い、隣接するA＋Tプロジェクトはジョルジョ・グラッシが設計者となった。ダイム

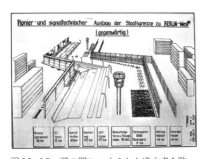
図05-15　壁の間につくられた逃亡者を監視塔の機関銃で射殺する仕組み[24]

図05-16　ベルリンの壁の崩壊[20]

図05-17　壁に描かれた東ドイツ・ソ連両首脳のキスの戯画

図05-18　首都機能施設配置設計コンペの最優秀案*19

図05-19　旧帝国議会堂を改修した連邦議会堂

図05-20　ベルリンの壁に挟まれた遊休地時代のポツダムプラザ*10

図05-21　前衛から保守までのデザインの建物が立ち並んだ現在のポツダム広場

ラー・シティは、レンゾ・ピアノがマスター・アーキテクトとなり、レンゾ・ピアノや、リチャード・ロジャース、磯崎新など著名な建築家が棟別の建物の設計を担当して、建設が開始された（1993）。ソニーセンターも完成し（2000）、往年のホテル「エスプラナーデ」に残されていた皇帝の間が保存して取り込まれた。ソニーセンター、ダイムラー・シティ、A＋Tプロジェクトの順に、デザインは、前衛的なものから保守的なものへと特徴を持ち（図05-21）、ベルリンの若者から高齢層に至る多世代に好まれる開発となった。

06

アムステルダム

年輪型運河都市

市章

名称の由来
アムステル川に造られたダム（堰）の場所に建設された都市、アムステルのダム（Dam in de Amstel）が名前の由来。

国：オランダ
都市圏人口（2014年国連調査）：1,057千人
将来都市圏人口（2030年国連推計）：1,213千人
将来人口増加（2030/2014）：1.15倍
面積、人口密度（2014年Demographia調査）：505㎢、3,200人/㎢
都市建設：1300年アムステルダム自治都市成立
公用語：オランダ語、パピアメント語、フリジア語
貨幣：ユーロ（€）
公式サイト：https://www.amsterdam.nl/
世界文化遺産：アムステルダムの防塞線、シンゲル運河内の17世紀の環状運河地区

1．都市空間の形成

1）近代以前の地層

①ダム沿いにできた自治都市

13世紀に、アムステル河口の低湿地に漁民が集落を造り、定住するにつれ、ダム（堰）やデイク（堤防）が築かれていった。定住が拡大し、ダムに水の流れを制御する水門がつくられ、川の東西両側に城壁が築かれ、取り巻く運河で囲まれていった（図06-1）。1300年には、アムステルダムに自治権の特許状が与えられた。当時の産業は、ビールとニシンの燻製・加工処理品で経済は活発であり、14世紀にはハンザ同盟との貿易により発展し、やがてハンザ同盟をしのいでバルト海交易の中心地となっていった。商人や職人たちは業種ごとにギルドを立ち上げ、運河沿いの家は商取引用の倉庫が整備された。船と商人の守護聖人である聖ニコラースに捧げる旧教会が川の西側に造られ、その後、東側のダム近くにも新教会が建てられた。ダムは両岸

図06-2 聖アントニウス門　　図06-3 ムント塔

を結ぶ拠点となり、水運の荷下ろしの場所として市場も開設され都市の交流拠点となった。

1420年頃には、新しい城壁を建設し、西側に都市を囲む運河「シンゲル」を掘削した。工業地区も東側に造られ、造船、木材の取引の場所となった。

②商業・金融の中心地

1494年にはハプスブルク家の領域となったが、80年にわたる独立戦争が起こり、アムステルダムは新教徒が市政の実権を握り、実質上、オランダ共和国が成立していった。独立戦争の時期の1585年に、ヨーロッパ貿易の中心都市のアントウェルペンがスペインによって陥落した。この都市の商工業者や貿易取引は、アムステルダムに移り、地中海や新大陸、アジアからの貿易を手中に収め、アムステルダムは世界商業・金融の中心地となっていった。

1540年頃の城壁は煉瓦造りとなり、等間隔に塔が築造され、城壁の入り口には塔を持つ城門が建設された。西側に聖アントニウス門（図06-2）、東側にハールレンメル門、北側にレフリールス門などである。このうちいくつかの塔

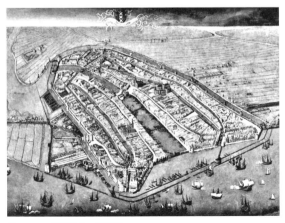

図06-1 城壁都市の建設*7

は残存し、聖アントニウス門は計量所に改装され、その前の広場はニウマルクト（新しい市場）となった。レフリールス門の双塔の片方が残りムント（貨幣鋳造所）として活用され現在も残されている（図06-3）。エイ湾の角に残存するスレイエルス塔は、船出する男たちを女性が別れの涙で見送ったことから涙の塔の名前がついた。

③黄金の世紀（17世紀）

　1598年にオランダの東洋船団は、インドネシアのジャワ島に到着し、東アジア地域との貿易活動を始めた。1602年には、連合オランダ東インド会社を設立し、喜望峰以東の東方貿易の利益を独占した。北米にはニューアムステルダムが建設され（1624）、ここでオランダ西インド会社が中南米の砂糖貿易を行った。この時期はオランダ艦隊の全盛期であった。繁栄するアムステルダムには、各国から移民が続々と流入し、多様な人種が活躍する国際貿易都市となり、世界で最初の常設の証券取引所が開設された。市民が豊かになる中で、肖像画など絵画の一大市場も形成された。レンブラントが活躍する市民自警団を名画「夜警」に描いた（1642）のもこの時期である。

　都市の発展につれ、都市拡張計画が策定され（1609）、西側にヘーレン（貴族）運河、カイゼルス（王）運河、プリンセン（王子）運河（図06-4）の三つの環状運河が建設された。東側地域も拡張され、工場や造船業のエリアが城壁内に取り込まれた。北東部には埋立てが行われ、東インド会社のオフィスや工場、造船所、倉庫などが立地し、周辺に木材市場が集まった。ダム広場に新しい市庁舎（図06-5）

図06-5　市庁舎の建設（現王宮）

図06-7　アムステルダム地図（1725）*9

図06-4　プリンセン運河

図06-6　シンゲル（外郭）運河

が建設され（1655）、その前の広場は拡大されて国際色豊かな人々で賑わう場所となった。人口は増加し、1630年には12.5万人へと増加し、大規模な市域の拡張が1650年頃にも行われた。まず、西部が掘削され市街地ができ、そこにフランスから迫害されたユグノー（新教徒）が大挙して亡命してきて（1685）、住み着きヨルダーンという地名になった。続いて南部と東部にかけても運河が掘削され、アムステルダムの街は、半円形の年輪のような都市空間となっていった。この頃には火器が強力になったことから、外郭となるシンゲル運河（図06-6）の外側に新たに環状地帯をつくり、26の稜堡を有する土塁で防備し、五つの城門を建設した。

　18世紀半ばまで、アムステルダムは、国際金融の中心地であるとともに、出版、言論、思想の自由が保障されている場所であり、宗教的にも寛容であり、ヨーロッパ各国から文化人をはじめ多くの移住者が押し寄せ、文化の中心となっていった（図06-7）。

2) 近代の地層:敗退から被支配に

東インド会社はイギリスでも設立されたが、実力はオランダが上回り、その競合関係が悪化して蘭英戦争が開始された(1651)。第4次の戦闘(1780〜84)でオランダは敗北し、その後、オランダが保有する海外領土は、現インドネシア、現スリナム、商館である日本の出島だけとなった。オランダはフランスに侵攻され、ナポレオンの弟ルイが国王となった(在位1806〜13)。建設資金のない市は市庁舎を王宮として献上し、これ以降、市庁舎はオランダ王家の王宮となって現在に至る。広場にあった旧アムステル川の船着き場は広場の拡張により埋められ、建物で占められていった。1813年にフランスは撤退し、オランダ王国が誕生し、アムステルダムは連邦共和国の首都となった(1814)。

城壁の役割は終了して取り壊され、その跡地のいくつかは公園として転用されていった。市内の20の運河が埋め立てられて道路などへ転用された。市街地拡張のための計画案が策定され、城壁の外周にベルト状の市街地が立案された(1877)。この拡張地域には、1900年にかけて集合住宅が大量かつ高密度に建設されていき、19世紀ベルトと呼ばれる地域となった。

1876年に北海との間を直結する運河が開通し港湾活動が再生しアムステルダムの経済は復調した。国立美術館(図06-8)、コンセルトヘボウ(コンサートホール)が建設され、中央駅も、エイ湾が埋め立てられ、鉄道が敷かれ、駅舎が建設された(1889、図06-9)。駅の海側には船着き場がつくられ、海運と鉄道とを結びつけた。地域経済活動では、チョコレート、ビール、ダイヤモンド、香水などの奢侈品の産業が活発になり、新しい証券取引所も建設された(1903)。アムステルダムの人口は、1900年52.3万人から1950年85.1万人へと50%も増加した。2000年時点の人口を96万人と予測した「首都2000年計画」と呼ばれるマスタープラン(図06-10)が作成され(1935)、その後、約65年間、この計画に基づく市街地の拡大が図られていった。

3) 現代の地層:復興の世紀(19〜20世紀)
①人口分散から都市再生に

オランダは第2次世界大戦後、1950年代に入り、経済は繁栄に向かった。戦後の膨大な住宅需要に応えるため市街地拡張計画に沿って住宅地開発が行われ、1970年には人口は、927,000人となった。際限なき市街地の拡張を制限するため、郊外の既存都市への人口分散を図る分散政策に転換し、周辺16都市で人口を受け入れることとした。しかし、この結果、アムステルダム市の人口は、1990年には69万人へと減少し、中産階級が郊外に移転し、低所得層や移民が流入するというインナーシティ問題が顕著になった。人口と都市機能を再び中心部に呼び戻すコンパクトシティ政策をもととする都市基本計画を1982年に策定し、都市と経済の再生に取り組んだ。80年代にその効果は表れ、景気の好況にも支えられ、中心部でも各所で建設活動

図06-8 国立美術館

図06-9 アムステルダム中央駅

図06-10 首都2000年計画(1935)*8

図06-11　サイダス地区*19

図06-12　東部臨海地区再開発*19

が盛んとなった。南部地域の世界貿易センター、国際金融ビジネスなどが立地するサイダス地区(図06-11)、東南地域のベイルマミーア地区の再生と副都心建設、東部臨海地区再開発(図06-12)など広範囲に開発が進められた。この都心再生政策の結果、アムステルダムには、既存の都心以外に金融機能や先端産業機能の新たな核となる地区が形成され、多角的な都市構造となった。市の人口は2000年の73万人、2014年81万人へと回復し、2020年には85万人に増加することが予測されている。

2010年で、アムステルダム市の人口中オランダ人が占める割合は50.1%、ヨーロッパ以外からの移民が34.9%で、内訳としては、モロッコと旧オランダ領のスリナムからの移民がほぼ同数の9%、トルコからの移民が5.3%の多民族都市となっている。歴史的に自由な風土の都市社会であり、1960年代には、ヒッピー文化の聖地となり、麻薬の使用や取引の中心地となった。現在も、大麻の販売が許される「コーヒーショップ」と呼ばれる場所(健全な喫茶店は「カフェ」と呼ばれる)や、「飾り窓」と呼ばれる合法売春地区(レッドライト地区)があるが、犯罪が増加する中、規制が強化されつつある。

②リング状都市圏ランドスタット

アムステルダムの都市圏の1990年の人口は93.6万人だったが、2010年には100.7万人と10年間で14%の伸びを示している。国土計画では、さらに広域的な巨大都市圏を設定し、アムステルダム、ハーグ、ロッテルダム、ユトレヒトの大都市とその他の中小都市をリング状に繋いで、ランドスタットと呼ばれる環状ネットワーク都市群(図06-13)を構成している。このリングによって囲まれる広大な緑地をグリーンハートとして確保し、都市群を一体化したエリアはグリーン・メトロポリスと言われている。ランドスタットには、スキポール空港やユーロポートなど国際交通輸送インフラがあり、650万人の人口を有するヨーロッパの一大社会経済拠点となっている。

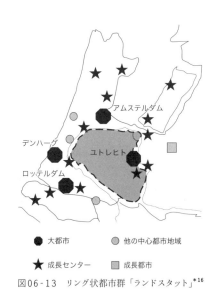

図06-13　リング状都市群「ランドスタット」*16

2. 都市・建築、社会・文化の特徴

1) 煉瓦造りと切妻屋根

①煉瓦造り

オランダの土地は岩山が無く、石材は採れず、当初は森も育たない泥のような土地だった。干拓によって土地を生み出した住民たちは、川や海を使って他所の地域から木材を輸入し、住宅を建て街を造っていった。初期の木造住宅は屋根は葦や藁葺で、火災が発生すると街区一帯が燃え尽きた。15世紀に2度にわたる大火が発生し、アムステルダムでは厳しい条例を制定し、住宅は煉瓦造りの側壁を持ち、屋根は不燃材で葺かなければならなくなった。煉瓦は、粘

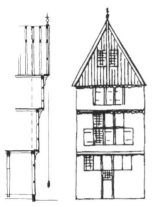
図06-14 木造家屋の断面[*6]

図06-15 横6窓の首型破風の建物

図06-16 多様な切妻破風の連続

土を焼いて作ることから、オランダの地層に原料はたくさんあった。粘土の採れる場所によって赤橙色、黄色、灰色などさまざまな色のものがつくられた。煉瓦の間にはモルタルが充填され、固まると煉瓦と一体となって堅固な構造物を形成する。煉瓦積みの方法として、白い自然石の層を等間隔に通す壁面も出てきた。これは赤い肉と白い脂肪が交互に層をなすことからスペックラーフ（脂身の層）と呼ばれた。

②建物の傾き

中世より木造家屋の建物正面は、下の階より20㎝ほど飛び出していた（図06-14）。各階の木材の接合部を簡単にできることと、階ごとに雨水を垂らすためであった。その後、商業建築として使われるに当たって、上層階を倉庫にし、引き上げ用の梁を1mほど飛び出させ滑車とロープを使って運河に荷下ろしした荷物を引き上げるためのものとなった。

③切妻屋根

運河沿いの建物は間口の広さに応じて課税されたことから、家並みは間口がどこも狭く、奥行きが深くなっている。妻側の屋根を覆うための破風は、当初は単なる三角形だったが、三角形の両側に肩となる矩形を置き、頂部にも矩形を配置する吸口型破風が出てきた。17世紀初頭からは三角形の両側が階段状になった階段破風が登場し一般的な形式となり、頂部先端に細い煉瓦造りのつけ柱を置き、そこを装飾した。17世紀後半から首型破風（図06-15）が現れ両側が装飾された。その延長系ともいえる釣鐘型破風も作られた。幅広い邸宅の正面には、上部が水平に覆われたコーニス付き正面が登場し豪華な装飾がなされた。これらの多彩な様式の切妻型破風を持つ建物が連続する街並みは独特の都市景観を生み出していった（図06-16）。

2）集合住宅団地

アムステルダムは、住宅需要やインナーシティ問題への対応など、住宅地開発の解決に取り組んだ先進的都市であり、その三つの事例を紹介する。

①ベルラーへの南方郊外住宅

建築家H.P.ベルラーへは全市の拡張計画に基づき、アムステルダムの南方郊外に大規模な住宅団地を計画し、実行に移した（1917）。ブールバールが配置され、ランドマークとなる公共建築が置かれ、さまざまな改装のための住宅タイプが用意され、建築と緑のオープンスペース等が造形的にも美しく配置されたものであった。住宅棟はアムステルダム派と呼ばれる建築家たちによって設計された（図06-17）。オランダ産の煉瓦が屋根や壁の材料として使用され、人間味のある美しい集合住宅団地が生み出され、住宅団地の模範を生み出した。

②ベイルマミーア団地

第2次世界大戦後の膨大な住宅需要に答えるため、南東部のベイルマミーアに大規模高層集合住宅団地の建設が行われた（1966）。ル・コルビュジエの「輝く都市」の理念やイメージに基づく巨大建築ストラクチャーとオープンスペースで構成された計画を策定し推進した。計画戸数1万4,000戸、ほとんどが11階建て、一辺が100mの正六角形が連続するハニカム型のPCパネル工法による画一的、規格型の住宅建築であった。1975年に完成したこの団地は、住居の不法占拠、破壊行為、暴力・麻薬など深刻な社会問題を抱える場所となり、住宅団地計画上、著名な失敗作となってしまった。その後、この団地は、住棟の建替え、都

図06-17 南方郊外のアムステルダム派による住棟

図06-18 ベイルマミーア大規模住宅団地再生後の俯瞰[*19]

市施設の建設、住民活力の育成、管理組織の再編などにより再生されてきている（図06-18）。

③港湾部開発

市街地の拡大と郊外都市の育成によりインナーシティ問題が発生したことにより、中心部の再生が必要となった。また、水辺に住むことへの価値が再評価され、水辺の居住地開発が脚光を浴びるようになった。中央駅東側に位置する東港開発が面積315ha、計画戸数8,400戸、計画人口約2万人で事業が開始された（1990）。エイ湾に面して、ジャワ島、KNSM島、ボルネオ・スポーレンブルグ（図06-19）など6地区から構成され、110戸/haの用途複合型で、市が100年間の定期借地方式により土地を提供し、公共住宅等に必要な補助を行い、民間事業者が施設の建設・運営を行うものである。住棟も中高層だけでなく、接地型の低中層が多く建設され、100人以上の建築家の参加によって、多様なデザインの街並みが形成され（図06-20）、臨海住宅開発の好例となった。

図06-19 東港ボルネオ・スポーレンブルグ地区

図06-20 東港ゼーブルグ地区を眺める

プラハ

建築歴史博物館都市

名称の由来
語源は「prahy（瀬）」と言われる。都市の真ん中を流れるヴルタヴァ川の浅瀬が川を渡りやすく、そこに自然に街が形成されていったことからという説が有力。

国：チェコ共和国
都市圏人口（2014年国連調査）：1,261千人
将来都市圏人口（2030年国連推計）：1,437千人
将来人口増加（2030/2014）：1.14倍
面積、人口密度（2014年Demographia調査）：285k㎡、4,400人/k㎡
都市建設：870年最初のプラハ城建設
公用語：チェコ語
貨幣：チェコ・コルナ
公式サイト：http://www.praha.eu/jnp/cz/index.html
世界文化遺産：プラハ歴史地区

1．都市空間の形成

1）近代以前の地層：ヴルタヴァ河岸の街

①両岸に街が誕生

ケルト人、ゲルマン人に続いて、スラブ人が定住し、6世紀後半、ヴルタヴァ河畔に交易の拠点としての街がつくられていった。8世紀の頃から左岸に集落ができており、9世紀後半に、チェコの国家創設者のボジヴォイによって教会とプラハ城がヴルタヴァ川を見下ろす左岸の丘の上に建設された（図07-1）。10世紀初頭、ボジヴォイの孫のボヘミア公ヴァーツラフ1世は聖ヴィート円形聖堂（ロトンダ）を建設したが、暗殺されてしまい（935）、1世紀以上後に、聖人として崇拝されることとなる。聖堂は何度も拡張され、城のランドマークとしての聖ヴィート大聖堂となっていく。一方、右岸の丘には、要塞として第2の城のヴィシェフラットが10世紀後半に建設された。11世紀になると、プラハ城の城下町ができ、右岸には外国人商人用の市場と税関を壁で囲ったティーン庭と呼ばれる施設ができ、まわりに街ができていった。右岸、左岸を結ぶ橋が造られ両岸は結合していった。

②ロマネスクの時代

1230年にボヘミア王として戴冠したヴァーツラフ1世は、右岸の街を拡大して旧市街とし、13の塔と門のある城壁で囲み、140haのこの地域をプラハ市として市制を敷いた。12世紀初頭にプラハ城は石造りとなり、城と教会を囲んでロマネスク様式の要塞となっていった。その子のオタカール2世は、城下に熟練工やドイツ系商人が居住する約26haの街を造り、城壁で囲み、マラー・ストラナ（小地区）として市制を敷いた（1257）。14世紀には、城内での仕事に携わる人々のため、城の西側のフラッチャヌイを城壁で囲み、ここにも市制を敷いた。

③ゴシックの時代

フランス国王シャルル4世の下で教育を受け、プラハに戻ったカレル1世は神聖ローマ帝国皇帝カレル4世となった（1347）。カレルは帝国の首都をプラハと定め、プラハを壮麗な大都市に変えていった。プラハを大司教区に昇格させ聖ヴィート大聖堂の建設を開始し（1344）、城を拡張し中欧初の大学（カレル大学）を創立（1348）した。右岸の新市街地の開発を行い、その中央付近に穀物広場（現セノバージュネー広場）、馬広場（現ヴァーツラフ広場）、家畜広場（現カレル広場）を配置し、広い道路で結んだ。新市街地のまわりは、四つの門のある城壁がつくられ、ヴィシェフラットとの間も城壁で囲んだ。旧市街の公害を出す手工業者は移転させられ、新市街は低所得層、旧市街は高所得層と居住者の色分けがされていった。プラハの面積はほぼ倍増し、人口は10万人となった。カレル橋（図07-2）の建設が開始され（1357）、ゴシック様式の塔（1380）が旧市街側とマラー・ストラナ側に建設されていった。プラハは、

図07-1　ヴルタヴァ川左岸の丘の上の教会とプラハ城（現在）

図07-2 全長520m のカレル橋

図07-3 聖ヴィート大聖堂

図07-4 旧市街広場のフスの彫像

この時期、ヨーロッパ最大の都市にまで急速に発展して「黄金のプラハ」と形容されるほどになった。聖ヴィート大聖堂(図07-3)、カレル橋の橋塔、ユダヤ地区の新旧シナゴーグ、旧市街のカロリウム(カレル大学本部)やティーン教会などがゴシック様式で立ち並んでいった。

④プロテスタントの台頭

次の国王は皇帝の地位を奪われ、プラハは衰退し始める。この時期に、カレル大学の総長ヤン・フスは、カトリック教会の腐敗を批判して教皇から呼び出され、翌年、焚刑にされた(1415)。マルティン・ルターの宗教改革より100年以上も前のことだった。フスは殉教者とされ(図07-4)大規模な宗教改革運動が広まり、フス派はカトリックの教会や修道院を破壊した。ローマ法王は、5回にわたり十字軍を差し向けた(1420〜31)が、フス派は木製の盾や荷車戦車ながら火器を使う戦術で戦い十字軍を敗退させ、プラハはプロテスタントの都市となった。フス派の国王が誕生し(1458)、16世紀にかけて、旧市庁舎の改築、火薬門の建造、プラハ城の改築など、ゴシック様式の建築が造られ、市庁舎には天文時計も設置された。

⑤ルネッサンスの時代

王位がハプスブルク家のフェルディナントに移ると、ルネッサンス芸術が奨励され、夏の離宮ベルベデーレ宮殿などの宮殿建築がつくられ、街の中にはグラッフィート(ひっかき模様)装飾の建物など、ルネッサンス様式の建築や美術品がつくられていった。フェルディナントは、カトリック化を図り、反宗教改革の先鋒イエズス会を招致した(1556)。

新たに神聖ローマ帝国の皇帝となったルドルフ2世は、再び宮廷をウィーンからプラハに戻し、帝国の首都にした(1583)。ルドルフは、芸術や科学を愛し、プラハに芸術家、錬金術師、占星術師などが集められ、信仰の自由の勅令も出し、プラハは各地から文化人が訪れ、国際色溢れる都市として賑わった。

⑥カトリックの時代、バロックの開花

しかし、17世紀に入ると、反宗教改革が再開され、対抗してプロテスタントがカトリック派の役人をプラハ城の窓から突き落とした事件(1618)が発端となり、郊外の丘ビーラー・ホラ(白山)で戦闘となった。準備不足のプロテスタントのチェコ軍はハプスブルク軍に敗れ(1620)、プロテスタントの指導者27名が処刑された。プロテスタントの信仰は禁止され、投獄・追放、領地・財産が没収され、それらは、皇帝の軍人・役人、カトリックの教会・修道院に分配され、王権が強化されて、チェコはハプスブルク家の属領となった。プロテスタント系住民が減少して、代わりにドイツ人が大量に流入し、チェコはドイツ化した。チェコ語の使用が禁止されて独自の文化が弾圧されてしまった。

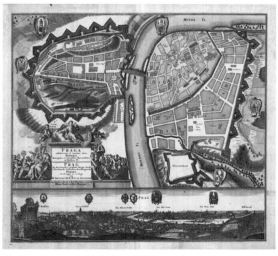
図07-5 プラハの絵地図(1740) *12

イエズス会は、バロック様式で教会を新築ないし改築し、カトリックを浸透させていった。小地区と旧市街2カ所のミクラーシュ教会、ロレッタ教会や宮殿、カレル橋の聖者の彫像群、複合大学施設クレメンティヌム（1653〜）、ストラホフ修道院の豪華な図書館などが建設された。貴族にもバロック建築熱が強まり、ヴァルトシュテイン宮殿、チェルニーン宮殿など、プラハ城のまわりに数多くの宮殿が造られた（図07-5）。この時期は民族文化は衰退し、バロック芸術が花開き街を飾った。しかし、その後、マリア・テレジアの息子のヨーゼフ2世（在位1765〜90）はこの反宗教改革を終わらせ、信仰の自由を認め、社会の近代化を進めた。市制が敷かれていた旧市街、新市街、小地区、フラッチャヌイの4地区を統合して一つの都市プラハにした（1784）。

2）近代の地層：民族復興による都市再生
①ネオ・ルネッサンスの時代

社会の近代化の流れの中で、民族復興運動が発生し、チェコ系の市民階級が勃興し、ドイツ化していたプラハ市民をチェコ化した。チェコ語も公用語として復活し、チェコの歴史や文化が再発見されていく。民族の再生を目指した様式として、19世紀中頃からネオ・ルネッサンス様式が流行しだした。プラハ在住の芸術家や建築家によって国民劇場（図07-6）、芸術家の家（ルドルフィヌム）、国立博物館が建設され、ヴァーツラフ広場に建設された国立博物館（図07-14）は、広場の光景を一変させた。プラハでは、19世紀前半に産業革命が起こり、鉄道が開通（1845）し、路面電車も開通（1891）していく。周辺地域の人口も増加し、1870年頃には、城壁内人口16万人に対し郊外人口が10万人へと増加した。

②アール・ヌーヴォーの時代

1850年には、ユダヤ人街のヨゼフホフとヴィシェフラットを併合して、市域を拡大した。

近代化を象徴するものとして、記念博覧会が開催され（1891）、その中の工業宮殿は、鉄とガラスを用いたアール・ヌーヴォー様式で建造された。

プラハには、ヨーロッパ最大のユダヤ人街があったが貧民街化して衛生問題が生じたことから、再開発が実施された（1893〜）。シナゴーグ（ユダヤ教会堂）や墓地を残して、地区を貫くパリ通りを建設し区画が整備され、当時の流行であったアール・ヌーヴォー建築が続々立ち並んでいき、パリ通りは流行の先端を行く華やかな場所となった（図07-7）。その後、アール・ヌーヴォー建築はラシーン河岸通り

図07-7　パリ通り周辺地区のアール・ヌーヴォー建築

図07-6　国民劇場

図07-8　アール・ヌーヴォー様式のスメタナ・ホール

図07-9　黒い聖母の家

図07-10　郊外の丘陵を埋め尽くすプレハブ中高層集合住宅の群

にも立ち並んでいく。市民の社会・文化拠点としての文化会館がネオ・バロックの外装とアール・ヌーヴォーの内装で建設された(1912)。アルフォンス・ムハ(ミュシャ)の装飾による市長の間やアール・ヌーヴォー様式のスメタナ・ホール(図07-8)が造られた。このホールは、現在では、「プラハの春」国際音楽祭のメイン会場として、スメタナの「わが祖国」が演奏される民族文化の殿堂となった。一方、アバンギャルドな芸術家集団が生まれ(1911)、キュビズムや表現主義の活動が活発になった。その中で、建築分野ではキュビズム建築の様式が生まれ、黒い聖母の家(図07-9)、リブシナ通りの邸宅が建てられ、プラハ独自のスタイルを残していった。

第1次世界大戦終結(1918)によりハプスブルク帝国は滅亡し、チェコスロヴァキア共和国が成立し、プラハ城に大統領府が置かれ首都となった。プラハの人口は1900年では約20万人であったが、郊外人口が急増していき、これらを一体化するため、37の市町村が合体されて(1922)、大プラハ市が誕生し人口は約67万人に拡大した。1920〜30年代前半は、ヨーロッパではモダニズム建築の萌芽が現れるが、プラハでも郊外ババ地区で、モダニズムの建築家によって多くのモデル住宅が建設されていった。

3) 現代の地層：抑圧から解放へ
①社会主義化の都市建設

第2次世界大戦の発生により、ナチス・ドイツ軍によってプラハは占領され(1938)、ユダヤ人住民約5万人が殺害された。プラハは他の東欧・中欧の都市ほどの大規模な戦火に曝されずに済み、建物など物質的な被害は少なく歴史的な市街地は残された。しかし、大戦の終了後(1945)は旧ソ連の政治支配下に組み込まれ、社会主義国家としての苦難の道を歩まざるを得なくなった。この後、小規模な住宅開発が市街地の隙間を埋め尽くし、1950年の人口は約93万人へと増加し、1960年代には、大規模な団地開発が開始された。1974年には市域が2倍近くに拡大され、1970〜80年代にかけて、セヴェルニ、ジウィニ、ジホザパディニ、メステストなどの巨大団地が開発され、1980年の人口は約118万人までに増加していった。この社会主義時代に建設された団地は安物のプレハブ中高層集合住宅が群立するものもあり、これが郊外を埋め尽くす様子(図07-10)は、中心地域の歴史的な都市空間と対比的である。

②自由の獲得

ソ連の政治支配に抵抗する改革運動プラハの春(1968)は弾圧されてしまったが、ビロード革命(1989)により共産党政権は崩壊し、革命を成功に導いたヴァーツラフ・ハヴェルが大統領に就任した。チェコとスロヴァキアは分離し、プラハはチェコの首都となった(1993)。この自由の獲得を象徴するように、ダンシング・ハウス(1992〜96、図07-11)が建設された。斬新なデザインは批判されたが、現在では観光の名所になっている。同時期に建設されたテレビ塔(図07-12)は、都市景観を損なうものとしていまだに批判されている。

近年のプラハの都市圏人口は120万人(2016)であるが、郊外の発展は続いており、将来は144万人(2030)になると予測されている。プラハは、1784年に統合された都市となって以来、市域を拡大し、そのたびに城壁の用地を道路に転用し、年輪構造に従い市域を拡大してきた。これらの市街地にはトラムを中心に公共交通が整備されてきた。

図07-11　名所になったダンシング・ハウス

図07-12　批判の続くテレビ塔

③テーマパーク化への懸念

現在、中心部の歴史的市街地の886haは、中世の都市空間がよく保存された場所として、1992年にユネスコの世界文化遺産に登録され、11〜18世紀にかけてのさまざまな時代の様式の建造物が残り建築博物館となっている。しかし、物的に建造物は保存されてはいるものの、世界遺産登録以降建物の用途は激変し、観光客目当ての土産物や飲食、サービス、国外チェーンの店舗に変化し、かつてのプラハの独自性を感じさせる店舗は減少し、居住者も入れ替わり、テーマパークのような集客都市と化してしまった。世界遺産登録は、外観の保存には効果があるものの、都市の中身を変容させ、再びプラハの独自性を脅かしている。

2. 都市・建築、社会・文化の特徴

体制への抵抗の場所

①中世：旧市街広場

旧市街広場に行くと二つのゴシック建築に目が止まる。ティーン教会と旧市庁舎である。他の都市のゴシックと異なり、どちらも尖塔が単純ではなく、まわりは小尖塔で覆われ、その突先には宝珠がつけられた華麗な独特の様式となっている。このランドマークが広場を挟み、バロック様式の白亜の聖ミクラーシュ教会やロココ調のゴルツ・キンスキー宮殿をはじめ、さまざまな様式のパステルカラーの建物とともに広場自体が美しい建築博物館となっている（図07-13）。

しかし、白山の戦い（1621）で敗れた27人のプロテスタントの指導者が処刑されたところでもある。旧市庁舎の壁を背にして、処刑の舞台が用意され、身分順に断頭や絞首が執行された。その場所は広場に十字架で記録されており、処刑者の氏名も市庁舎の塔の壁の板に刻まれている。広場の中央には、体制派のカトリックへの抵抗の原点である聖ヤン・フスの彫像が階段状の台座の上に毅然として立っている。この広場には、プラハ市民の中世以降の宗教を巡る抵抗の歴史がある。

②近代：ヴァーツラフ広場

カレル4世がつくった馬広場（現ヴァーツラフ広場）は、その後、ネオ・ルネッサンス様式の国立博物館（1890）が建設され、20世紀初頭にかけて幅60m、長さ682mの長方形広場に、ホテル、レストラン、ブティック、劇場、映画館などがネオ・ルネッサンス、アール・ヌーヴォー、アール・デコなどの近代様式で建てられ、「プラハのシャンゼリゼ」と称される場所となった（図07-14）。

しかし、その後、聖ヴァーツラフ・ミサをきっかけに広場の名前はヴァーツラフ広場と呼ばれるようになり、国立博物館の前に騎乗の聖ヴァーツラフ像が据えられた。第2次世界大戦後のソ連主導の共産主義の改革を目指した「プラハの春」に対し、ソ連の戦車隊がこの広場に侵攻し、その改革は無残にも打ち砕かれた（1968）。ソ連の侵攻に抗議し広場で焼身自殺をした若者ヤン・パラフの遺影が今も広場にある。時を経て、ソ連の共産主義体制が自壊していく中で、市民が民主化を要求し、2日間で100万人がこの広場を埋め尽くした。劇作家ヴァーツラフ・ハヴェルがこの広場で声明を出し、民主主義国家に移行した「ビロード革命」（1989）もこの広場が舞台であった。現代の政治を巡る市民の抵抗の劇場空間となった。

図07-13　ティーン教会をはじめさまざまな様式の建物が連なる旧市街広場

図07-14　かつての馬広場（現ヴァーツラフ広場）と国立博物館

08

モスクワ

ユーラシアの首都

名称の由来
諸説ある中で、バルト語とスラブ語が分離していなかった時代に用いられた「沼地の多い、ぬかるみの多い川」の意味とする説が現在、最有力の説とされている。

国：ロシア連邦
都市圏人口（2014年国連調査）：12,063千人
将来都市圏人口（2030年国連推計）：12,200千人
将来人口増加（2030/2014）：1.01倍
面積、人口密度（2014年Demographia調査）：4,662㎢、3,400人/㎢
都市建設：1156年丸太造りの城塞（クレムリン）建設
公用語：ロシア語
貨幣：ロシア・ルーブル
公式サイト：https://www.mos.ru/
世界文化遺産：モスクワのクレムリンと赤の広場、ノヴォデヴィチ女子修道院群

市章

ヨーロッパ｜Europe

1．都市空間の形成

1）前近代の地層

①丸太づくりの城塞

モスクワの地域には、紀元前には、フィン・イゴル族が住み、AD4〜6世紀からはスラブ人が住む場所となっていった。11〜12世紀にウラジミールを首都とするロストフ・スズダリ公国が発展し、ビザンティン帝国からキリスト教を受け入れて、ビザンティン文化を通してヨーロッパの文化圏に属するようになっていった。ロシアのキリスト教は、教義を中心とするよりも、金色に輝く聖堂のクーポラ（円屋根）や聖像画（イコン）、荘厳な儀式など、感性に響くものが重視されたことから、民衆に受け入れられ、その心の中に浸透していった。

モスクワの地名はようやく歴史に登場する（1147）が、それはロストフ・スズダリ公国の西端の小さな集落にすぎなかった（図08-1）。しかし、1156年になると、公国のユーリー・ドルゴルーキー公は、丸太造りの壁と壕で集落を囲い城塞（クレムリン）を建設し（図08-2）、12〜13世紀にはモスクワ川沿いの要塞都市となっていった。

②モンゴルの支配下

この都市はモンゴル軍の侵略により破壊され、ロシアの諸公国全体がモンゴル帝国の造ったキプチャク・ハーン国の支配下に入る（1243）。モンゴルの支配は過酷に税の徴収を求めたものの、公国の自治を認め、宗教・慣習を維持できる寛容性を持っていた。2世紀半にわたるモンゴルの支配は、ロシア人をキリスト正教徒というヨーロッパ人でありつつ、アジア的体質を持つ民族にしていったといわれている。モスクワ大公となったイワン1世（在位1325〜40）は、その支配下にありながらも、モンゴルと緊密な関係を築き、ロシアの諸公国の徴税請負人の地位を認められ、周辺地域を支配下に置いて領土を拡大していった。また、ロシアのキリスト正教会の府司教のピョートルをモスクワに迎え、大司教府をモスクワに設置した。このピョートルの聖骸が発見された跡には、現在のウスペンスキー聖堂が建てられた。モンゴルは、キリスト教を容認していたことから、異民族支配ながらも発展を遂げ、各地に修道院ができて地域の文化と経済の拠点となった。この時期クレムリンは、樫材の城壁であったが、石灰岩の城壁に変わった（1368完成、図08-3）。ビザンティン帝国が衰退していくこの時期に、コンスタンティノープルのギリシャ正教会の

図08-1　小さな集落の時代（12世紀中頃）*08

図08-2　丸太造りの壁と壕をめぐらせたクレムリン*08

図08-3　石灰岩の城壁（1368完成）に変わったクレムリン*08

支配下から脱して、全ロシアの府主教を置くロシア正教会がモスクワに成立した(1448)。

③イワン大帝による「第3のローマ」建設

イワン大帝(3世：在位1462〜1505)は、モンゴルの支配から脱して全ロシアを統合し、モスクワを首都とする専制的な政治支配体制を確立した。また、ロシア正教会もこの権力を背景にモスクワ府主教を頂点とする組織を確立していった。その結果、多数の外国人がモスクワに集まり定住し、都市は国際性を帯びていった。「ロシア」という言葉はこの時期に生まれ、その民族的アイデンティティは、ロシア正教会に培われた「第3のローマ」というイメージだった。ロシアは1453年に崩壊したビザンティン帝国(東ローマ帝国)に代わりキリスト教の正教会の中心となる国家であり、モスクワは、その首都と位置づけた。そして、ロシア皇帝は、ビザンティン皇帝の呼称「Caesar：ツェーザリ」の言葉から「ツァーリ」と呼ばれるようになった。この威光を示すため、クレムリンをヨーロッパの要塞に肩を並べるものにしようと、イワン大帝はイタリア人の建築家を招聘し、ウスペンスキー大聖堂を再建するとともにそれ以外の教会も石造りで建設し(図08-4)、クレムリンの核をなす建築群が姿を現していった。城壁は煉瓦で築き直され、現在のような城壁となった。クレムリンの門からは、各公国の首都へと延びる街道が整備された。

④城壁都市の建設

当時、モスクワには五つの区域が形成された(図08-5)。

1. クレムリン(城塞)：皇帝の宮殿とロシア正教会が配置された政治的・宗教的権力の中心。
2. キタイ・ゴーロド(竿の束の街)：クレムリンの東側に発展し、城壁で囲まれた商業の街。クレムリンのすぐ東側には、市場(現在の赤の広場)とモンゴルに対する勝利を記念するポクロフスキー聖堂(1560)が建てられた。
3. ベールイ・ゴーロド(白の街)：キタイ・ゴーロドの外側の城壁で囲まれた上流階級の居住地。
4. ゼムリャノイ・ゴーロド(周辺区域)：ベールイ・ゴーロドの外側の土塁で囲まれた農民の居住区。ここには、その後、商人や労働者も流入していった。
5. モスクワ川の対岸：当初軍人の居住区であったが、その後、商業・産業区域となった。さらにその外側に農村ができていった。

この市域の周辺には、城壁と塔を持つ要塞修道院が建設されモスクワの守りを固めた。アンドロニエフ修道院、シモン修道院、ドンスコイ修道院、ノヴォデヴィチ修道院である。16世紀のモスクワは、規模からみてロンドンに匹敵する都市に成長していた。

⑤ロマノフ王朝時代

17世紀に入ると、ロシアは動乱の時代に入っていく。ポーランド軍がモスクワに攻め入りモスクワは占領され(1609)、クレムリンとキタイ・ゴーロドを除き、街は焼かれ人口も減少してしまう。しかし、義勇軍はモスクワを奪還し、復興は素早く行われていった。市域はゼムリャノイ・ゴーロドの城壁を超え、モスクワから外に向かう道路に沿って集落が形成されていき、現在見る道路網の骨格が造られていった。産業の面では、各種商品の全国市場がキタイ・ゴーロドに立地し、ロシアの手工業の中心地にもなっていた。これより後、皇帝にミハイル・フョードロヴィ

図08-4　クレムリン内のイワン大帝の鐘楼(1509完成)

図08-5　16世紀のモスクワ街区形成*09

図08-6 19世紀初頭のクレムリンの眺望*11

図08-7 救世主大聖堂(現在のもの)

ッチ・ロマノフが選ばれ、ロマノフ王朝の時代となる（1613）。

ロマノフ王朝にピョートル1世（ピョートル大帝）が現れ（1689）、ロシアは大変貌する。モスクワに住み着いた保守派大貴族や宗教者を嫌った大帝は、新しく建設した都市サンクト・ペテルブルクに首都を移転してしまう（1712）。首都を移転したものの、すべての中央官庁はモスクワに行政機関を持ち、大貴族や宗教界の多くはモスクワにとどまったことから、貴族文化は継続し、モスクワの経済、交易、文化の中心としての地位は保たれていった。現在のモスクワ大学はこの頃に設立された（1755）。

2）近代の地層
①モスクワ大火後の復興

ナポレオンの大軍がロシアに侵入し（1812）、モスクワに迫った。ロシアはモスクワを放棄し、ナポレオンはその年の9月にモスクワに入城してきた。市民は街に火を放ち、フランス軍を極寒と食糧不足に陥れた。1カ月後フランス軍は退却し、ロシアはヨーロッパをナポレオンから解放する主力となった。この時の大火により、木造建物の多かったモスクワは市の大部分を焼失し、総合都市計画（1817）に基づく再建が行われた（図08-6）。クレムリン周囲の広場は拡張され壕は埋められた。ベールイ・ゴロドの壁は壊されてブリバール環状線（並木道）が造られ、通り沿いには集合住宅が建設されていった。ナポレオン戦争の勝利を祝う救世主大聖堂が計画され、計画の変転の末実現する（1889、図08-7）。ナポレオン戦争後の復興は早く、モスクワの人口は1811年27.5万人だったものが、1835年には33.6万人に増加し、商工業の中心地として、ブルジョワジーの数が増え、工業や卸売業が発展していった。

②産業の発展と近代都市整備

19世紀のロシア皇帝の多くは専制君主であったが、産業が発展し国が豊かになった。教育が普及して文学や思想が花開き、プーシキン、ドストエフスキー、トルストイ、ゴーリキーなどが活躍した時代となった。モスクワの工業は繊維産業を中心に発達し、19世紀後半からは、機械・化学工業が発展し始め工場労働者が増加した。農奴解放が行われ（1861）、農民がモスクワに大量に流入し、人口は36万人（1860）から150万人（1910）と、50年で4倍以上に膨張した。この労働力を背景に、工業は一層発展し、モスクワはロシアの主要な工業地帯となった。19世紀後半、鉄道の建設が進み、9カ所の鉄道ターミナルが造られ（図08-8）、当時流行の建築様式が取り入れられて街の名所となり、周辺地域から人口を吸引する拠点にもなった。ヤロスラヴリ駅を発着駅とするシベリア鉄道も建設が開始された（1891）。市街地の再建が行われ（1870〜90）、街頭での

図08-8 カザン駅周辺

図08-9 モスクワ市第1次総合計画（1935）[13]

図08-10 幹線道路沿いの大規模住宅

ガス燈設置、電話局設置、路面電車の運転、建物の高層化が進み、近代都市の様相を呈していった。ボリショイ劇場が再建（1856完成）され、豪華ホテルのメトロポール（1903完成）がオープンした。19世紀後半、ゼムリャノイ・ゴロドの壁も壊されサドーボエ環状線が造られたが、この内側に50万人、外側に100万人以上が住み郊外への発展が見られた。ただ、国富は増えたものの工場就業者の労働は過酷で、農民生活は窮迫し、反政府運動は広がっていた。皇帝は、対外的積極策を取り国民の目をそらそうとしたが、日露戦争の敗北（1905）は逆効果となった。

③ソ連時代：社会主義革命

第1次世界大戦（1914〜18）が招いた混乱によりロシア革命が起こって、ロマノフ王朝は倒れ、共産主義のソヴィエト政権が樹立、首都は再びモスクワに戻った（1918）。革命政権は、共産党による独裁体制を敷いた。宗教を人間の妄想と捉え東方正教会を糾弾し、救世主大聖堂は爆破され、多数の教会が破壊され、残された教会は博物館などに転用された。サドーボエ環状線内の労働者の比率は、1917年の5％から、1920年には40〜50％に増加した。経済復興が始まり、それに伴う人口流入により1926年には203万人に達した。第1次5カ年計画の開始（1929〜30）により工業生産設備への投資が行われ、軽工業中心から重工業中心へと変貌を遂げた。1933年に人口は366万人となり、モスクワ市第1次総合計画が決定され（1935、図08-9）、近代的な都市景観に変貌していった。クレムリン周辺整備、トヴェルスカーヤ通りの改築、幹線通り沿いの大規模住宅の建設が行われた（図08-10）。

モスクワ地下鉄が開通（1935、図08-11）し、5年後には乗客輸送の14％を占めるまでになり、交通システムの中心となった。1941年から独ソ戦が開始され、モスクワは幸いにもナチス・ドイツ軍の侵入は免れたが、爆撃により市内各所に被害が出た。3度目の再建は、1935年計画の内容を継承したモスクワ再建10カ年計画（1951〜60）で推進された。

3）現代の地層

①社会主義陣営の中心都市

第2次世界大戦後になると、モスクワは、自由主義陣営と世界を二分する社会主義陣営の中心として世界的な位置を占めていく。経済的、軍事的に劣る陣営のリーダーとしてアメリカに対抗するためには、国内は全体主義的な政治体制を敷き、国外には社会主義の素晴らしさを宣伝していく必要があった。この時、モスクワの空に聳える尖塔を持った26〜34階建ての高層ビルが建設され、過剰な装飾のこのビル群はスターリン様式と呼ばれた。この様式は、国民経済達成博覧会をはじめ他の建物にも用いられた。

スターリンの死後フルシチョフの時代（1953〜64）になると、けばけばしい装飾建築は資材の浪費と批判された。標準設計、プレハブ、低い天井、小さな住戸面積、画一的なデザインの実用的な建築に変わり、4〜5階建てで、設

図08-11 地下鉄ノヴォスロボーツカヤ駅

図08-12 プラティエボの板状高層住宅群

図08-13 モダンな行政施設コンプレックス

図08-14 ブランド街になったストレシニコフ横丁

備の貧弱なプレハブの安価な建物が大量に供給された。郊外の住宅建設に対応して、地下鉄は延伸していった。

郊外の外郭を貫く大環状道路も開通し（1961）、1980年代までモスクワ市の行政界となった。フルシチョフの失脚（1964）後の住宅建設は、高層化、内部の充実、モダンデザイン導入がなされ、外延地域への高層住宅の大団地建設が積極的に進められた。1950年代の5階建て、1960年代の9階建てに続き、1970年代は12～16階建てが主流となり、23～25階建ても建設された。大環状線の北西の外側地域にニュータウンのゼレノグラードが建設され始め（1960）、大規模団地の典型のプラティエボ（1983）の建設も始まった（図08-12）。この高層住宅によって深刻な住宅不足への対応がなされた。ノーヴィー・アルバート通りなどの幹線道路が整備され、沿道にモダンなオフィスビルが立ち並び（1963～68）、ロシア最高会議ビル、モスクワ市庁舎、行政コンプレックスなどモダンな行政施設が建設された（図08-13）。歴史文化が重要視され始め、アルバート通りは王朝時代を感じさせる歩行者モールとなった。

②ペレストロイカ以降（1985～）

ソ連の崩壊により市場経済が進められ、自由主義国スタイルの小売業、サービス、建築、ライフスタイルが急速に浸透していった。中心部の歴史的市街地の保存、再生が課題となった。救世主大聖堂が再建され（2000）、破壊された教会の多くが修復された。クレムリン西側のマネージ広場には景観保護を考慮した地下商店街アホートヌイ・リャトが建設され、かつて日用品が集められていたグム百貨店は欧米のブランド・ショップ・ビルに変貌した。歴史的な街並みが修復され、ストレシニコフ横丁はラグジャリーブランド街に（図08-14）、カメルゲルスキー横丁は多国籍の飲食店街に変わった。中心部の西側、モスクワ川河岸には面積約100haの場所に大規模都市開発モスクワ・シティの建設が進められ、超高層ビルが林立し、モスクワの新都心が出現している（図08-15）。

モスクワの都市圏は典型的な星状パターンで拡大した。モスクワの郊外は、中心より15～20kmを大環状道路が走り、その外側の50kmに第2の外郭環状が、80kmの場所に第3の環状道路が走っている。1985年には第3の環状道路まで市街化が進み、現在では100km圏にまで達している。2015年におけるモスクワの人口は12,197,596人、都市圏人口は16,900,000人であり、人口増加は続いている。

2．都市・建築、社会・文化の特徴

1）モスクワの歴史中枢

①クレムリン

クレムリンとはロシアでは要塞、内城を示す言葉で、中世から近世にかけて、どの都市にもクレムリンは建設された。モスクワのクレムリンが現在の姿になったのはイワン大帝の時であり、イタリア人建築家を招聘し、ロシア建築の伝統と当時最先端のルネサンスの要塞構築技術を融合して、現在見る赤煉瓦の城壁を建設した（1485～95）。城壁内部には、頂部に十字架を置く黄金の玉ねぎ形ドームの林立するロシア正教の聖堂が建築のアンサンブルを形成し

図08-15 雲にかすむ超高層ビル街のモスクワ・シティ

図08-16　モスクワ川からのクレムリン眺望

図08-17　赤の広場のポフロフスキー聖堂（ワシリー寺院）

ている。ロシア帝国の大聖堂であったウスペンスキー大聖堂（1479再建）、皇帝の礼拝のための場としてブラゴヴェンシチェンスキー聖堂（1489完成）、大天使ミカエルを祀りロシア皇帝の墓所であるアルハンゲルスキー聖堂（1508完成）、モスクワ府主教のためのリザバラジェニーヤ教会（1485完成）がソボールナヤ広場を囲んで集積し、高さ81mのイワン大帝の鐘楼（1543完成、図08-4）がこれらのランドマークとなっている。教会の内部はフレスコ画やイコンで埋め尽くされている。

ロマノフ王朝の時代になると、クレムリンの建築をサンクト・ペテルブルクの宮殿と同じようなロシア・クラシック様式で建築しようという動きが出てくる。最初に建築されたのは、元老院（現ロシア連邦大統領府、1787完成）で、その後、大クレムリン宮殿（1849完成）や武器庫（1851完成）が建設されていった。革命後、ソ連政府がクレムリンに居を構えると、場内のいくつかの教会は取り壊され、城壁の塔の先端に赤い星が設置された（図08-16）。ソ連共産党大会などのために周囲と違和感のあるモダンデザインのクレムリン大会宮殿（1961）が建設された。

②赤の広場

赤の広場（1434）は城壁の外側にできた商業のための市場だったが、モンゴル帝国に対する勝利（1561）を記念してポフロフスキー聖堂（ワシリー寺院：1560、図08-17）が完成すると、首都の広場として位置づけられ、盛大な祝典が催されるようになり、赤の広場と命名された。ロマノフ王朝時代に、カザン聖堂（1993再建）やヴァスクレセンスキー門（1995再建）、国立歴史博物館（1881）が建設され、ソ連時代にグム百貨店（1921）、レーニン廟（1931）が建設され、現在の広場空間ができ上がった。

2）スターリン様式
①ソヴィエト大宮殿設計コンペ

スターリンが権力を掌握した1930年代に行われたソヴィエト大宮殿の設計コンペは、社会主義国家建設の偉大さを示し、ソヴィエトの建築のあるべき姿を決めるコンペであった。B.イスファンの案をベースとして2人の建築家が加わり作成した案は、2万人収容の円形大ホールと6千人収容の小ホールを持つピラミッド状の建造物を基壇に80mのレーニン像が聳える全高415mの高層建築であった。新しい国家のイデオロギーにふさわしいデザインとしてゴシック様式が選ばれたのだった。

②ゴシック風のセブン・シスターズ

第2次世界大戦後、モスクワ建都800周年に際し、スターリンはモスクワを社会主義国家の首都と位置づけ、この大宮殿を取り巻く七つの高層建築を建設し、モスクワに荘厳なスカイラインを生み出すための特別政令を発した（1947、図08-18）。大宮殿自体は、破壊した救世主大聖堂

図08-18　モスクワ再建構想（1950）。下段にクレムリンの尖塔群、左中段にソヴィエト大宮殿、上段左端にモスクワ大学遠望、上段右端にホテル・ウクライナ、その左にソヴィエト連邦外務省が立ち並ぶ。[23]

図08-19　モスクワ大学本館

の跡地に建設する予定だったが、軟弱地盤と技術的問題から実現はしなかった。しかし、大宮殿の設計を原型としてセブン・シスターズと呼ばれる巨大な超高層建築が建設され、モスクワを特徴づけるランドマークとなった。威厳を強調したゴシック建築のような尖塔を持ち空に向かって上昇していく象徴的なシルエットは、社会主義国家の未来の殿堂とされた。

　セブン・シスターズは以下である。

1. モスクワの西南にある雀が丘に建設されたモスクワ大学の新キャンパスの大学本館(図08-19)、235mの高さを持つシンメトリーの建物。
2. サドーボエ環状線のスモレンスカヤ広場に建設された27階建てのソヴィエト連邦外務省の建物。
3. ミャスニーツカヤ通りを北東に進みサドーボエ環状線と交差するところに建つ24階建てのソヴィエト連邦運輸機関建設省の建物。
4. モスクワ川とヤウザ川の合流地点の176m、24階建ての文化人アパートメント。
5. クレムリンの東側で並木通りがモスクワ川を渡る所に建設された22階建て多壇状の芸術家アパートメント。
6. 三つの鉄道駅が集まるコムソモリスカヤ広場に建設された17階建てのホテル・レニングラード(現在は修復し運営委託され、ヒルトン・モスクワ・レニングラーツカヤとして営業)。
7. クレムリンからノーヴィー・アルバート通りを西に直進し、モスクワ川を渡った所に聳え立つ高さ170m、29階建てホテル・ウクライナ(現在は修復、運営委託されラディソン・ローヤル・ホテルとして営業)。

　セブン・シスターズは、中心となるはずの大宮殿は建設されなかったものの、クレムリンを取り巻くように聳え立ち、モスクワに独自のスカイラインを与えている。

09

イスタンブール

ヨーロッパとアジアを繋ぐ都市

名称の由来
当初はビザンティウム、次いでコンスタンティノープル、そしてイスタンブールとなった。イスタンブールİstanbulの語源は、コンスタンティノープルがトルコ風に訛ったという説、ギリシャ語の「この都市で」を意味する「イスティンポリン」に由来する説など諸々あり。

国：トルコ共和国
都市圏人口（2014年国連調査）：13,954千人
将来都市圏人口（2030年国連推計）：16,694千人
将来人口増加（2030/2014）：1.20倍
面積、人口密度（2014年Demographia調査）：1,347㎢、9,800人/㎢
都市建設：BC776年岬にアクロポリス建設
公用語：トルコ語
貨幣：トルコ・リラ
公式サイト：https://www.ibb.istanbul/en
世界文化遺産：イスタンブール歴史地域

市章

1. 都市空間の形成

1) 近代以前の地層

①ビザンティウムの時代

この都市は、古代はギリシャの植民地であり、BC776年にメガラのビザスがボスポラス海峡に三角形に突き出た岬の丘にアクロポリスの建設を行ったことから、最初はビザンティオンの地名がつけられた。BC323年以降ローマの従属国となり、AD196年には当時のローマ皇帝セヴェレス帝が城壁を築いた。

②コンスタンティノープルの時代（324）

その後、ローマ帝国の内紛の中、324年に東部地域の支配者リキニウス帝をコンスタンティヌス帝が撃破し、この都市をコンスタンティノポリスと命名し、新たな城壁を築き、都市域をさらに5倍に拡張していった。

330年には、この都市は新しいローマの首都ノヴァ・ローマ（新ローマ）となった。戦車競技場（ヒポドローム）が拡張され、新首都の式典が行われた。ここでは、現在、オベリスク2本と蛇の円柱という三つの記念碑がこの時代の面影をとどめている。378年には、ヴァレンスの水道橋が建設されていった。

395年のローマ帝国の東西分裂の後、ゲルマン民族の侵入により西ローマ帝国は滅亡し、この都市を首都とするローマ帝国が唯一の帝国となった。住民の大多数がギリシャ語を話すキリスト教徒の国家となったため、かつての非キリスト教国家のローマとの絆を断ち切るために帝国の総称をビザンティンとした。5世紀になると蛮族の侵攻に備えるため、テオドシウス2世はこの都市をさらに二重の壁と96の塔からなる堅固な城壁で取り巻き市域をさらに拡大した（図09-1）。この城壁はその後1,000年以上難攻不落の城壁として、この都市を守った。

ビザンティン帝国の黄金時代はユスティニアヌス帝の時代（527〜565）で、領土は地中海世界の大部分に拡大し、都市の中心であったアクロポリスの丘やその周辺に壮麗な聖堂や宮殿が建設された（図09-2）。焼失していたアヤ・ソフィア教会がギリシャ正教の大本山として再建された。しかし、1203年、キリスト教徒の第4次十字軍は、エルサレムの聖地奪還を途中でやめ、領土や富の獲得を目的としてコンスタンティノープルを攻撃してきた。ヴェネツィア

図09-1 テオドシウス2世の城壁

図09-2 アクロポリスの丘の聖堂や宮殿*07

が率いるラテン軍の艦隊は、海岸沿いの城壁を破って侵入し、街は破壊され、コンスタンティノープルは、その後数十年にわたってラテン国としての支配を受ける。

1261年になってようやくギリシャ人がこの国を奪回したものの、かつての繁栄を取り戻すことはなく、衰退の一途をたどり領土は城壁の内側だけとなっていった。対岸のガラタ地区は、ギリシャ時代から小さな城塞都市として存立してきたが、ラテン国となった時ジェノヴァ人に開発権が与えられて独立都市となり、地中海貿易の拠点として発展し、対岸のビザンティン帝国からの攻撃に備えて城壁が築かれた。現在のガラタ塔は、その城塞の一部である。

③イスタンブールの時代（1453）

15世紀半ば、オスマン帝国はヨーロッパの南端まで征服し、ビザンティン帝国の領土はテオドシウス2世の城壁を囲むわずかな地域にまで狭められていた。1451年にスルタンに就任したメフメット2世は、ボスポラス海峡のヨーロッパ側に要塞を築城してコンスタンティノープルを包囲し、金角湾の対岸の山地（現ガラタ地区）を牛に牽かせた72隻の艦隊に越えさせ、城壁の弱い部分を攻撃するという戦術を取り、コンスタンティノープルを陥落させた（1453）。メフメット2世は、この都市をイスタンブールと名を改め、オスマン帝国の首都とし、荒廃した都市の修復に着手した。ローマ帝国の引いた水道を補修し都市インフラを再生し、商業振興のために二つの市場を整備した。これは1701年には3,300軒の店舗を有するグランドバザールに成長していった。

また、アクロポリスのあった丘には、王宮としてトプカプ宮殿の建造を行い、政治の中心として歴代皇帝によって増築が進められた。その中には、400人もの皇帝の女性が暮らすハレムも生まれ、内政に影響を与えた。その後、15世紀後半の50年間に、歴代皇帝はヨーロッパ中から首都に人々を招き入れ、国際的な都市社会を築いていったことから、イスタンブールはビザンティン帝国の末期に激減していた人口を大きく上回り、イスラム文化の中心となる都市へと発展していった。各街区には有力者が設立したモスクが造られ、モスクと病院、学校などを組み合わせた複合的な都市施設群（キュリイェ）が続々と建設されていった。スレイマン1世（在位1520～66）の治世は芸術と建築の偉業の時代となった。スレイマン1世と宮廷建築家ミマール・スィナンは、パリ改造のナポレオン3世とオスマンのような関係で、象徴となる建築に携わり、イスタンブールの都市景観をイスラム都市独特のものに変えていった。スレイマニィエ・キュリイェはその代表作であり、その影響を受けたスルタンアフメト・ジャーミィ（ブルーモスク）やイエニ・ジャーミィなどが、16～17世紀、この帝国の隆盛期に建てられていった（図09-3）。また他の宗教にも寛容で、トルコ人のみならず、各民族、各国からやってきた商人・使節など、さまざまな人々が住む多文化都市、東西交易拠点として発展し、全人口は18世紀までに57万人に達した。スレイマン1世は13回もの遠征を行い、ハンガリーを征服（1526）して領土の拡大を行い、地中海ではレパントの戦いで敗戦（1571）するまで制海権を握っていた。

2）近代の地層

①オスマン帝国タンジマート改革以降

スレイマン時代の繁栄は、その後凋落の道をたどっていった。その原因は国政内部にあった。改革派の皇帝マフムト2世（在位1808～39）は軍隊の近代化を目指した。旧式化し権益集団と化していた皇帝直属の精鋭部隊イエニチェリの全廃を決意し、新式の砲兵部隊に命じ壊滅に成功し

図09-3　トプカプ宮殿、アヤ・ソフィア、ブルーモスクが立ち並ぶ岬の景観

図09-4 ドルマバフチェ宮殿

図09-5 イスティクラル通りのレトロな路面電車

た。これに引き続き、1839〜76年にかけ「タンジマート(再編成)」が国家機構、行政、軍隊、法律、教育など広範な分野で行われ、西欧型近代化が推進された。それでもオスマン帝国の衰退を阻止するのには十分ではなく、1683年のハプスブルク帝国の首都ウィーンの包囲失敗の後、ハプスブルク帝国の反撃や新たな強敵ロシア帝国の進出を受け、1878年にはヨーロッパの領土は失われていった。

②パリをモデルに建築、インフラ、都市を整備

一方、タンジマートは、建築、都市空間に大きな影響を与えた。オスマン様式のトプカプ宮殿に代わり、ヴェルサイユ宮殿を模したドルマバフチェ宮殿(図09-4)がガラタ地区北方の新市街地に建設され、統治の中心が移る。この地区はヨーロッパ人の租界となっていたところであり、すでに大使館や外国商館が多く、南北に貫くイスティクラル通り周辺に、新古典様式やネオ・ルネッサンス様式、アール・ヌーヴォー様式の建築が立ち並び、パリをモデルに水道、電気、電話、路面電車が整備され、ヨーロッパの街並みが形成されていった。路面電車は、現在も赤色のアンティークな車両で観光名物となっている(図09-5)。この頃、金角湾をまたぐ旧市街地と新市街地を結ぶガラタ橋が初めてかけられた(1845)。ヨーロッパからオリエント急行が1888年に乗り入れ、シルケジ駅が開業、その乗客を迎えるペラ・パレス・ホテルが新市街地に開業した。この地区は、さらにボスポラス海峡に沿って北方に延びていき、海峡に沿って貴族やエリート階級の豪華な邸宅が離宮として建設されていった。

3) 現代の地層
①共和国の時代に

第1次世界大戦ではドイツ側につき、1918年、その敗北により瀕死の病人となった帝国を西欧列強は分割し領有しようとした。これに対し民族主義的反撃が始まり、軍人ムスタファ・ケマルの主導で戦いに勝利し、1923年、トルコ共和国が成立した。ムスタファ・ケマルは初代大統領となり、首都はアンカラに移され、イスタンブールは首都ではなくなった。

しかし、イスタンブールが国際的活動、経済活動の拠点であることには変わりなく、その後、新市街地に都市インフラが整備され、タクシム広場周辺に商業、娯楽、ホテル街が形成されていった。また郊外に工場が建設され、雇用機会を求めて周辺地域から人口が流入し、1970年代から人口が膨張していった。1950年に50万人の人口は20年後の1970年には277万人となった。

②環状道路の建設と都市圏の拡大

新市街地の北方に内環状道路が建設され、1973年にアジア側と結ぶボスポラス橋が完成した。15年後、その外郭に外側環状道路が造られ、第2ボスポラス橋でアジア側を二重に結合した。オスマン時代はボスポラス海峡に沿って北進した市街地は、架橋によりアジア側に東進し拡大していった(図09-6)。イスタンブールの人口は、2000年には1,000万人を突破し、2010年には約1,400万人となっている。環状道路をはじめとするインフラ整備は、イスタン

図09-6 ボスポラス海峡の東西に拡大する市街地[18]

図09-7 ボスポラス橋周辺の超高層ビル群

図09-8 ジェヴァーヒル・ショッピングセンター

図09-9 高級ショッピング地区バグダード通り

ブールの都市圏をヨーロッパとアジアを包含する巨大都市へと変化させてきた。2016年に完成したユーラシアトンネル、第3ボスポラス橋はさらにこの巨大化を推進する。

③ビジネスセンター、ショッピングセンターの形成

新市街地のレヴェント、マスラクの両地区は、トルコの大企業や銀行、世界的な金融部門の巨大企業の地域本部が立地する国際金融センターとなった。内環状道路と外環状道路間に位置するこの地域には超高層ビルが林立し、現代的な都市景観を生み出している（図09-7）。ヨーロッパ最大級といわれる現代的な大型ショッピングセンター（図09-8）がこれらの交通網を活かして立地し、高級ショッピング地区も新市街地ではタクシム広場北方のニシャンタシュ地区、アジア側ではバグダード通りに移り（図09-9）、都市構造を変化させている。

2．都市・建築、社会・文化の特徴

1）アヤ・ソフィアとビザンティン芸術

①アヤ・ソフィア（トルコ語）

元来ハギア・ソフィア（古代ギリシャ語で「神の聖なる知」）は、ビザンティン帝国時代の正統派キリスト教の大聖堂としての建設を起源とした、コンスタンティノープル総主教座が置かれた聖堂である。最初の聖堂はコンスタンティヌス2世によって360年に築かれ、その焼失後、415年にテオドシウス2世によって再建、それもニカの乱によって消失した後、現在のものが537年にユスティニアヌス1世によって建設された。建築数学者のトラレスのアンテミオスとその後継者の幾何学者のミレトスのイシドロスによって設計が進められた。ドームの高さ56m、幅の最大径31mは当時世界最大の大聖堂であり、その地位を1,000年近く保っていった。献堂式の日、ユスティニアヌス帝は「ソロモンよ、われは汝に勝てり！」と叫んだといわれる。

1453年、コンスタンティノープルを占拠したオスマン帝国のメフメット2世は、入城するとすぐにこの大聖堂に直行し、モスクへ転用することを宣言した。アヤ・ソフィア・ジャーミィとなって以降、建物のまわりには4本のミナレットが建設され、その後、内部のモザイク壁画は白い漆喰で塗りつぶされ20世紀まで人の目に触れることはなかった。1931年に壁画が発見され、トルコ共和国初代大統領ムスタファ・ケマルは1932年に無宗教の博物館にすることを指示し、その年よりアメリカ・ビザンティン研究所によってモザイクの復元作業に着手、1934年より一般に公開された（図09-10）。

②ビザンティン美術

古典的自然主義と古代ローマ美術の融合したビザンティン美術は、6世紀に形成され始めた。ただ、残存するものは聖像破壊運動（726～843）以降のものである。モザイク壁画が中心であり、光の射し方によって変化する色彩が美しい。高価なモザイクの代用品としてフレスコ画も13世紀頃発達していった。現在、アヤ・ソフィア内部には豊富なモザイクを見ることができる。身廊後陣の聖母子像がイスラムの円板に挟まれているさまは、歴史を物語ってい

図09-10 アヤ・ソフィアの外観

図09-11 アヤ・ソフィア南入り口扉上のモザイク画。聖母と2人の皇帝

る。回廊には多くのモザイクがあり、ディシス「請願図」はビザンティン美術の最高傑作と言われている。南入り口扉上の真ん中の聖母の左右にコンスタンティノープルを捧げるコンスタンティスス帝やアヤ・ソフィアを捧げるユスティニアスス帝が描かれているモザイク画（図09-11）も興味深い。

カーリエ博物館は元コーラ修道院として建設され、オスマン時代はモスクとなっていたが、ここでは13～14世紀のモザイク画やフレスコ画も見ることができる。キリストが棺から立ち上がった「アナスタシウス（復活）」を描いたフレスコ画は美しい。

2）モスクと偉大な建築家ミマール・スィナン
①オスマン建築

オスマン帝国の時代において建設されたイスラム近代建築の様式で、スレイマン大帝の時代に独自の空間を生み出していった。イスラムの都市においてモスクは市街地の中に埋め込まれ、中庭に入って初めてその建築を見ることができるものが多いが、オスマンのモスクは小高い丘に聳え立ち、複合的な都市施設（キュリイェ）として数多くの公共施設を統率し、都市の視覚的なランドマークとなっているのが特徴である。また、モスク自体の建築はドームをはじめとして大小の空間がシステム的に構成されているのが特徴である。また、トルコでは、都市の街区や村の中心となる大型のモスクのことを「ジャーミィ」と呼んでいる。

②ミマール・スィナン（1489～1588年）

オスマン帝国最高の建築家とされ、100歳で没するまでの間、80のモスクと400以上の祈りの場を建てた。このうち20ほどがイスタンブールを中心に現存している。数多く建築を生み出す中で、イスラムの建築空間を論理的に組み立て直し、長方形や六角形、八角形の建物の上にドームを載せる方法を生み出し、内部装飾も独自の美を追求してオスマン建築の様式を確立していった。都市景観的には、鉛筆形の細長いミナレットを特色とする都市のスカイラインを生み出していった。スィナンは3代の皇帝に宮廷建築家として仕えた。青年の時アヤ・ソフィアに出会った感激から、生涯を通じてこの建造物を超えるものを造ろうという意欲を燃やした。イスタンブールには、ハセキ・ヒュッレム・ジャーミィ、ミフリマー・スルタン・ジャーミィ、リュステム・パシャ・ジャーミィ、ソクルル・メフメットパシャ・ジャーミィ、ハセキ・ヒュッレム・ハマームなどが残っており、代表的なのは、スレイマン1世の命を受け1557年竣工したスレイマニィエ・キュリイェ（図09-12）である。イスタンブールの金角湾を望む小高い丘の上に聳え立ち、総合施設群として、モスクのまわりに多数の施設が配されている（図09-13）。念願であったアヤ・ソフィアを超える建築は、この後、かつての首都だったエディルネに建設されたセリミィエ・キュリイェで、ドームの直径が31.28mとアヤ・ソフィアを超え、ミナレットは70mに至っている。

トルコでは、このスィナンを記念して、芸術のトップレベルの大学としてミマール・スィナン芸術大学が設立されている。

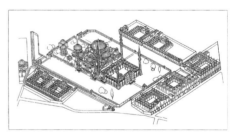

図09-12 スレイマニィエ・キュリイェ立体図[07]

図09-13 スレイマニィエ・キュリイェとリュステム・パシャ・ジャーミィ遠望

10

ニューヨーク

人種の坩堝と摩天楼の都市

市章

名称の由来
原住民からマンハッタン島を購入したオランダ人は、母国の首都にちなんでニューアムステルダムと名づけた。その後オランダとの抗争に勝利したイギリス国王チャールズ2世がこの地を弟のヨーク公に与え、その名にちなんでニューヨークと改名した。

国：アメリカ合衆国
都市圏人口（2014年国連調査）：18,591千人
将来都市圏人口（2030年国連推計）：19,885千人
将来人口増加（2030/2014）：1.07倍
面積、人口密度（2014年Demographia調査）：11,642km²、1,800人/km²
都市建設：1624年オランダがニューアムステルダム建設
公用語：なし、（事実上）英語
貨幣：USドル
公式サイト：http://www1.nyc.gov/
世界文化遺産：自由の女神像

1.都市空間の形成

1) 近代以前の地層

　1609年に探検家ヘンリー・ハドソンがマンハッタン周辺を詳しく調べ、この島周辺のことがヨーロッパに知れわたった。1624年、オランダ西インド会社はこの島にニューアムステルダムを建設し（図10-1）、2年後、初代の植民地総督ピータ・ミニットが24ドル相当の品物で原住民よりこの島を購入し、毛皮の交易とタバコの栽培の地とする。

　マンハッタン（英：Manhattan）の名は、原住民のデラウェア語の「丘の多い島」を意味する。1650年頃になると、この島の先端は風車と城塞がある風景となり、人口は1,500人に増え、15の言語が話される国際的な場所となっていた。市街地の北部には外敵に備えて木製の壁（Wall）が築かれ、現在のウォール街の骨格を形づくった（図10-2）。

　一方、国家間の海上覇権競争はオランダとイギリスとの闘いとなり、イギリスは、1664年に大砲を備えた軍艦でこの島に迫り、植民地の人々は抵抗することなく降伏した。イギリスの植民地となったこの島は、ニューヨークと改名された。

2) 近代の地層

① 植民都市から独立へ

　イギリスの植民地に変わったこの街は順調な発展を遂げ、商取引も活発化して全米で最も多くの民族が集まる国際性のある植民地となり、1700年に人口は5,000人に達した。

　しかし、イギリス本国による課税の強化に反発し独立戦争が起こり、1783年、戦争に勝利したワシントンがニューヨークに入り、1785〜90年までアメリカ合衆国の首都となる。1789年ワシントンは初代大統領となり、フェデラルホールにて就任の宣誓を行った（図10-3）。1790年には首都は移転したにもかかわらず、発展を遂げ、1800年の人口は6万人に達した。

　1818年に大西洋航路が開通し、1825年には五大湖の一つとハドソン川を結ぶ運河が開通し、ニューヨークは、国

図10-1　ニューアムステルダムの建設*11

図10-2　木製の壁の建設（1660）。後のウォール街となる*15

図10-3　フェデラルホールとワシントン像（右端）、ウォール街の奥にトリニティ教会（左端）

内とヨーロッパの交易の結節点となる。その港となったサウス・シーポートは世界中から人や物が上陸する場所となっていく。

すでに壁が取り壊されていたウォール街に銀行が立地し始め（1784）、証券取引もここで開始され（1792）、常設の建物が建設され（1817）、この通りは次第に金融街の性格を帯びていく。17世紀末に建てられたトリニティ教会は、2度の建直しの後、現在の建物が完成し（1846、図10-3）、ウォール街とマンハッタンのランドマークとなる。

②移民による都市膨張

大西洋航路の開通は、ニューヨークをヨーロッパからの移民の玄関口にし、人種の坩堝にしていった。ヨーロッパからの移民の第1陣は、アメリカ合衆国東部各地に上陸したアングロ・サクソン系、オランダ系の人々である。その中でもイギリスからの移民は、ワスプ（WASP：White Anglo-Saxon Protestant）と呼ばれ、社会的に中心的な役割を果たしていく。1820～80年にはアイルランド、ドイツ、イギリス、北欧系が上陸し、これらの移民には技術労働者などが多かった。1880～1920年代となると、イタリア、オーストリア、ハンガリー、ロシアといった南・東欧からの移民に変わり、未熟練労働者が多くなっていった。これら移民について、言語、宗教、風俗が前半と後半の移民では異なり、移民間で人種差別が生まれ、自己防衛のための移民コミュニティと移民間の対立構造を生み出していった。

この時期にフランスから自由の女神の巨像が贈られている（1886）。マンハッタンの南方のリバティ島に建設されたこの像を、ニューヨーク湾に着いた船上から移民たちは自由への期待を膨らませて見つめながら（図10-4）、その隣にあるエリス島の移民局入国審査所に上陸していった。入国審査所開設中の32年間（1892～1924年）に1,600万人の移民が入国し、当時のアメリカ合衆国の移民数の71％にのぼった。移民の増加とともに、人口は、1820年の12.5万人が1850年に52万人、1880年には116万人へと膨張し、市街地は現在のミッドタウンにまで達した（図10-5）。

③マンハッタン碁盤の目街路網

人口増加とともに無計画に北上する市街地に対し、1811年に州政府は都市計画を策定した。それは新しい首都になったワシントンのような都市の美化は不要で、土地を売りやすく交通利便を第一としたプランで、マンハッタンを、南北12本のアヴェニューと東西155本のストリートで、面積5エーカー（3ha）の碁盤の目の区画に区切るというものだった（図10-6）。このプランの中で、唯一、マ

図10-4　移民は自由の女神を見ながら上陸した

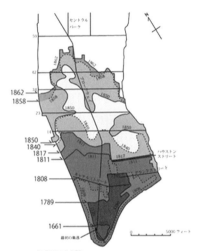

図10-5　北上していく市街地[*2]

図10-6　マンハッタン碁盤の目街路網[*11]

図10-7　山水式庭園のセントラルパーク

図10-8　ラドバーンの歩行空間

ンハッタン島を南北に斜めに縦断する先住民の使っていた道のみは残され、ブロードウェイの名がつけられた。

この街路網の建設は行われたが、あまりにも合理性一筋の計画に対し批判が出て、大きな緑の公園建設を要求するキャンペーンが新聞で行われるようになった。

④セントラルパークの建設

これを受け、市当局は公園用地を購入し、造園のデザイン・コンペを開催した（1857）。オルムステッドたちの案が選ばれ、南北4km、東西0.8kmの自然景観に人工景観を巧みに溶け込ませた山水式庭園（図10-7）の建設が始まり、1876年にはほぼ現在の形で完成した。

⑤大ニューヨークの誕生

市街地は北上し、1890年にはセントラルパーク以北のハーレムまで市街化された。そして1898年には、マンハッタン、ブルックリン、ブロンクス、クイーンズ、スタテン島の旧5カウンティが合併し、人口340万人の大ニューヨークが誕生した。

こうした中で、都市公共交通の整備が進められる。1868年から蒸気式の高架鉄道の運転が開始され、さらに1904年には地下鉄が建設され、都市交通網が形成されていった。1920年代には、ペンシルバニア駅とグランドセントラル駅を起点に郊外鉄道が延伸し、居住地と事業所の郊外立地を促進させた。

郊外開発には、ハワードの田園都市のアメリカ版が登場する。フォレスト・ヒルズ・ガーデンズは近隣住区論の出発点となり、ラドバーンでは車と人を分離する道路網（クルドサック）が生み出された（図10-8）。

マンハッタンの北と南が交通至便になった結果、資産のある人々はアップタウンや郊外に向かって移動していき、貧しい移民はダウンタウンの密集市街地にとどまることとなった。

⑥摩天楼都市の誕生

20世紀の初頭、人口は10年間に100万人規模で増加し、それにつれ地価も急騰し、建築はどんどん高層化し始めた。それまでの石造りの建築物では材料の重量で高層化は限られたが、カーネギーが生産する鋼鉄とオーティスが発明・発展させたエレベーターの開発で、摩天楼時代が花開く。

1902年にマディソン・スクエアの三角形の敷地に登場したフラットアイアン・ビル（図10-9）は、高さ87m、21

図10-9　フラットアイアン・ビル

図10-10　ニューヨーク・タイムズ本社ビル

図10-11　ウールワース・ビル

図10-12　エンパイアステート・ビル

図10-13　ロックフェラーセンター

階建てで名所となった。1905年に、高さ81m、18階建てのニューヨーク・タイムズの本社ビル（図10-10）が建設され、その場所にはタイムズ・スクエアの名前が付けられた。1908年には、シンガー・ビルが一挙に116mの高さで建設され、翌年には200mを超える高さのメトロポリタン生命保険ビルが建設され、本格的な摩天楼の時代となった。そして1913年、ウールワース・ビル（図10-11）は約240mの高さでそそり立ち、しばらくの間、マンハッタン一の摩天楼として君臨していく。

この摩天楼ブームに対して、ニューヨーク市は、街の陽光と新鮮な空気を奪い交通混雑を起こしていることを痛感し、1916年に、セットバックされた低中層部と塔状の高層部という摩天楼の枠組みを地区別に規制するゾーニング法を制定する。

第1次世界大戦後の1920年代は、ヨーロッパの荒廃を契機として、アメリカ合衆国が資本主義社会の担い手として繁栄の頂点に達した時期であった。

再び摩天楼の高さ競争が始まり、1930年に建設されたクライスラー・ビルは319mの高さに到達し、エッフェル塔を超す世界一の建造物となった。しかし、翌年には381mの高さのエンパイヤステート・ビル（図10-12）によってその座を明け渡す。この摩天楼競争も、1929年から始まった大恐慌によって収束する。大恐慌後はニューディール政策の一環として、ロックフェラーセンター（図10-13）の建設が始まる。業務・商業・文化の機能を有する大規模複合建築群で、中央にプラザを配置し、冬にはスケートリンクとなり巨大なクリスマスツリーも飾られ、都心の名所となった（1933）。このビル街が面する5番街には、ティファニーの本店も1940年にオープンし、ニューヨークのメインストリートとなっていった。

マンハッタンの市街地の北上と摩天楼の林立により、オランダ人が建設した歴史的な地区からカナル・ストリートあたりまでをダウンタウン（ロウアー・マンハッタン）、初期に摩天楼が建設されたマジソン・スクエアあたりからセントラル・パークまでをミッドタウンと呼称するようになった。

ニューヨークの公共事業は、1933年に市長となったラ・ガーディアにより進められた。彼は、腹心のロバート・モーゼスに指示し、高速道路、病院、上下水道に加え、ラ・ガーディア空港の建設を行い、大量の雇用を創出し、インフラ建設に足跡を残した。

3）現代の地層
①世界の文化・経済の中心地
第2次世界大戦で諸外国が荒廃する中、アメリカ合衆国は無傷で戦争を終え、そのGDPは世界の半分を占めるまでとなる。さらに、大戦を機会にヨーロッパから移住して

図10-14　国際連合本部ビル

図10-15　ダウンタウンの景観

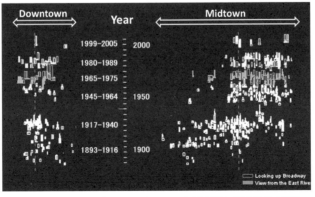

図10-16　ダウンタウンとミッドタウンにおける摩天楼の建設分布の推移（参考文献10-20を調整・加工）

図10-17　ミッドタウンの景観

きた文化人、知識人、芸術家がニューヨークで活躍を始め、芸術・文化の拠点となる。さらに国際連合本部ビルの建設（1952、図10-14）で世界の国際交流の中心地ともなっていった。この時期、人口は約800万人に達する（1950）。

現代の摩天楼：マンハッタンでは、摩天楼の建設が再開した。摩天楼は、当初はダウンタウンとミッドタウンに建設されていき、マンハッタンは、この二つの都心に高層ビルが林立するスカイラインを形成する（図10-15・16・17）。その中で新たな摩天楼のモデルとなったのは、ミース・ファン・デル・ローエの設計（フィリップ・ジョンソンとの共同）によって1958年に建設されたシーグラム・ビルである。高さ159mのシンプルな鉄骨とガラスでできた箱型の塔と敷地の大半を占めるプラザ（広場）の構成は、ニューヨーク市の条例改正にも影響を与え、以降、四角い鉄とガラスの箱が超高層ビルの主流となり、世界に波及していく。

15年後の1973年に国際貿易の拠点として世界貿易センター（WTC）がツインタワーで建設された。417mとダウンタウンで群を抜いた高さを誇るこのビルは、世界経済の中心地となったニューヨークのシンボルとなった。しかし、資本主義社会のランドマークでもあるこのツインタワーは、アメリカ同時多発テロの標的となり崩落していった（2001）。

危険地帯の再生：1910〜20年代にかけて、劇場・音楽ホール・きらびやかなホテル等により、タイムズ・スクエアは急速に発展を見せた。しかし、タイムズ・スクエア（Times Square）は世界恐慌以降、セックス・ショーの上演やコールガールの立ち並ぶ風俗街へと成り下がり、1960〜90年代初頭まで、一帯は危険地帯を代表する場所になっていった。

しかし、1993年にマフィアの一掃で名高い検事出身のルドルフ・ジュリアーニが市長に当選し、風俗産業を一掃し安全面を向上させた。これと並行してBID（Business Improvement District）の制度が導入され、街の治安と美

図10-18　タイムズ・スクエア（夕方）

化、地区整備、観光振興等を実施し、タイムズ・スクエアは年間5,000万人の観光客が訪れる場所として生まれ変わった（図10-18）。同様の都市再生方法はハーレムにも導入され、ニューヨーク市は全米で最も安全な大都市と評価されるようになった。

②郊外の拡張

戦後のニューヨークの繁栄は市街地をさらに拡大させ、郊外住宅地が膨張して隣接するニュージャージーと一体化したニューヨーク大都市圏が形成されていった。この中で、1960年代の「庭付き戸建住宅を持つ」というアメリカン・ドリームの実現を目指して郊外住宅を提供したのがレヴィットタウンであった（図10-19）。

これは、大量生産システムによって低価格住宅を建設し住宅地開発を行う仕組みで、郊外の中流所得層への住宅供給に力を発揮した。上流層の邸宅地も、また、マンハッタンから脱出し郊外化していった。ロングアイランドやウエストチェスターの邸宅（図10-20）の豪華さはビバリーヒルズをはるかに凌いでいる。

郊外が拡張するにつれ、都心とは独立してオフィスや大型ショッピングセンターなど業務・商業機能が集積するエッジシティ（edge city）が都市圏域外延部に出現してき

図10-19　レヴィットタウンの大量生産住宅[*25]

図10-20　ウエストチェスターの豪邸

図10-21　ニュージャージー・エッジシティ

図10-22 ニューヨーク大都市圏の土地利用に見る年輪構造*32

た。特に、ニューヨークではマンハッタンのバックアップ型業務機能が立地するエッジシティが造られていった（図10-21）。

年輪構造：ニューアムステルダムとして建設されたロウアー・マンハッタンがニューヨークの芯に当たる場所であるが、その後、市街地はマンハッタンを北上して覆い尽くし、その外へと広がり大ニューヨークを形成し、さらに外へと拡大していった（図10-22）。2010年において広域都市圏の人口は1,890万人であるが、そのうちマンハッタンの人口は158万人の8.4％でしかない。

2. 都市・建築、社会・文化の特徴

1）摩天楼建築の様式

摩天楼については4種の様式が生まれていった。

ボザール様式の摩天楼：摩天楼の黎明期は、過去の様式の模倣から始まった。この時期のアメリカ合衆国の建築家や大学の教授は、ほとんどが古典芸術を範とするパリのエコール・デ・ボザールで建築教育を受けており、これらの建築家は、過去の建築様式の構成原理を用いて造形を行っていった。ルネッサンス様式のフラットアイアン・ビル（1901）、古典のオーダーを使用したニューヨーク市庁舎（1907〜14）、サン・マルコ広場の鐘楼を模したメトロポリタン生命保険ビル（1909、図10-23）、ゴシック様式の

ウールワース・ビル（1913）と、ヨーロッパの様式建築の超高層化の試みがなされた。

アール・デコの摩天楼：1916年の道路斜線によるセットバックを義務づけたゾーニング法は独自の造形を生み出す契機となる。さまざまな試行錯誤的な摩天楼の建設の後、ヒュー・フェリスによって新たな摩天楼の空間造形が生み出される（図10-24・25）。そしてスーパースケールの摩天楼を人間的なスケールへと引き戻すために、アール・デコの装飾が用いられた。1925年のパリ博にて展示された装飾による造形的提案は、この時期のアメリカ合衆国の市場経済志向と合致した。ヒュー・フェリスとアール・デコが合体した摩天楼の建築様式は、あっという間に主流となり、ヨーロッパにはない都市空間を創出していった。先述のクライスラー・ビル（図10-26）、エンパイヤステート・

図10-23 メトロポリタン生命保険ビル

図10-24 フェリスの造形*18

図10-26 クライスラー・ビル

図10-25 摩天楼をドローイングするヒュー・フェリス

図10-27 シーグラム・ビル　　図10-28 シティコープ・センター

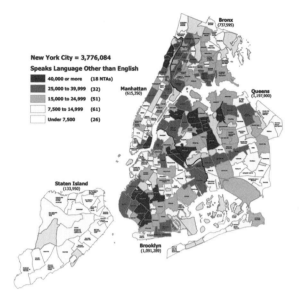

図10-30 英語以外の言葉を話す5歳以上の人口の多い地区（2009～2013）*29

図10-29 ワールド・フィナンシャル・センター（左下）、背後に世界貿易センター（1990年代）

ビル、ロックフェラーセンターはこの3大アール・デコ建築ともいえる。

インターナショナル様式の摩天楼：装飾を避け、鉄骨とガラスによって新しい技術の表現を追求しようとするこの様式は、先述のシーグラム・ビル（図10-27）によってガラス・カーテンウォールに結実し、現代の摩天楼の主流の様式となる。代表例として、レヴァー・ハウス（1952）、世界貿易センター（1973）、シティコープ・センター（1977、図10-28）がある。

ポスト・モダン様式の摩天楼：1980年代からはポスト・モダンの様式が登場し、AT&Tビル（1983）、ワールド・フィナンシャル・センター（1988）などが建設されるも主流となることはなく、様式多様の時代となっていく（図10-29）。

2) 人種の坩堝

①多様な人種・民俗とそのせめぎ合い

19世紀初頭から20世紀初頭まで大量の移民がニューヨークに流入し、人種の坩堝（英：melting pot）にしていった（図10-30）。

イギリスの植民地であったアイルランドからの移民は、次第にアイルランド人街を各所につくるとともに公務員となる者が増え、特に警察官の中で大きな勢力を形成していった。19世紀半ばの西部でのゴールド・ラッシュは中欧からの移民熱を刺激し、特にドイツからの移民が増加した。技術者、優秀なユダヤ人がその中に含まれ、マンハッタン北方や近郊の上質な市街地に住み着いていった。19世紀終盤以降、ロシア・東欧のユダヤ人の1/3はここに移住したといわれ、ドイツからの人々に比較して極めて貧しく犯罪にも手を染めたが、次第に衣服業に進出し、生活の基礎を固めていった。

19世紀のイタリアでの革命騒動や伝染病の流行はアメリカ合衆国への移民を増やし、20世紀に入ってその流れは頂点に達した。彼らは、リトル・イタリー（イタリー人街）を形成し（図10-31）、彼らを支えるボス集団のイタリアン・マフィアを生み出した。

図10-31　リトル・イタリー

図10-32　チャイナタウン

一方、19世紀後半の大陸横断鉄道の建設要員として流入してきた中国人は、鉄道完成後各地へと散らばり、ニューヨークにもやってきた。彼らはチャイナタウンを形成し（図10-32）、雑貨店、中華料理店、洗濯屋を営んでいった。しかし、この人口が増加する中、他の移民とのいさかいが絶えず、1882年には「中国人移民規制法」が制定された。1960年代にこの法律が撤廃されると、中国人移民の数は激増していった。現在、ニューヨーク都市圏の中国系人口はアジア外の都市圏で最大であり、2007年には61万9,427人で、チャイナタウンも少なくとも6カ所を数え、膨張の一途である。ロウアー・マンハッタンのチャイナタウンは、東西に横切るキャナル通りによってリトル・イタリーとの境界が存在していた。しかし、イタリア人の流入の減少と居住地の分散によりリトル・イタリーが縮小していくとともに、チャイナタウンが通りを越えて北上し、リトル・イタリーを囲い込み、地理的に圧迫していっている。

②人種が対立する分離社会

多様な人種、民族は、簡単には融合することなく、逆に対立関係になりやすい。第2次世界大戦後、プエルトリコからの移住者はアイルランド系移民が住むウエストサイドに流入し、両者の対立は激しかった。この関係はミュージカル「ウエストサイド物語」のモデルともなった。

黒人コミュニティのハーレム：黒人は、移民ではなく奴隷としてすでにいたが、南北戦争や第1次世界大戦後、ニューヨークに大量に流入してウエストサイドに住み着き、その後、ハーレムに流入していった。ハーレムは、1840年代以降に白人用の高級住宅地として開発された場所であったが、借り手の少なさから賃料を下げたところ大量の黒人が流入し、それを嫌った白人住民は他地域に転出していった。こうして、1914年にはハーレムの黒人人口は5万人に達し、黒人の流入が続いて1935年には20万人となり、さらに膨張して全米最大の黒人コミュニティが形成された。

しかし、ここに住む黒人の生活は逼迫し、1960年代の若者の失業率は約60%の状態であった。連邦政府は1964年に公民権法を誕生させたが、白人と黒人の間の暴力、殺人が多発する中、1964年の夏、白人警官に15歳の黒人少年が殺されたのをきっかけに、ハーレム最大の暴動が3夜続いた。この暴動は1968年まで毎夏繰り返され、多くのアパートが放火され（図10-33）、戦場の様子を呈していった。この光景も、近年の高級マンション建設による都市再生で見られなくなっている。

ユダヤ人：2012年でニューヨーク・ニュージャージー地域に206万人が居住し、世界最大のコミュニティを形成

図10-33　放火されたハーレムのアパート

図10-34　審美主義者のユダヤ人の服装[*2]

図10-35　ユダヤ人の専門職への集中状況（1982）[*2]

職業	過大代表の%
医学	231
薬学	478
歯科	299
法律	265
数学	238
建築	70
工学	9

している(図10-34)。一般のユダヤ人は、学問と知識への執着が強く大学進学者が多い。ビジネスや専門職(医者、弁護士、芸術家等)の分野に進出し、中流の上の所得層が多く、黒人とは対極的な存在となっている(図10-35)。

以上のような実態は、混合しても溶け合うことがない分離社会という意味から「サラダボウル(salad bowl)」と評されている。

3) 大衆芸術

20世紀となると消費文化と結びついた芸術が登場する。その舞台は、最初に大衆社会を実現したアメリカ合衆国の中心都市ニューヨークであった。

①ミュージカル

ミュージカルは、1910〜20年代にヨーロッパの作曲家がニューヨークに持ち込んだオペレッタに端を発する。オスカー・ハマーシュタインは「ショー・ボート」でストーリーと音楽を一体化してミュージカルの形式に仕立て上げ、ガーシュイン兄弟が軽快で現代的な音楽を多く提供し、文化的な地位を獲得していった(図10-36)。ミュージカルのキャストはオーディション・システムという民主的選抜方法を採用していることも、大衆芸術ならではの仕組みとなっている。これまで人気を博したミュージカルとして、ウエストサイド物語、サウンド・オブ・ミュージック、ライオンキング、オペラ座の怪人、キャッツ、マイ・フェア・レディなどがある。

②ジャズ

ジャズはニュー・オーリンズで生まれたが、1920年代の禁酒法時代にグリニッチ・ヴィレッジやハーレムに誕生した闇酒場やダンス・ホールで盛んに演奏され、ジャズ・エイジといわれる時代を作っていった。ジャズの大御所が出演し、1920年代にはハーレム・ルネッサンスとも呼ばれた。ジョージ・ガーシュインは黒人音楽をベースに西洋音楽との融合を行い、デューク・エリントンは数多くの作品を世に残し、ルイ・アームストロングは名演奏で一世を風靡した。ハーレムのコットンクラブやアポロ劇場(図10-37)は著名なジャズマンの競演の場となった。

③ニューヨーク派アート

1940年代に戦火を逃れてヨーロッパの画家が渡来し、支援者となったペギー・グッゲンハイムの尽力で新しい表現様式が誕生する。ジャクソン・ポロックはアクション・ペインティングを生み出した。1960年頃にはポップ・アートが誕生し、ありふれた商品や写真などを新しい視点から捉えて、芸術を一般大衆の生活と結合させた。ラウシェンバーグ、ロイ・リキテンスタイン(図10-38)、ジャスパー・ジョーンズ、アンディ・ウォーホル等の作品は大量消費時代のマスメディアや広告と密接な関係を持って迎えられていった。

図10-36 ブロードウェイのミュージカル劇場街

図10-37 アポロ劇場

図10-38 ロイ・リキテンスタインの作品[25]

ワシントン DC

国家の威厳を伝える都市

名称の由来
恒久的な首都として「連邦の市」を建設することとなり、初代大統領に敬意を表してワシントン市と命名された。ワシントン市に加えて、既存のジョージタウン市などを含む地域全体を正式にコロンビア特別区（District of Columbia；略してDC）とし、首都とした。法律上はコロンビア特別区が正式名称で、ワシントンDCは通称である。なお、コロンビアとは、アメリカ大陸の発見者を指す。

国：アメリカ合衆国
都市圏人口（2014年国連調査）：4,604千人
将来都市圏人口（2030年国連推計）：5,690千人
将来人口増加（2030/2014）：1.24倍
面積、人口密度（2014年Demographia調査）：3,424㎢、1,400人/㎢
都市建設：1800年連邦議事堂が完成し、ワシントンに遷都
公用語：なし、（事実上）英語
貨幣：USドル
公式サイト：https://dc.gov/
世界文化遺産：なし

1．都市空間の形成

1）近代の地層

①首都の場所と区域の決定

　植民地であったアメリカはイギリスとの間で経済・租税措置をめぐって対立が生じ、独立戦争が勃発（1775）した。独立宣言を発表（1776）し、フランスとの同盟を背景に戦いが行われた結果、植民地側の勝利となった。パリ条約（1783）によって、独立した13州に加えてミシシッピ川以東と五大湖以南をイギリスから割譲され、正式に「アメリカ合衆国」として独立した。最初の臨時首都はニューヨークに置かれ（1785）、次いで、10年間の暫定首都としてフィラデルフィアが選ばれた（1790）。しかし恒久的な首都建設への要請が強まり、首都所在地法が成立（1790）して、北部と南部のほぼ中間点に位置するポトマック河畔が選ばれ、一辺が10マイル（16km）の正方形の市域に決定された。ワシントン大統領は、アレキサンドリアとヴァージニアの街をこの中に含めるよう指示をし、メリーランド州とヴァージニア州が土地の一部を割譲し、新しい「連邦の市」を建設することとなった。この連邦の市は大統領に敬意を表してワシントン市と命名された（1791）。

　首都の都市計画策定のためピエール・シャルル・ランファンが任命され（1791）、作業を開始して、バロック様式をもとにした都市プランが作成された。このプランは部分的に修正され、改訂版計画（図11-1）が基本計画となって、印刷され公開された（1792）。

　1800年に議事堂が完成し、首都はフィラデルフィアからワシントンに遷都された（1800）。この時の人口は1.4万人である。コロンビア特別区基本法が制定され（1801）、ワシントン市に加えて、すでに独立していた自治体のアレ

図11-1　ワシントンの改訂版都市計画[*3]

キサンドリア市とジョージタウン市を含む地域全体が、正式にコロンビア特別区（以下、ワシントンDC）として編制された。首都の施設建設が進み始めたものの、米英戦争が勃発し（1814）、イギリス軍はこの新しい首都を攻撃、議事堂、ホワイトハウス、財務省など主要な施設が焼かれ、破壊されてしまった。速やかな修復が行われたが、議事堂が最終的に完成するには長い期間を要した（図11-2）。このとき、決定されていたワシントンDCの区域に変更が生じた。区域に編入されていたアレキサンドリアではヴァージニア州に戻る住民投票が行われ、その結果、特別区から

図11-2　ポトマック川対岸から議事堂とホワイトハウスを遠望（1833）[*9]

離脱した(1846)。アレキサンドリア市とアーリントン郡が外れることにより、正方形の形だったワシントンDCは、ポトマック川に区切られた区画を削った変則的な形となった。

②人口増加と都市づくり

南北戦争(1861～65)が開始されると、ワシントンDCは、北軍の駐留と南部からの解放奴隷の流入により、1860年に約6万人の人口が10年ごとに倍増し、1890年には23万人に増加し、都市の整備が必要となった。1899年に建造物の高さを制限する法律が制定され、議事堂より高い建物を規制したため、30m程度の高さの家並みの都市空間が形成され(図11-3)、ニューヨークとは異なる景観の都市となった。

ランファンのプランに沿った都市づくりにより、ほぼ全域で街路は碁盤目状に整備され、議事堂から放射状に伸びる街路が各地区の境界となり、環状交差路から放射状に伸びる街路には各州の名前が付けられた。マサチューセッツ通りでは57の外国大使館が集まり、「大使館通り」の呼称がついた。そこからわずか1kmの場所にあるジョージタウンはイギリスの植民地時代にタバコなどの貿易で栄えた港町だが、そこには、いまだ後期ヴィクトリア朝様式の小さな建物が連なり、イギリスを訪れたような気持ちにしてくれる。このような場所の存在が、ワシントンDCに歴史的な深みを与えている。

2) 現代の地層

①チョコレート・シティ

ワシントンDCの人口は、1900年の28万人が、1930年代のニューディール政策や第2次世界大戦で政府の活動量が増加していったことから、1950年には3倍の80万人となった。ただ、この年をピークに、市域の人口は、郊外開発による人口移動や1960年代の暴動による人口流出によって、2000年には57万人にまで減少した。その後は持ち直して、2010年には60万人となった。しかし、ワシントンDCは、近年、大企業本社、研究機関などの産業集積が進み、昼間人口は、郊外からの通勤者で溢れ100万人を超え、政治・行政だけでなく経済都市ともなっている。

2010年における人口の割合は、黒人50.7％、白人(非ヒスパニック)38.5％、ヒスパニック9.1％と全米平均と比べると黒人が過半数の都市で、「チョコレート・シティ」と呼ばれてきた。しかし、2000年に比べワシントンDCの居住費用が高くなり、黒人は郊外に流出して6.2％減少し、逆に白人は13.8％増加してきている。郊外を含め広域都市圏での人口は、黒人25.3％、白人48.2％であり、黒人の流出があるものの、良質な住宅の多い郊外(図11-4)では白人比率が高い。

②都市圏の年輪的拡大

ワシントン広域都市圏は、周辺のメリーランド州やヴァージニア州の一部を含み、2010年で約558万人の人口を有し、ボルチモアおよびその近郊も併せたワシントン・ボルチモア・北ヴァージニア広域都市圏では、850万人を超えている。

図11-4　郊外の住宅地

図11-3　高さが制限された都市空間(議事堂周辺)

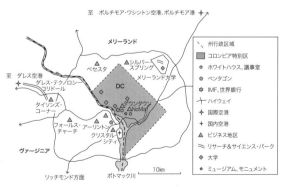

図11-5　ワシントンDC区域の外側に立地が進む都市施設[*10]

図11-6　タイソンズ・コーナー

図11-7　レストン・ニュータウン湖畔住宅地

ワシントンDCの市域は、当初の10マイル四方（256km²）からヴァージニア州側が切り取られたことから、68.3平方マイル（177.0km²）と狭くなった。大規模施設の立地場所が少なく、ペンタゴン（国防総省）、アーリントン墓地、ワシントン・ナショナル空港（国内線）、ワシントン・ダレス国際空港とともに首都や都市圏機能も、ワシントンDC西方のポトマック川対岸ヴァージニア州に建設されていった（図11-5）。この結果、国際空港へとつながるダレス・アクセス道路に沿ってフェアファックス郡の市街化が進展し、タイソンズ・コーナー（図11-6）は、ビジネスセンターを形成している。1964〜80年に、この地域には人口56,000人、面積4,300haのレストン・ニュータウンが民間の手で開発された（図11-7）。生活環境の良くなったこの地域に隣接するアシュバーン地区などにIT産業が集積し始め、その集積規模はシリコンバレーに次ぐものとなり、ダレス・テクノロジー・コリドールと呼ばれている。特に国際空港に隣接するアシュバーン地区はAmazonなどグローバルなデータセンターが集積することからデータセンター・アレーと呼ばれる。一方、ワシントンDC北方50kmのボルチモアとの間は、州間高速と道路95号線、295号線が並行して走りワシントンDCとの間を結合していることから市街化が進み、大規模な都市圏を形成している。ボルチモア寄りには、人口95,000人、面積7,300haのコロンビア・ニュータウンが開発されている。コミュニティ形成に注力したこの開発は、レストンとともにアメリカ合衆国のニュータウンの代表例となっている。

ワシントンの広域都市圏は、ワシントンDCを取り囲む環状495号の外側までワシントンメトロが敷設され、その外側のメリーランド州とヴァージニア州へは、放射状に延びる高速道路の66号、95号、270号によって外延化している。この拡大は、まさに年輪構造の都市圏形成と言える。この広域都市圏は、さらに北方のボルチモア広域都市圏と高速道路が形成する回廊によって結合し、2核型の複合都市圏を形成している。

2. 都市・建築、社会・文化の特徴

ナショナル・モール

①連邦議会議事堂

ランファンのプランに基づき、議会議事堂は、キャピタル・ヒル（英語のCapitalは古代ローマの「カンピドリオの丘」に由来）の小高い場所に、初代大統領ワシントンが棟上げ式を行い建設され、1800年より議会として使用された。しかし、すぐに米英戦争のイギリス軍の攻撃によって中央部が破壊され、再建は1830年までかかった。その後、議員数の増加により1850年代に両翼を大規模に拡張した。もともと、中央部の円形ドームは再建途上に木造で建設したものだったが、拡張後の議事堂のサイズに比し小さくアンバランスだったことから、パリのアンバリッド（廃兵院）を参考に、それまでの3倍の高さで鋳鉄製で建設し直し、さらにバランスをとるため、1904年に議事堂の東正面棟が改築された。高さ88m、直径29mのドームが特徴の新古典主義建築の様式は、全米各州の議事堂のモデルとなり、州都に行くと類似の建物を目にする。ホワイトハウスも1800年に建築されたがやはり焼失し、1817年に再建した。このとき焼けこげた外壁を白く塗装したことから、「ホワイトハウス」と呼ばれるようになった（図11-8）。

②ナショナル・モール

キャピタル・ヒルに議事堂ができても、その前面は大小さまざまな建物が立ち並び、景観は整備されていなかっ

図11-8 ホワイトハウスからジェファーソン記念堂を見る

図11-9 キャピタル・ヒルとモール沿いの大規模博物館コンプレックス

た。そこで、遷都100年を記念し、「国家の威厳にふさわしい」首都を都市美の哲学に基づき建設するため、連邦議会にマクミラン（上院議員）委員会が設置された（1900）。マクミランの計画は、広大なナショナル・モールの整備と周辺の政府機関や記念館の建設、スラム街の一掃、公園・緑地の整備を行うもので、ランファンのプランの壮大な仕上げの事業であった。

ポトマック河畔を埋め立ててリンカーン記念堂が建設されて、巨大なオベリスクのワシントン記念堂を経て議事堂に至る全長約3kmのナショナル・モールが完成した。ホワイトハウスからワシントン記念堂を経る直角の軸線上にはモールの南側にジェファーソン記念堂が建設された。イギリス人の科学者ジェームズ・スミソンの遺産をもとにしたスミソニアン協会はすでに設立されてあり（1848）、このモールの両脇に国立自然史博物館、国立航空宇宙博物館、国立アメリカ歴史博物館など協会が運営する19の博物館並びに研究センターの施設群が配置され、ナショナル・ギャラリー一帯は大規模博物館コンプレックスを形成している（図11-9）。

12 サンフランシスコ

金融とハイテクの都市圏

名称の由来
アッシジの聖フランシスコに捧げる伝道所と要塞が建設された。そのまわりに街ができていきイエルバ・ブエナと名づけられたが、カリフォルニアがアメリカの領土になった時、サンフランシスコと改名された。

市章

国：アメリカ合衆国
都市圏人口（2014年国連調査）：3,283千人
将来都市圏人口（2030年国連推計）：3,615千人
将来人口増加（2030/2014）：1.10倍
面積、人口密度（2014年Demographia調査）：2,797㎢、2,100人/㎢
都市建設：1776年サンフランシスコ・ド・アッシス伝道所と要塞を建設
公用語：なし、(事実上)英語
貨幣：USドル
公式サイト：http://sfgov.org/
世界文化遺産：なし

1．都市空間の形成

1）近代以前の地層：スペインの植民地

コロンブスがアメリカ大陸を発見する（1492）前は、先住民族のネイティブ・アメリカンがこの地域の住民であった。北米には、大小合わせて500ほどの部族がいたといわれる。ヨーロッパ人でアメリカ西海岸に上陸したのは、スペインの航海士カブリョといわれ、1542年にサンディエゴに到着後、オレゴン州あたりまで船を進めた。本格的な入植は1769年からで、イスパニア・カリフォルニア・ミッショナリーと命名されたジュニペロ・セラ神父率いるフランシスコ会のスペイン人宣教師たちが、サンディエゴに始まり北進しながら48kmごとに教会、砦、街の3点セットを21か所建設していった。これはロイヤル・ロードと呼ばれ、この一帯にはスペイン語の地名がつけられ、西海岸の都市名は東海岸の英語名と異なるものとなった。

この頃、フランシスコ会の修道士パルーはスペイン人の34家族とともに、アッシジの聖フランシスコに捧げるサ

図12-2　イエルバ・ブエナの眺望（1847）*3

ンフランシスコ・ド・アッシス伝道所と要塞を建設した（1776、図12-1）。21の伝道所のうち5番目のものである。この地は、イエルバ・ブエナと名づけられ、その後この伝道所は栄えて814人のスペイン人が暮らすところとなった（1802、図12-2）。

2）近代の地層

①アメリカの支配下に

その頃のアメリカ合衆国は東部13州をもって独立した（1776）後、西部開拓で西に領土を拡大し始め、開拓探検隊は、1805年に太平洋岸に達した。一方メキシコは1821年に独立し、カリフォルニアはメキシコ領となっていた。1846年にアメリカ・メキシコ戦争が始まると、イエルバ・ブエナにアメリカの戦艦ポーツマスが到着、街はアメリカ合衆国に接収された。戦争はアメリカ合衆国の勝利に終わり、カリフォルニア、オレゴン、ワシントンの西海岸3州がアメリカ合衆国の支配下（1850）に入り、現在のように大西洋から太平洋に至る大陸をまたぐ国家となった。イエルバ・ブエナはサンフランシスコと改名され（1848）、カ

図12-1　サンフランシスコ・ド・アッシス伝道所（左の建物）

リフォルニア州の都市となった。

サンフランシスコの最初の都市計画は、1839年に、メキシコ政府がスイス人測量技師ジャン・ジャック・ヴィオジェに依頼して策定した。その範囲は狭いものだったが、1847年には、街の発展を予想して範囲拡大され、マーケット・ストリートを都市軸として通し、その北側に住宅地50区画、南側に工業用地100区画が用意された。サンフランシスコの丘陵地形を無視した機械的な区画割りであり、これがその後、都市交通を難しくし、また都市景観を特徴のあるものにしていった。

② ゴールドラッシュ

サンフランシスコ北東のエルドラド郡アメリカン川の渓谷で金が発見されたのは1848年のことだった。このニュースは瞬く間に世界中を駆け巡り、1849年には採掘者は世界中から押し寄せ、数百隻の船がサンフランシスコ港に並んだ（図12-3）。一攫千金を夢見てツルハシとライフルを両手に持った男たちは、この年次にちなんでフォーティ・ナイナーズと呼ばれた。船で到着するやいなや彼らは金鉱へと駆け出し、港にはたくさんの船が放置された。それらは丘に揚げられて建物としてそのまま使われたり、壊されて建設資材となった。人口812人程度（1848）の小さな港町サンフランシスコは、2年の間に25,000人（1850）の都市へと変貌した。中国からやってきた鉱山労働者は、ここに住み着きチャイナタウンをつくった。しかし、1853年ともなると主な金鉱は枯れ果て、移民の流入は止まった。この時期に現在の都心部分の都市計画が策定され、現在のフィナンシャル・ディストリクト、ノースビーチからマリーナ地区、ミッション・ベイの3カ所を大規模に埋め立てることが決定した（図12-4）。

今度は、サンフランシスコから北東に170kmのネヴァダ州のコムストック鉱床で、大規模な銀鉱脈が発見された（1859）。深いところに埋蔵された銀鉱脈の採掘は、金鉱とは異なり資本が必要とされることから、サンフランシスコの資本家たちが資本を投下し、1860～80年にかけて事業を進めた。これらの資本家の多くは採掘に成功して大富豪となり、コムストック・キングと呼ばれた。彼らはその利益を街に再投資して、地域経済を成長させた。道路が整備され、邸宅、ビル、工場などが建設され、銀行、商店、ホテルなどが開業し、イタリア風の4、5階建ての石造建築が建てられていった。また、増加する人口に対応して無法者も増え、犯罪、売春、ギャンブルの巣窟となるバーバリコースト地区も生まれた。流入するさまざまな移民労働者は多様な民族文化を混在させていった。

③ 大陸横断鉄道開通による都市発展

ゴールドラッシュによりカリフォルニアの価値が高まると、アメリカ大陸の両岸を結ぶ鉄道を建設し西海岸を開発しようという機運が高まった。大陸を横断するには、二つの山脈を横切るという難工事がある。鉄道技師セオドア・ジューダは無謀ともいえる計画を立案し、ビッグ・フォーと呼ばれる4人の裕福な企業家がこの計画に応じて鉄道会社を設立、建設実施を大統領と議会に働きかけた。鉄道建設計画は承認され、1869年には開通して、大陸の東西を6日半で往来できるようになった（図12-5）。西海岸の終着駅はオークランドに建設され、サンフランシスコの北端のフェリー・ターミナルとの間がフェリー航路で結ばれた。

鉄道建設には低賃金で安定した労働力が必要である。鉄道会社はチャイナタウン（図12-6）の秘密結社と協定を結び、労働者を中国から直送させるクーリー貿易（一種の奴隷貿易）によって労働者を確保した。15,000人の中国人労働者がサンフランシスコ湾に上陸した。彼らは鉄道建設に

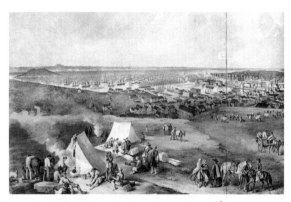

図12-3　黄金を夢見た男たちの住まいと数百隻の船*7

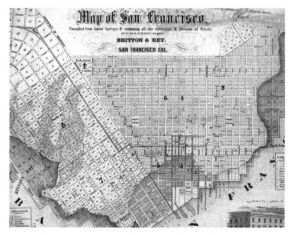

図12-4　1850年代の都市計画（濃いグレーは3カ所の大規模埋め立て地）*3

図12-5 大陸横断鉄道の機関車*3

図12-6 チャイナタウンの街並み*7

は役立ったものの、完成後はこの都市に住み着き、白人から低賃金労働の機会を奪うという結果に至った。そのため1880年には中国人排斥法が合衆国議会で採択され、中国からの移民は禁止になった。

　鉄道建設によって東海岸と結ばれたサンフランシスコは、都市として発展していった。1860～1900年に至る時期は経済が活性化し、6万人弱の人口は34万人へと5倍以上の規模になった。1873年にケーブルカーが考案され、サンフランシスコの急坂を行き来できるようになった。坂の上の丘ノブヒルには、鉄道会社を設立したビッグ・フォーの大邸宅などが立ち並んだ。また一般人にも旺盛な住宅需要が発生し、美しい装飾のヴィクトリア様式の家が大量に供給されていった。かつてのイエルバ・ブエナの場所には銀行、証券取引所、オフィスなどが集まり、高層ビル化し、現在のフィナンシャル・ディストリクトを形成し始めた。マーケット・ストリート周辺には、ホテル、劇場、デパートなどさまざまな施設が建てられていった（図12-7）。そんな時期、サンフランシスコにもニューヨークのセントラルパークのような大規模公園の必要性が叫ばれ、ゴールデン・ゲート・パークの建設計画を公募することになった（1870）。建設場所は砂丘地帯ゆえに植樹は難航し、長い年月をかけて建設され、日本庭園もつくられた。そして20世紀を迎える時点で、サンフランシスコは、「太平洋の首都」を自負するまでになった。

④サンフランシスコ地震と復興

　1906年、大地震がサンフランシスコおよびカリフォルニア北部を襲った。建物は倒壊、火災が発生し、3日間燃え続けて街の3/4以上が焦土と化し、ダウンタウンの中心部はほとんど焼失した。当時、この大惨事による被害は、投資家を不安に陥れないように低く報告された。サンフランシスコの人口約40万人に対し死者は公式発表では約500人、しかし後年の研究では約3,000人とされており、人口の半数以上の225,000人が家を失った。その後復興は急ピッチで進んだ。復興資金はニューヨークの銀行が協力し、保険会社も顧客に補償を認めた。海外の国、特に日本からは多額の経済援助がなされた。復興は急速に進み、2年後には新築と建設中の建物が街を覆った（図12-8）。

　エンバカデロが海岸線のブールバールとなり、テレグラフヒルの頂上に消防士記念塔のコイトタワーが建てられた。シビックセンターは、当時アメリカ合衆国諸都市で盛んであったシティ・ビューティフル運動の影響を受けて新古典主義の壮麗な様式で建てられ、市庁舎はローマのサンピエトロ大聖堂に倣った壮麗なものとなった。ノブヒルの大邸宅のほとんどは倒壊し、旧フラッド邸（現パシフィック・ユニオン・クラブ）を残して、五つ星ホテルに建て替えられた（図12-9）。市民はこの復興の快挙を内外に示す

図12-8 復興後のサンフランシスコ（1915）*3

図12-7 マーケット・ストリートの高層ビル化*7

図12-9 ノブヒルのホテル街

ため、パナマ運河開通記念を兼ねてパナマ太平洋万国博覧会を開催して(1915)、祝った。主要展示施設は、これもすべて新古典様式で建設された。

その後、第1次世界大戦の軍事需要はサンフランシスコの造船業を活性化させ、軍需生産基地が建設され経済は大発展し、金融センターとしての地位も強固となり、摩天楼の建設が行われていった。世界恐慌の時(1929)も、サンフランシスコ・オークランド・ベイブリッジ(1936年完成)とゴールデン・ゲート・ブリッジ(1937年完成)という湾岸地域を結ぶ2大橋梁プロジェクトの実施により、地域経済を維持した。1939〜40年にかけては、2度目の国際博覧会であるゴールデン・ゲート国際博覧会が開かれた。会場はベイブリッジの途中に造成された200haのトレジャー・アイランドで、対岸のオークランドとの中間地点である。博覧会がベイエリアとして開催されたことを示し、サンフランシスコは単独都市としてではなく、ベイエリア都市圏として発展していく時代になったことを意味していた。

3) 現代の地層

①都心の開発

第2次世界大戦中は太平洋岸の重要な軍港となり、造船所が増設され、工場数が増加し、南部出身の黒人が流入して労働者人口は2倍となった。戦後の復員兵や流入した労働者の多くがそのままサンフランシスコにとどまったため、住宅需要が高まり、市街地が拡大していった。1950〜60年代にかけて、都市開発が盛んになった。1972年には、ピラミッド型の尖塔形をした超高層ビルのトランスアメリカ・ビルが完成し、都心地域のランドマークとなった。地区最大の都市開発のエンバーカーデロセンターも完成し、1980年代にはフィナンシャル・ディストリクトに超高層ビルが林立していった(図12-10)。隣接地域に緑の広場、近代美術館、芸術センター、コンヴェンション・センターなどが複合配置されたイエルバ・ブエナ・ガーデンズ

図12-11 フィッシャーマンズワーフ

が完成し、都心のオアシスとなった。港湾機能をオークランド港に移転した後のノースビーチには、イタリア人漁師の街を観光用に再生したフィッシャーマンズワーフ(図12-11)、貨物船の埠頭が再生されたピア39、チョコレート工場の再開発によるギラデリー・スクエア、フルーツ缶詰工場の再開発のキャナリーなど、港湾地域およびその周辺の街の再生が行われた。

1950年代からは、人口は横ばいの70万人台となったが、白人が既存市街地から郊外のベイエリアへ流出していき、アジア・ラテンアメリカ系移民が流入したことから人種構成は変化した。

②ベイエリアの発展

20世紀に入りサンフランシスコの市域は山地を除き市街化され、さらに市域外へと成長していった(図12-12)。その時に起こったサンフランシスコ地震により旧市街が壊滅したことから、増加した人口は、サンフランシスコの湾岸をサンノゼ方面に南進するとともに、湾の対岸のオークランドへと移動した。オークランドはもともと大陸横断鉄道の終着駅が設置されて栄えていたが、地震より前(1900)の人口約7万人は、地震後(1910)には15万人へと倍増した。その後は、ベイブリッジ開通もあり、サンフランシスコとの一体性が強化され、工業、造船所、港湾活動が活性化し、現在では42万人(2014)の都市となった。ただ、低

図12-10 サンフランシスコの現在のスカイライン(左:フィナンシャル・ディストリクト、右:ノブヒル)

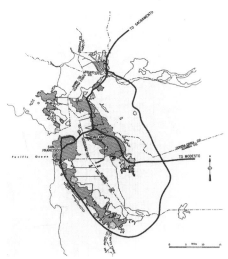

図12-12　1955年のベイエリア*3

図12-13　水際都市フォスター・シティ

図12-14　オラクル・ビジネスコンプレックス*15

賃金労働力の雇用拡大は、多様な移民の流入を呼び、人種の坩堝となり、アメリカ合衆国で最も危険な大都市となってしまった。

　一方、サンフランシスコ半島を南進する市街化は、湾岸沿いに、サンマテオ、パロアルトへと進んでいた。サンマテオでは、土地創出のために干潟を造成して水際都市フォスター・シティ（図12-13）が建設され、高級住宅街となった。サンフランシスコ湾の最南端に位置するサンノゼは、サンフランシスコにミッションが建設された同時期に、スペイン軍の軍事補給基地として集落が形成された。1849年より25年間、サンノゼはカリフォルニア州の最初の州都となり、小都市へと発展した。その後は、果樹、野菜の集散地として発展し、乾燥フルーツ、果物缶詰加工生産地となる。20世紀に入り、サンフランシスコ都市圏の拡大により人口が増加し始め、1950年に約9.5万人の人口は、当時の市長の成長政策により合併によって市域が8倍に拡大され、1970年には45万人を突破した。1970年代後半からはシリコンバレーの中心地となり、人口はその後も増え続ける。1990年にはサンフランシスコを追い抜いて78万人となり、20年には100万人を突破し、Capital of Silicon Valley（シリコンバレーの首都）を名乗る都市となった。他の大都市に比べて所得水準が高く、アメリカ合衆国内の大都市の中で安全度調査第1位となっている。金融・経済の中心サンフランシスコは市域の狭さから人口成長の限界に達し、ベイエリアの諸地域は湾岸沿いにサンフランシスコの拡張地域として発展していった（図12-14）。サンノゼはシリコンバレーの中心として、先端産業の拠点として独自の都市集積を有しており、ベイエリア都市圏は極めて複合性の高い都市圏といえる。この都市圏は、サンフランシスコ、オークランドとその近郊の都市を含めた場合の都市圏人口（大都市統計地域（MSA）、2014）は460万人、さらにサンノゼなどを加えた場合の広域都市圏（合同統計地域（CSA）、2014）人口は870万人である。

2．都市・建築、社会・文化の特徴

1) ケーブルカーとヴィクトリア・ハウス

①ケーブルカー

　丘陵地形を考慮しないサンフランシスコの格子状の街路網は、いたるところに急坂を造り出した。技師のアンドリュー・ハーディーは、坂道で5頭の馬が重い荷物に押しつぶされ命を落とすのを目撃した。この技師は、鉱山用のトロッコを開発した人間であった。その後、彼は地下ケーブルを強力なモーターで引っ張り、このケーブルでレール上の車両を一定速度で走らせることを考え、1873年にケーブルカーという乗り物が生まれた。その後八つの路線が建設され、「サンフランシスコを平らにしてしまった」と評された。しかし自動車の性能の向上により坂道は移動上困難でなくなり、ケーブルカーはお荷物となり、1947年には市長による廃止宣言が出て危機を迎えた。しかし、市民

図12-15　パウエル・ストリートを走るケーブルカー

の強い反対運動によって3線のみが残されることとなった。1982年には大規模修繕が実施され、安全性が高い線路に取り替えられ、市民による大歓迎のもと、1984年に復活した（図12-15）。このいきさつは、バージニア・リー・バートンの絵本『メイベル』に美しい物語として描かれている。

②ヴィクトリア・ハウス

サンフランシスコは、大陸横断鉄道で東海岸と結ばれた後、経済的な発展を遂げた。その1860～1900年に至る時に、6万人弱の人口が34万人へと5倍以上の規模になった。好景気の中、著しい住宅需要が発生し大量の供給が必要となった。これに応えて、先進国のイギリスでヴィクトリア女王時代に首都のロンドンに大量に建設されていた連棟式集合住宅を模した住宅を、当時の住宅専門メーカーがプレハブ方式で大量に供給していった。プレハブとはいえ、電灯、セントラル・ヒーティング、水道の配管など近代的な設備を装備した最新の住宅だった。ヴィクトリア・ハウスと呼ばれるこの住宅は、パステルカラーの凝った造りのファサードを特徴とし、アーチ型の外観を持つイタリアネート様式（図12-16）、円錐形の塔を持つクイーン・アン様式、棒を重ねたような外観のスティック様式の3種類が生まれた。多くのヴィクトリア・ハウスは大地震にも倒壊することなく、今もなお存在し、都市景観を美しくしている。ただ、こうした住宅の大量供給のため、ベイエリアに豊富にあったアメリカスギの森は破壊されていってしまった。

2）シリコンバレー

シリコンバレーとは、サンフランシスコ半島のサンマテオ周辺からサンノゼまでの11の都市からなるサンタクラ・バレーの呼称であり、実際の地名ではない。この地域に大きな変化が訪れたのは、第2次世界大戦が始まった頃である。この戦争で、連合軍はドイツの発達したレーダーに悩まされ、電子技術の必要性を痛感させられた。これから電子戦争が勝敗を決するとの認識が強くなり、秘密裏に、レーダー技術の研究がハーバード大学の研究所で行われていた。その研究所のリーダーであったフレデリック・ターマンは戦後スタンフォード大学教授に戻り、電子工学研究所を創設して、次の大戦に備えて電子戦にかかわる研究をスタートさせ、官学共同軍事研究チームの中心人物となった。スタンフォード大学（図12-17）では電子工学の基礎研究を大学が行い、その成果は大学周辺の地域にある軍需産業で形にし、製品はアメリカ軍に活用するという役割分担を行っていた。この体験から、ターマン教授は「起業の奨励」「大学周辺企業への指導」などの方針を掲げ、大学が研究開発した技術を周辺の企業に活用させた。さらに、大学の広大な敷地の一部を開発してスタンフォード・インダストリアル・パーク（現在はスタンフォード・リサーチ・パーク）を造成し、世界最初のテクノロジー・パークを設立（1953）、企業を誘致していった。ターマンの教え子はヒューレット・パッカードをここに設立した。その後、ここへはイーストマン・コダック、GE、ロッキードなどが入居していった。また、ベル研究所出身のトランジスタの発明者ウィリアム・ショックレーも、シリコンバレーに半導体研究所を設立した。この研究所のスタッフが独立し、フェアチャイルドセミコンダクターや、インテルをはじめとする多くの半導体企業を生み出し、シリコンバレーの名称が生まれた。

その後、シリコンバレーにはベンチャー企業を支援するベンチャーキャピタルが成長し、起業への支援体制が整っていった。近年になると、Apple（図12-18）、Google、Facebook、Yahoo、アドビ・システムズ、シスコ・システムズといったインターネット・ソフトウェア関連の世界的な企業がここに多数生まれた。こうしてIT企業の一大拠点となったことで、シリコンバレーはこの地域におけるハイテク企業全体を表す言葉にもなっている。

図12-16　イタリアネート様式のヴィクトリア・ハウス

図12-17　スタンフォード大学のキャンパス

図12-18　クパチーノにあるAppleの本社

13 ロサンゼルス

自動車中心都市

名称の由来
サンディエゴからサンフランシスコまで最初の陸路を探検したスペインの探検隊の司令官ポルトラが、聖母マリアにちなんでLos Angeles (ポルシンウラの天使たちの女王) と名づけていたのを、その後できた街の名前にしたといわれる。スペイン語のlos ángelesは英語に直訳するとthe angels (天使) である。

国：アメリカ合衆国
都市圏人口 (2014年国連調査)：12,308千人
将来都市圏人口 (2030年国連推計)：13,257千人
将来人口増加 (2030/2014)：1.08倍
面積、人口密度 (2014年Demographia調査)：6,299㎢、2,400人/㎢
都市建設：1771年サン・ガブリエル・アークアンヘル伝道所を開設
公用語：なし、(事実上) 英語
貨幣：USドル
公式サイト：https://www.lacity.org/
世界文化遺産：なし

市章

1. 都市空間の形成

1) 近代以前の地層：スペイン植民地

この地域の近代の歴史は、スペインの植民地時代に、30マイルごとに建設されたフランシスコのミッションのうち、1771年に修道士ジュニペロ・セラがサン・ガブリエル・アークアンヘル伝道所を開設した時から始まり、その情景は絵画にも描かれている。1781年になると、現在オルベラ街として知られている場所に、44人14家族の開拓団が移住し、小屋を建て、集落ができ、天使の女王の町として知られてきた。この小さな町も1820年までに約650人まで人口が増加し、アビラ・アドビ・ハウス (1818年築、ロサンゼルス最古の住宅)、天使の女王の教会 (1822年創設、図13-1)、現オルベラ通りなどが建設され、ロサンゼルス発祥地のエルプエブロ州立史跡公園として保存されている。

2) 近代の地層
①アメリカの時代へ

その後、独立したメキシコの領土となったカリフォルニアだが、1845年にテキサス共和国を併合したアメリカ合衆国はメキシコとの戦争へと突き進み (1846)、戦いはカリフォルニア各地を転戦、1847年2月にはサンガブリエル川沿いで戦闘も行われた。アメリカ合衆国が勝利し、1848年2月の調印により、アメリカ合衆国は1,825万ドルを支払い、カリフォルニアを含む7州の管理権を取得した。

天使の女王の町の近くにはユニオン駅も開設され (1939年)、高級ホテルのピコハウスなどの建物が次々と建設され、自治体となり (1850)、その後、人口は8,000人に増加した。この街のメイン道路はロサンゼルスの中心として、当時の地方判事の名前を取ってオルベラ通りと命名された (1877)。

②油田の発見 (19世紀末)

ロサンゼルスでは、1892年に実業家のエドワード・L・ドヒーニーが現在のダウンタウン近隣で石油を発見し、その後、おびただしい数の油田が発掘された。続いて北西部でも油田が発見され、掘削地域は拡大、ロングビーチでも石油が産出されていった。以後石油産業が発展し、石油発掘会社は1887年に4社であったものが、1900年には250社にまで増加し、20世紀初頭、カリフォルニアは全米最大の石油産出地域となり、産出量は世界の1/4に達した。現在は、中東やメキシコ湾岸からの安価な原油の供給により、掘削はあまり行われなくなったものの、ロサンゼルス空港近くのブレア・ヒルズでは採掘が行われており、その光景を目にできる (図13-2)。

③高層ビルと路面電車

産業の発達に併って、人口は増大し始める。1894年には、最初の不動産ブームで現在のダウンタウンに高層ビルが建設され (図13-3)、さらに1909年の第2次不動産ブームで、高層化が一層進展し、近代都市の様相を呈していった。都市の発展に伴い、都市内の交通網の建設が始まる。

図13-1　ラ・プラチタ教会 (天使の女王の教会、1822)

図13-2 ブレア・ヒルズでの石油採掘

図13-3 第1次不動産ブームの中心部（1894）*5

図13-4 フリーウェイのマスタープラン（1947）*5

1895年にダウンタウンとパサデナ間に路面電車が開通し、ロサンゼルスに市街電車網が形成され、最盛時には2,000台の電車が走っていた。

④モータリゼーションの時代

この頃フォードがT型を発売し（1908）、大量生産方式で自動車の価格を下げることに成功。一般大衆が自動車を持てるようになった。時期を同じくして石油の発掘が進み、ガソリンの供給が安定し、マイカーを中心とする社会が形成された。ロサンゼルスでは、立体交差で信号のない高速道路であるフリーウェイが、1940年最初にパサデナとの間に開通した。フリーウェイ・マスタープランが制定され（1947）、フリーウェイは都市圏全体に網の目のように整備されていった（図13-4）。その後、州間を結ぶフリーウェイがアメリカ全土で整備され、モータリゼーションの時代が始まった。これまで発達してきた路面電車は、1930～60年代の間に次々と撤去され、ロサンゼルスは、世界的に自動車交通の先行した都市となっていった。

⑤映画産業、航空・宇宙産業、商業・貿易の発展

この頃、晴天が多いという気象条件から、映画産業が東海岸からハリウッドに移転してきた。あっという間に数多くの映画スタジオが建てられ、ハリウッドは映画の都となっていった。この天候の良さは航空機の試験飛行にも最適だった。ハリウッドでロッキード・エアクラフト社が、サンタモニカでダグラス・エアクラフト社が発足した。第2次世界大戦には軍用機の需要が増え、この地域には主要な航空機メーカーが立地し、軍用機生産を行い、大戦を支えた。戦後、その技術は宇宙開発産業や電子機器、半導体産業などの最先端産業を発達させた。立地の良さなどから商業流通や貿易の西海岸最大の拠点となり、アジアの大企業の多くがアメリカにおける本社機能をこの場所に立地させていった。

3）現代の地層

①ラテンアメリカとアジア移民

第2次世界大戦前から労働力としてのアジア系移民を受け入れて、ダウンタウン近辺にリトル・トーキョー（図13-5）やチャイナタウンが形成された。1908年にできたリトル・トーキョーは、最盛期には4万人が暮らすアメリカ合衆国最大の日本人街になったが、太平洋戦争により日系人の強制収容が行われ、戦後になっても以前のような勢いは戻らなかった。

第2次世界大戦後は、新しい移民の流入に伴い、さまざまな移民街が形成された。旧来の郊外のモントレーパークなどの地区に新たなチャイナタウンが形成され、他方、コーリアンタウン、リトルインディア、リトルサイゴンなど多様なエスニックタウンが形成されていった。もともとスペイン領であり、古くからヒスパニック系（ラテンアメリカ系）が住んでいたが、第2次世界大戦による労働力不足から、農場労働者導入のための移民流入が緩和され、メキシコからの密入国者の流れを生み出した。1965年の改正移民法による受入れの緩和は、メキシコ、アジアからの移民を急増させ、都市圏人口（2004）の46.5％がヒスパニック系で、非ヒスパニック系白人の36.8％を上回る状態となった。都市圏の外国生まれ人口（2000）は、ラテンアメリカ62.1％、アジア29.64％で、ラテンアメリカとアジア

図13-5 リトル・トーキョー

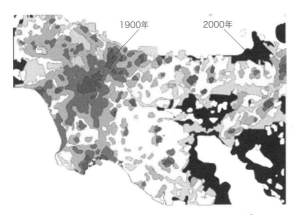

図13-6 ロサンゼルス都市圏の市街化（1900〜2000年）*3

の民族の都市圏となってきている。

②フリーウェイがつくったモザイク型都市圏

経済の活発化は人口を増大させ、縦横に張り巡らされたフリーウェイは牧場などの農地を侵食し、平坦地が続く東方のオレンジ郡へと市街地を拡大していった。土地は、スペイン、メキシコ統治時代からランチョ（大規模牧場）として私有化されてきており、19世紀から活発化した都市開発もランチョ単位で行われていった。モータリゼーションによりどの場所も利便性が確保されたことから、市街地の膨張は無秩序な拡大をし、新たな住宅地がモザイク的に造成され、至るところにショッピングモールがつくられた。ビジネスセンター、インダストリアル・パーク、リサーチパークが立地して産業活動も活発化し、市街地は拡散的に膨張した（図13-6）。この拡大した都市圏はグレーター・ロサンゼルスと呼ばれ、その範囲は、ロサンゼルス郡とオレンジ郡を合わせた2郡の場合と、さらに周辺の3郡を合わせた5郡を指す場合とがあり、2郡の2010年の人口は約1,283万人であり、5郡の人口は約1,788万人に至る。ロサンゼルス市の行政的な統合力の弱さもあって周辺都市を合併できず、都市圏内の各都市の行政界は複雑に入り組んでいる。

ロサンゼルス郡：ロサンゼルス市、ビバリーヒルズ市、サンタモニカ市、ロングビーチ市などが含まれる。これらの都市は、治安維持、税収や税負担、人種構成などが原因で、独立した自治体となっている。

ロサンゼルス市：旧来の市街地のダウンタウン、ハリウッドや映画スタジオの集まるザ・バレーなどで構成される。郊外への拡散が原因で、ダウンタウンは都市圏の規模の割には小規模で、超高層ビルも多くない。かつての繁華街ブロードウェイには、20世紀初頭に建設された高層ビルが立ち並ぶものの、高級専門店は転出し、歴史的なビルには縫製工場や貴金属加工工場が入居し、軽工業と雑貨の街と化している。この地区内には、LAライブ、現代美術館、歴史的な観光地区があるものの、賑わいのある場所を少し外れたり、夜ともなると、治安が悪化する。

ハリウッドとは「ひいらぎの森」という意味だが、この地域の土地開発業者ウィルコックスの夫人がこの名称を気に入り、命名して土地分譲を行った。東海岸から映画産業がハリウッドに移転してきて映画の都となり、現在は、観光の中心である。

ビバリーヒルズ市：土地を購入した（1900）バートン・グリーン夫妻がこの地域をビバリーヒルズと命名し、造園家ウィンルバー・D・コックに依頼して、曲りくねる美しい道のある住宅地を造成した（1907）。優雅なこの場所に魅せられて、当時一流の映画人がここに華麗な邸宅を構えた。ビバリーヒルズ市にはロサンゼルス市より合併の提案が出た（1923）もののこれを断り、上質な住宅地としてのアイデンティティの確保に努めた（図13-7）。現在、全米有数の高級住宅街であるほか、ロデオドライブを中心とした高級ファッションタウンが形成されている。

サンタモニカ市：海岸にある1909年築造の木造の桟橋に代表されるように、100年以上前から海辺のリゾート地

図13-7 ビバリーヒルズの邸宅（故マイケル・ジャクソンの別邸）

図13-8 アーバインのカリフォルニア大学リサーチセンター*15

として賑わい、現在もその人気は高い。

ロングビーチ市：かつては海岸沿いのリゾート地であったが、油田、軍事、港湾を中心に発展し、現在では、貿易港として栄える。観光の目玉として、クイーンメリー号やロングビーチ水族館がある。

オレンジ郡：ロサンゼルス郡の南方向で、サンディエゴ郡に挟まれ、1950年代に急激に人口増加した地域である。アナハイム市は、第1号のディズニーランドができた場所である。アーバイン市は、大牧場のアーバインランチが1960年代に開発され、高等教育機関が充実した良質な郊外市街地となり、全米で最も安全な都市となった。アーバインを中心に南カリフォルニア海岸部一帯には、世界的なハイテク研究地域「テックコースト」が形成されている。テックコースト内は大学や研究機関が集積し（図13-8）、ハイテク関連企業の数はシリコンバレーを上回る。

以上の都市圏を構成するロサンゼルス郡には88都市、オレンジ郡には34都市があり、それぞれがモザイク型都市圏の構成要素となっている。

2．都市・建築、社会・文化の特徴

1) 映画の都「ハリウッド」

アメリカにおける映画の製作は、ニューヨーク周辺やシカゴから始まった。WASPと呼ばれるイギリスからの移民の支配勢力の手にあったが、20世紀に入ると数多くのユダヤ人企業家が映画製作に参入し始めた。当時、映画の製作には数多くの特許が絡み、その権利に関する紛争が多発し、新興グループは既成支配勢力の映画製作妨害に苦しんでいた。そんな状況から脱する方法は、ニューヨークを離れ、はるか遠くのカリフォルニアへと移転し、新しい映画の街を創り出すことだった。未開の地だったヒイラギ林（Holly Wood）のあるロサンゼルス郊外は、天候の悪い東海岸に比較し、1年のうち350日は晴れるという気候条件であり、かつ人件費も大幅に安く、映画を撮るには最適の場所だった（図13-9）。

1907年には早くもハリウッド製の映画が作られ、1911年には15のスタジオが建てられた。1918年の第1次世界大戦終了時には、世界で製作されている映画の80%近くがハリウッド製になった。1920年代になると、それまで零細資本が乱立していたこの業界で、スターと長期契約を交わし配給網と興業網を押さえる経営システムによって業界の再編が加速し、ハリウッド・メジャーと呼ばれる8大

図13-9　ハリウッド・サイン　　図13-10　チャイニーズ・シアター

映画製作会社の寡頭体制が確立されていった。アカデミー賞を創設（1929）した最大の映画会社のMGM（メトロ・ゴールドウィン・メイヤー）や20世紀フォックス、ワーナー・ブラザーズ、パラマウント、ユニバーサル、コロンビアの創立はすべてユダヤ人の新興企業家の手によって行われていった。映画製作は、1926年までにアメリカで第5番目の大きな産業に成長し、ハリウッドは映画の都となった（図13-10）。

その後、1927年の有声映画の出現や1950年代初頭のテレビの登場を、ハリウッドの映画界は技術面や経営面で乗り越えていった。その中で、事業の多面展開の一つとしてテーマパークが生まれた。ユニバーサルはスタジオ開設後の1915年から一般大衆を映画の製作現場に招待するスタジオツアーを開催し、1964年にはテーマパークへと成長させた（図13-11）。ウォルト・ディズニーは、自社のアニメーションに描く魔法の王国を建設するため、スタジオから離れたオレンジ郡に広大な用地を購入して1955年にディズニーランドを開業し、2001年には第2パークのディズニー・カリフォルニア・アドベンチャーを加えて、ディズ

図13-11　ユニバーサル・スタジオ俯瞰

ニーランド・リゾートに発展させていった。

2) スラムとゲイティッド・シティ

全米25の大都市圏の中で、ロサンゼルス大都市圏の世帯平均所得 (2015) は全米平均を若干上回っている。しかし、貧困人口率では全米平均を大きく上回り、全米5位の貧困都市である。これは、富裕層が平均値を上げているものの、人口の多くを占める貧困層との間に二極分化が著しいことを示している。その主たる原因は、増加するヒスパニックを中心とした英語を話さない移民の未熟練労働者である。ラテンアメリカとアジアからの移民による社会問題が生じている。英語を話さない未熟練労働者にとっては低賃金労働の機会しかなく、また押し寄せる移民はその雇用機会すら得ることができない。この結果、ロサンゼルスは犯罪の多発する都市となり、「ギャングの首都」の汚名を着せられてしまった。

ヒスパニック、中国、韓国、カンボジア、ベトナムなど黄色系移民は生活利便のためコミュニティをつくり、そのいくつかはスラムとなり (図13-12)、スラム周辺では犯罪が多発するという悪循環が生まれていく。ダウンタウン南方面には、特に治安水準の悪い地域が多くなっている。この社会状況はロサンゼルスの住まい方を変化させていった。第1に既存市街地から郊外への中流所得層の脱出であり、それが郊外地域を拡大させる原因となった。第2に中流上位以上の所得層のコミュニティ変化である。ビバリーヒルズのような富裕層は邸宅を自ら塀で囲み、犯罪者から自己防衛しているが、それと同様の方法をコミュニティ単位で共同で行うというものである。まわりを塀で囲み、外部との行き来は門を通じ、外来者は門にてチェックするという「ゲイティッド・コミュニティ」である (図13-13)。中世のヨーロッパの都市が外敵から市民を守るために、城壁を建設したのと同じ考え方である。良質な住宅地の多いオレンジ郡にはこの城壁都市が多く、中流上位層向けのシャディ・キャニオンとコベナント・ヒル、中流中位層向けのノースパークはその典型である。治安維持の他、レクリエーション、公園緑地、コミュニティ施設など共有のサービスを計画的な一体開発の中に盛り込み、住宅地として販売する。住宅所有者組合 (HOA) によって訪問者の行動監視など管理・運営の自治を行い、格差を売り物にする民間開発事業として普及している。ロサンゼルスに多いこの住宅地開発手法は、現在では全米各地にとどまらず、世界各地の社会格差の著しい地域において採用されていっている。ロサンゼルスは、貧者のためのスラムと富者のためのゲイティッド・コミュニティという互いに交わらないコミュニティが分散集合した都市と言えよう。

図13-12　ダウンタウン南方のスラム

図13-13　海岸沿いのゲイティッド・コミュニティ

14 ラスヴェガス

砂漠のメガリゾート

名称の由来
「ラスヴェガス」の「ヴェガ」はスペイン語で「肥沃な草原」を意味する女性名詞で、「ヴェガス」はその複数形。これに女性定冠詞（複数形）を付けると「ラスヴェガス」となり、固有名詞となっていった。

市旗

国：アメリカ合衆国
都市圏人口（2014年国連調査）：1,903千人
将来都市圏人口（2030年国連推計）：2,867千人
将来人口増加（2030/2014）：1.51倍
面積、人口密度（2014年Demographia調査）：1,080㎢、1,900人/㎢
都市建設：1905年ラスヴェガス鉄道駅開業、駅前の宅地分譲
公用語：なし、（事実上）英語
貨幣：USドル
公式サイト：https://www.lasvegasnevada.gov/portal/faces/home
世界文化遺産：なし

北アメリカ　North America

1. 都市空間の形成

1）近代の地層

①ラスヴェガス牧場の時代

　山に囲まれた砂漠地帯の真ん中に、小さなオアシスがあった。この場所を毛皮商人の一行が見つけた（1829）ことから、地図の上に登場する。ここに、陸路の探索をしていたジョン・フレモントの一行が訪れた（1844）。その後、モルモン教徒30人がインディアンたちへの布教を目的として定住したものの引き上げ、彼らが使用していた300ha強（約100万坪）の土地に金鉱掘りのオクタヴィウス・ガスたちが入植し、「ラスヴェガス（肥沃な草原）」牧場と名づけた（1865）。牧場としての期間（図14-1）は40年足らずで、転売され、当時のモンタナ州知事のウィリアム・クラークの手に渡る（1902）。クラークは、鉄道会社を所有し、ソルトレーク市とロサンゼルス市とを鉄道で結ぶため、蒸気機関車が必要とする水の供給地を探しており、ラスヴェガスのオアシスに目を付けたのである。ラスヴェガスの名がつけられた頃のネヴァダ州では、1859年にコムストック・ロードで銀鉱・金鉱が発見され、20世紀に入ってトノパやゴールド・フィールドで鉱山が見つかり、ゴールドラッシュとともに鉱石を輸送する需要が増加していった。金鉱夫や労働者も増え、ラスヴェガス周辺は男社会となり、稼いだ金の使い道として「飲む、打つ、買う」の場所が求められていった。この頃、ネヴァダ州ではギャンブルの合法化法案が成立した。しかし、全米ではギャンブルは社会の敵との風潮が広がり、ほとんどの州ではカジノが禁止されていった中、ネヴァダ州は、全米で唯一ギャンブルが許される地域となっていった。

②駅前通りの時代

　クラークの鉄道（後にユニオン・パシフィック鉄道に合体）は1905年3月15日開通予定となり、前日、駅前に30室のホテル・ラスヴェガスが開業した。テントづくりの仮設建築で、客室は大テントの中に30のベッドが並ぶというものだった。鉄道開通の当日、クラークは入手していたラスヴェガス牧場の土地を区画割りして、宅地分譲を開始した。南北に5ブロック、東西に8ブロック、合計40ブロックで、1ブロックに40区画、公共用地を除き合計約1,500区画が分譲された。需要は多く3,000人の投資家が殺到し、駅前通りは1区画800ドル前後で即日売り切れた（図14-2）。この日のうちにテント小屋が立ち並び始め、翌

図14-1　牧場時代のラスヴェガス[*5]

図14-2　分譲地に開業した銀行[*5]

日には商売が開始され、ラスヴェガスの街は立ち上がった。この駅前通りは、探索者ジョン・フレモントの名前を取ってフレモント通りと命名され、ラスヴェガスを含む地域はクラーク郡と命名された。

テント小屋は、数年後には木造やコンクリート造りの恒久建築物に建て替わり、「飲む、打つ、買う」ためのサロンやクラブが軒を連ねた。その中のアリゾナ・クラブは高級クラブとして、鉄道の旅行者を魅了した。1920年には人口は2,304人となり、1921年には最初の空港も開設された。しかし金鉱のブームも終了し、株式の暴落による大恐慌が発生、経済が苦境に陥った頃、ラスヴェガスを改変する出来事が発生した。

1928年に計画されたフーバーダムの建設である。ラスヴェガスの南東のわずか48kmのところに、巨大ダムの建設が1931年より開始された。経済復興のための連邦の公共投資事業であり、ここに働く労働者のためにラスヴェガス郊外にボルダー・シティという街も建設された。ダムの建設は砂漠の街に大量の水供給を可能にし、安価な電力供給もできるようになった。ギャンブルに寛容だったネヴァダ州でも1910年にはギャンブルが禁止されていたが、不況対策の税収確保のため、1931年にギャンブルの合法化を再開した。2年後の1933年には禁酒法が終焉する社会の動きに伴い、フレモント通りに公認第1号のノーザン・クラブが開業、続いていくつかのクラブが開業し、1934年にはネオンサインが灯って夜が明るくなり、ギャンブルの街がスタートした(図14-3)。

2) 現代の地層

①ザ・ストリップへの展開

電力はネオンサインと冷房を可能にし、水は樹木とプールを維持してくれ、車で往来できるハリウッドはショービジネスの人材を供給してくれる。この3条件が、ギャンブルだけでなくエンターテイメントとリゾートの街への変化の道筋を生み出した。フレモント通りには、エル・コルテス・ホテル、ゴールデン・ナゲットができ、ランドマークとなるカウボーイのネオン塔(図14-4)がパイオニア・クラブの屋上に立ち(1951)、ダウンタウンのカジノ街の外郭が固まった。一方、カジノは郊外へと展開を始める。トーマス・ヒルは土地と税金の安い郊外の地を求め、ザ・ストリップ(ラスヴェガス・ブールバール)の一角にエル・ランチョ・ヴェガスを開設した(1941)。このカジノは、プールを持ち、ハリウッドからスターを呼び、リゾート&エンターテイメント・カジノの第1号となった。次いで、同様のタイプのホテル・ラストフロンティア(1942)、デューンズ(1943)、フラミンゴ・ホテル(1947)が開業していき、ラスヴェガスは、ダウンタウンに都市型カジノ、ザ・ストリップに郊外型カジノを持つ娯楽産業都市となった。

②マフィアの進出と撤退

しかし、これがマフィアの関心を呼ぶところとなる。ニューヨークの陰の大ボスとされたマフィアのメイヤー・ランスキがラスヴェガスのカジノ経営進出のため、ベンジャミン・シーゲル(俗称：バグジー、虫けらの意味)を送り込んできた(1944)。まず、1年足らずで既存のカジノが買収、資本傘下に置かれ、独自のカジノとしてフラミンゴ・ホテルが建設された(図14-5)。これまでにない、ハリウッドの社交界を週末にそのまま持ってこようというきらびやかなもので、投資額も600万ドルと破格のものだった。バグジーは投資金の横領により殺害されるが、その後カジノ経営は成功し、ラスヴェガスはハリウッドのスターたちが集まるとともに、マフィアの支配する街となっていった。しかし、マフィアの抗争や暴力はアメリカ合衆国を恐怖に陥れ、連邦政府は本格的な対策に取り組むこととなっ

図14-3 ネオンで明るくなった夜のフレモント通り(1930年代後半)*5

図14-4 シンボルとなったカウボーイのネオン塔*5

図14-5 マフィアの拠点であったフラミンゴ・ホテル*6

た。上院に設立（1950）されたキーフォーヴァー委員会は、マフィアの実態を追及し、その撲滅のための提言を行った。1960年に大統領となったジョン・F・ケネディの弟のロバート・ケネディは司法長官に任命されるやギャンブル関連犯罪の捜査に乗り出し、マフィアの収入源を断つための法制度を制定した。その後、1967～69年にかけカジノ免許取得の法律が改正され、会計のガラス張りを要求することによりマフィアを締め上げ、撤退させることに成功した。

ラスヴェガスはこの時期、ギャンブルの街の汚名を返上し、数多いホテル群を活用して国際会議と見本市の都市に変身させるため、コンヴェンション・センターを開設し（1959）、1970年代にはビジネスマンが世界各地から訪れるようになっていった。また、本格的な規模のマクラーレン空港が開港し（1963）、世界各地からの誘客が可能となった。それとともに、カジノホテルは客が到着するこの空港に近い広い土地を求めて建設されていくこととなった。カジノホテルの性格も変化し始めた。1966年にジェイ・サルノが開業した豪華ホテルのシーザース・パレス（図14-6）は、ローマ帝国の独裁官ユリウス・カエサル（英：ジュリアス・シーザー）の名を冠した古代ローマ様式の重厚な建築デザインで開業した。続いて翌年、サルノの開業したサーカス・サーカスは、サーカスが常時開催され、ギネスで「世界最大の常設サーカス」と取り上げられた。この二つは、建築のテーマ性、アミューズメントのテーマ性を追求したものであり、後のテーマ型カジノホテルの原型となった。

③総合レジャー産業への変身

カジノ免許に関する法改正は、大企業の参入を促した。この変化にいち早く応じたのが大富豪のハワード・ヒューズであり、多くのカジノの買収に乗り出し、1967年末にはラスヴェガスのカジノ売上げの1/4程度を手にし、大企業進出の契機をつくった。また、彼のライバルのキーク・カーコリアンはフラミンゴ・ホテルを買収するとともに、当時世界最大の1,512室のホテル・インターナショナルを開業し、ホテルの大規模化の先鞭をつけた。そしてこの二つをヒルトン・ホテル・グループに売却し（1970）、大規模ホテル・チェーンのラスヴェガスへの参入を促した。マフィアの撤退とともに、ラスヴェガスはビジネスとしての企業経営の場所となった。

新たに開業するカジノホテルはどれもがテーマ性があり、かつ大規模なものとなっていった。カーコリアンは、その後MGMのオーナーとなり、MGMグランド（現バリー）を建設した（1973）後、バリーに売却し、再び世界最大級の新MGMグランドの建設を行った（1993）。このホテルは5,005室の客室を持ち、巨大なカジノスペースやエンターテイメント・スペースのほか子供向けの冒険テーマパークも併設された。カーコリアンはメガリゾート時代を牽引し、「メガリゾートの父」と言われた。

ラスヴェガスのカジノホテルは、男性だけでなく、女性やファミリーも取り込む総合レジャー産業に変身した。1970年には客室合計約2,500室、来街者約680万人だったラスヴェガスは、1990年に約74,000室、約2,100万人、2015年に150,000室、4,200万人へと急成長していった、ザ・ストリップでのテーマ型メガホテルの建設は続く。モンテカルロ（1996）、ニューヨーク・ニューヨーク（1997）、ベラージオ（1998）、ヴェネツィアン、パリス（1999、図14-7）が開業し、ウィン（2005）、シティセンター（2009）、コスモポリタン（2010）と建設が続き、まるで世界の街が集まったようになっている（図14-8・9）。

図14-6　現在のシーザース・パレス

図14-7　パリス

図14-8　ザ・ストリップの昼間の眺望

図14-9　ザ・ストリップの夜間の眺望

ザ・ストリップが急成長する中、中小規模のカジノホテルが中心のダウンタウンは衰退していった。そこで、フレモント通りのカジノホテルは共同出資し、約450mの通りを一体化して一つのメガリゾートとして売り出す戦略「フレモント・エクスペアリエンス」を考えた。通り全体を高さ27mの天蓋で覆い、その天井全体に発光ダイオードを埋め込み、通り全体で光と音のショーが演じられる場所としたのだ（1994、図14-10）。この方策は、世界各地の中心商店街の再生策として著名になった。

④ラスヴェガス都市圏の地域構成

ラスヴェガスは山に囲まれた盆地の砂漠であり、もともと盆地として地理的一体性を保っていることから、このラスヴェガス・ヴァレー自体が都市圏といえる。ラスヴェガス市は出発点となったフレモント通りのあるダウンタウンを中心にして発展したが、その市域はダウンタウンの西と北に広がっており、メガリゾートが立ち並ぶザ・ストリップのほとんどは、市外のウインチェスター町やパラダイス町に位置している。また、ラスヴェガス市の成長の一因となった東南に位置するラスヴェガス・ヴァレー・アーバンエリアは5市11町から構成される圏域だが、その人口はクラーク郡の97％を占めている（図14-11）。

ザ・ストリップにカジノホテルが立ち並んでいった1960年の人口は、ラスヴェガス市が約6万人、クラーク郡が約13万人であったが、1990年には、各々約28万人と約77万人、2014年には各々約62万人と210万人と急成長した（図14-12）。フーバーダム近くに建設されたダム労働者の住宅地ボルダー・シティは、その性格上、飛び地の市街地となっているが、これを除き、市街地はダウンタウンを

図14-10　ダウンタウン再生の戦略、フレモント・エクスペアリエンス

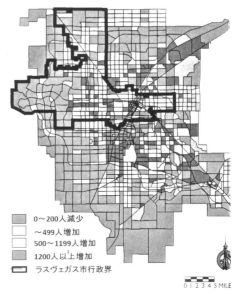

図14-11　ラスヴェガス・ヴァレーの人口推計（2000～2020）[12]

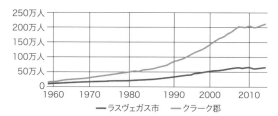

図14-12　ラスヴェガス市とクラーク郡の人口推移*14

図14-13　ラスヴェガスの住宅地

中心に年輪的に形成されてきた。人口増加の主な要因は、カジノ関連産業の発展によるものであるが、就業構成上は1/4にすぎず、他産業の発展も見られる。所得構成は全米に比べると中間層に厚い構成となっており、カジノホテルが立地する地域以外には、中間層向けの戸建住宅を中心とした市街地が広がっている（図14-13）。フーバーダムでせき止められたミード湖より供給される水が届く場所のみが市街地で、それ以外の場所は昔通りの砂漠というのがラスヴェガスの土地の特徴であるが、高級住宅地に限っては十分緑化され、湖面やプールを持つ住区も多い。クラーク郡は2050年の人口予測を行い310万人と推計しているが、水供給は現在が限界と言われている。ラスヴェガス市の2020マスタープランでは、ダウンタウンやザ・ストリップの位置する中心部は、現在交通渋滞が激しく、将来の予測でも一層の混雑が予測されている。そのためラスヴェガス市は、市民にとってのシティセンターを95号線に沿った北西部郊外に建設する土地利用を計画している。また、中心部はすでに再開発の対象地として位置づけられているが、かつての駅の裏手には、クラーク郡庁舎やワールドマーケット・センター、プレミアム・アウトレットが再開発で建設されている。

2．都市・建築、社会・文化の特徴

メガリゾート

　カジノ産業がラスヴェガスという都市を生み出した。さらにカジノはザ・ストリップで10ha以上の用地を活用できるようになってから、3,000室級の客室を持つホテル、エンターテイメント・シアター、都市型リゾート、コンヴェンション・ホール、ショッピング・モール、レストラン等を組み合わせ、テーマを持って夢の世界を演出し集客をするメガリゾートに進化した（図14-14）。スティーヴ・ウィンは、大掛かりなアトラクションを敷設したホテルを誕生させた。火山が爆発するミラージュ（1989）、海賊船が戦うトレジャー・アイランド（1993）、巨大な噴水が踊るベラッジオ（1998、図14-15）などのテーマ型ホテルを開設し、ウィンは、「ミスター・ラスヴェガス」と呼ばれるようになる。同時期、テーマ型の原型を造ったジェイ・サルノのサーカス・サーカスも、ヨーロッパの古城を模したエクスカリバー（1990）やピラミッドを模した建築様式のルクソール（1993）を続いて開業した。ローマ、エジプト、ヴェ

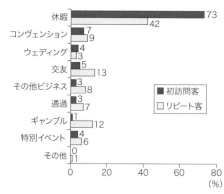

図14-14　ラスヴェガスへの訪問目的*8

図14-15　ベラッジオのプール

図14-16 空が映写されたカジノホール(パリス)

図14-17 建物内のゴンドラと運河(ヴェネツィアン)

ネツィア、パリ、ニューヨーク、ベラッジオなど場所によるテーマ性や、火山ショーや噴水ショーなど演出によるテーマ性も新規の手法を生み出し、メガリゾートはテーマの競演の場となった(図14-16・17)。

エンターテイメントは世界最高レベルとなり、ホテル・インターナショナルの開業時にエルビス・プレスリーが30日間公演した記録を作って以来、有名歌手、ヒット・ミュージカル、ボクシング選手権など既存の出し物のほか、シルク・ドゥ・ソレイユなど前衛的なショーが人気を博し、世界のエンターテイメントの実験場にもなっている。

これらの新しい企画開発は、開発プロデューサーによって行われている。シーザーズ・パレスやサーカス・サーカスはジェイ・サルノ、MGMグランドはキーク・カーコリアン、ミラージュやベラッジオはスティーヴ・ウィンが企画し、投下資金の調達、建設、開業を行い、利益を出したところで投下資金を大きく上回る金額で売却してきた。この結果、2016年現在、2,000室以上のメガリゾート24カ所のうち、70%はシーザーズ・エンターテイメント社とMGMリゾート・インターナショナル社の所有するものとなっている(図14-18)。また、ラスヴェガスのメガリゾート企業は、この開発ノウハウをマカオやシンガポールなどに輸出し、海外拠点を設立してビジネスの場をグローバルに展開している。カジノの売上げは、すでにマカオが世界一となったが、それは、ラスヴェガスのビジネス・ネットワークが成長しているということである。

ホテル名	客室数	開業年次	所有企業
Flamingo	3,642	1946	Caesars Entertainment
The Ling	2,640	1959	Caesars Entertainment
Planet Hollywood	2,567	1963	Caesars Entertainment
Caesars Palace	3,348	1966	Caesars Entertainment
Circus Circus	3,770	1968	MGM Resorts International
Harrah's	2,677	1973	Caesars Entertainment
Bally's	2,814	1973	Caesars Entertainment
MGM Grand	5,044	1975	MGM Resorts International
Stratosphere	2,427	1979	American Casino & Entertainment Properties
The Mirage	3,044	1989	MGM Resorts International
Excalibur	4,032	1990	MGM Resorts International
Luxor	4,407	1993	MGM Resorts International
Treasure Island (TI)	2,885	1993	Phil Ruffin
Monte Carlo	3,002	1996	MGM Resorts International
New York-New York	2,024	1997	MGM Resorts International
Bellagio	3,950	1998	MGM Resorts International
Mandalay Bay	3,309	1999	MGM Resorts International
The Venetian	4,049	1999	Las Vegas Sands., Inc.
Paris	2,916	1999	Caesars Entertainment
Wynn	2,716	2005	Wynn Resorts, Ltd.
The Palazzo	3,058	2007	Las Vegas Sands., Inc.
Encore	2,034	2008	Wynn Resorts, Ltd.
City Center	6,790	2009	MGM Resorts International / Infinity World Development
Cosmopolitan	2,995	2010	The Blaekstone Group

図14-18 ラスヴェガスのメガ・リゾート一覧/2,000室以上、2016年[*7]

15

リオ・デ・ジャネイロ

アフリカの陽気とヨーロッパの洒落っ気の混血都市

名称の由来
ポルトガルの探検家たちがグワナバ湾に到着した時、狭い湾の入り口を河口と勘違いした。それが1月だったので、ポルトガル語で「Rio de Janeiro（1月の川）」と命名した。

市章

国：ブラジル連邦共和国
都市圏人口（2014年国連調査）：12,825千人
将来都市圏人口（2030年国連推計）：14,174千人
将来人口増加（2030/2014）：1.11倍
面積、人口密度（2014年Demographia調査）：2,020km²、5,800人/km²
都市建設：1570年リオ中心部に城壁都市建設
公用語：ポルトガル語
貨幣：レアル
公式サイト：http://www.rio.rj.gov.br/
世界文化遺産：山と海の間のカリオカの景観

1．都市空間の形成

1）近代以前の地層

①中南米唯一のポルトガル語国家

中南米は英語の通じにくいラテン系言語の地域である。そのほとんどはスペイン語圏だが、ブラジルのみがポルトガル語を公用語としている。15世紀に始まった大航海時代に、まず覇権争いをしたのはスペインとポルトガルであった。この争いの調整のため、1494年にトルデシリャス条約が両国の間で結ばれ、勢力範囲が決定した。西経46度37分から東のアフリカ、インド、インドネシアのあたりまでがポルトガル、西の北米、中南米のほとんどと太平洋はスペインの勢力範囲とされた。ただ、南米大陸の中でアフリカに近く、東方向に膨らみインカ帝国が支配していなかった領域のみはポルトガルの勢力範囲とされた。それがブラジルの建国、リオ・デ・ジャネイロの都市成立の原点となった。

②植民地時代（18世紀以前）の街

当初、リオ周辺地域はポルトガル王室にとって価値のある場所とは思われていなかったことから、王室がブラジルを直接統治する中心地はサルバドールであり、そこに主都（総督府）が置かれていた。

1565年ポン・ジ・アスカル（砂糖山）のふもとに最初のポルトガル人居住地を建設、石造りの白い家を建てて住んでいた。先住民は彼ら白人を「カリオカ（白い家の意味）」と呼んだ。これが現在のリオ・デ・ジャネイロッ子を指すカリオカの語源となった。1570年になると、ポルトガル人の開拓者たちは現在のリオ中心部（モーロ・ド・カステル）に移り、城壁や土塁の砦、教会、最初の街路を建設し、ここでリオは街らしきものに発展する。この時期1600年におけるリオの人口は白人750人、先住民と白人の混血3,000人、黒人奴隷100人であるが、その後、先住民はウィルス性の病気（インフルエンザ、はしか、天然痘など）への抵抗力がなく絶滅していく。

③アフリカ色を強める社会と文化

17世紀植民地体制の中で大農場経営によるサトウキビ栽培と砂糖の生産が活発となり、リオはその積出しのための港町として発展する。

この頃、ヨーロッパはイギリス、フランスの2大勢力の時代に移ってきており、ポルトガルはイギリスに接近して植民地ブラジルの安泰を求めた。イギリスは通商上の特権を確立し、リオの港に着く船はイギリス船が中心となっていく。

こんなときに奥地のミナス・ジェライスで金鉱が発見され（1695）、リオとの間に道路が建設されたことから、リオはその積出し港となりブラジルの交通と富の中継都市に発展する（図15-1）。

砂糖生産、金採掘にコーヒーの栽培が加わった産業の発展は一層の労働力を必要とし、大西洋を挟んで目と鼻の先にあるアフリカのギニアを中心とする西アフリカから、黒人奴隷の輸入を進める。この16〜19世紀の時期においてアフリカからの奴隷貿易はブラジル3,647,000人、カリブ海諸島3,255,000人、北米99,000人であり、ブラジルでは北米の4倍近くの奴隷が輸入された。この結果、1808年には6万人のリオの人口の2/3が黒人奴隷となり、この割合は人口が2倍に達する10年後まで変わらなかった。

ポルトガル人は北アフリカの民族との交流も活発であったことから、オランダ人、イギリス人、フランス人のように有色人種の女性に性的な抵抗感を抱かなかった。そのため白人と黒人奴隷との間で性交渉が行われていった結果、次第に混血の人口の増加が進んだ。奴隷主の中には非白人

図15-1 ゴールドラッシュで栄えるリオ*9

図15-2 アフリカ人のリズミカルな音楽*16

の自分の子孫と黒人の母親を奴隷から解放する者も出てきた。こうして、リオでは、アフリカ人の習慣、考え方、行動様式の影響が強くなっていく。アフリカ人は活力に満ち、外交的で陽気であり、明るい色彩、大胆な意匠、派手な帽子を好むことから、リオは活気に満ちた陽気な性格の都市となっていく(図15-2)。リズミカルな音楽のサンバがこうして生まれ、カーニバルへと成長する。

18世紀になると、イギリス商人の支援によるタバコ、綿、コーヒー等の栽培が一層活発化し、経済力を増したリオはブラジルの中での位置づけを高め、総督府がサルバドールからリオに移転し、植民地の主都となる(1763)。18世紀末での人口は5万人を超え、海岸沿いの広場(現在のキンゼ・デ・ノベンブロ広場)には総督官邸が建てられる。リオの景観上の特徴を形成している長さ270m、高さ64mのローマ風の送水路も1750年に完成する。

図15-3 旧大聖堂周辺の街並み

2) 近代の地層
①故郷リスボンをモデルにした帝国首都

こうした植民地の主都としての地位を確保しつつあったリオに、大変化が起きる。19世紀初頭のヨーロッパではナポレオンが各地を制覇し、多くの国や都市がその支配下に置かれていった。1806年にはついにナポレオンはポルトガルに侵攻して、王室はブラジルへと逃走することとなった。イギリス海軍保護によるポルトガル王室のリオ移転が実行され、摂政王子ドン・ジョアンと宮廷貴族1万人の関係者が、1808年、リオに到着した。これを機にリオはポルトガル・ブラジル帝国の首都となり、王子はジョアン6世に即位した。帝国首都のリオには王宮が造られ、王立印刷所、大聖堂(図15-3)、劇場、図書館、裁判所、博物館、大学、ブラジル銀行等の建設が行われ、リオは1827年までに人口10万人の大都会に変貌した。大西洋に面した港湾都市であり、丘や坂道の多い美しい自然環境のリオ(図15-4)は、リスボンによく似ていた。

図15-4 世界遺産に登録されたリオの自然景観

1755年にリスボンでは大震災が起こる。この復興都市

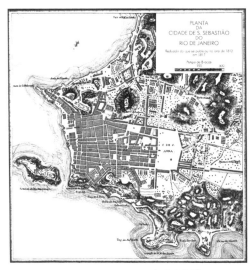
図15-5 リスボンをモデルにした都市建設*6

計画をリオにも移植し、リスボンをモデルにした瀟洒な帝国首都リオ・デ・ジャネイロが誕生することとなる（図15-5）。実際、ドン・ジョアン6世像が立つリオのキンゼ広場はジョゼ1世像が立つリスボンの商業広場によく似ている。

ナポレオンの失脚によって、ポルトガルは復活した。ジョアン6世は王室をリスボンに再建するため帰国した。これを契機にブラジルはポルトガルからも独立した帝国となり、皇太子が初代皇帝ペドロ1世に即位し（1822）、憲法制定、地方自治の枠組みの確立を行い、首都のリオは人口12.5万人に成長していく。

19世紀中盤、イギリスの資本投下のもとでのブラジルは、1次産品・工業原料の綿、砂糖、タバコ、コーヒーを売り、工業製品を買う消費国家として繁栄する。リオには組織労働者と都市ホワイトカラー中間層が登場し、1人当たりの国民所得は南欧・東欧を上回り、日本が足元に及ばない豊かさを持つに至る。1854年には街路にガス燈が設けられ、近郊鉄道が開通することにより、北部郊外への工場の立地、労働者の住宅地が建設されていく。リオ・サンパウロ間に鉄道が開通し、路面電車も開業していくことによりさらに郊外化は進み、リオは都市拡大の一途を進む。1889年、政治体制は帝政から共和制へと移行し、リオは共和国の首都となる。

②パリをモデルにした都市改造（20世紀初頭）

共和制に移行した最初の時期は、それまで続いていた都市改造事業はすべてがストップされた。しかし、1902年最初の文民大統領となったロドリゲス・アルベスは、リオを衛生的で健康的で新しい文明に適応させるため、抜本的な都市改造を行うことを公約に掲げた。そのための人材として、技師フランシスコ・ペイラ・パソスをリオの市長に任命した。市長となったパソスは、1874年時点でリオの都市改造とインフラ整備計画を立案する改良委員会の委員に任命されていた専門家である。この委員会では既存の道路空間を拡幅するほか、中心市街地のセントロ地区と周辺都市部を結合する東西南北の幹線道路を拡張し、交通の流れを改善することが計画されていたが、28年後にようやくその計画が衛生状態改善も含めて実現されることとなった。

セントロ地区では道路拡幅と美観形成が並行して行われていった。ここで、オスマンの都市改造によって道路整備と美観形成を実施したパリがモデルにされた。セントロ地区はリオの歴史的中心であるとともに経済的中心でもあり、リオの看板ともいえる地区である。ここでのリオブランコ大通り（図15-6）、ベイラマル大通りの建設は、それ

図15-6　建設当時のリオブランコ大通り*7

までのポルトガル風の人間的スケールの都市空間を、車社会の都市空間へと変貌させていった。街路整備に続いて1906年に街灯は電灯に変えられ、1909年には市立劇場が建設され、続いて図書館も建設されていった。これらは、パリがベルエポックの様式で変貌していったのと同様のプロセスである。ポルトガル時代の邸宅、宮殿などの都市遺産は消滅し、新しい都市景観の整備と中産階級、富裕層のための住宅地の開発に力点が置かれ、貧困層の住むスラム地区は放置され、ファベーラと呼ばれる不法占拠地発生の原因ともなっていった。その後、貧困層の不満のはけ口であるリオのカーニバルの母体ともなる最初のカーニバル・サンバスクールが、1928年に開設されていくのも興味深い。

一方、市街地拡大を目指した幹線道路整備は、北部方面と南部方面とで行われた。北部は鉄道によってすでに工業化が進み労働者の住宅が建設されていたが、道路整備はさらにその傾向を助長した。南部は海沿いで山が迫っている開発しづらい地域であるものの、トンネル建設も含め、中産階級、富裕層のための市街地として開発が進む。1922年初期に開拓者の街が造られたモーロ・ド・カステルの丘は削られ、その土はブラジル100周年博覧会会場建設の沿

図15-7　修景されたボタフォゴ海岸（100周年博覧会会場跡地）*8

図15-8　コルコバードの丘のキリスト像

図15-10　アトランティカ大通り沿いのコパカバーナの街並み

岸部埋立てに供されていく（図15-7）。現在著名な観光地のコパカバーナ地区へは新旧2本のトンネルが開通し、海浜部を貫通する美しいアトランティカ大通りが絵葉書に見られる景観を創出する。この時期、リオの人口は55万人（1890）から116万人（1920）へと倍増した。

3）現代の地層
①継続した都市改造

ブラジル100周年博覧会を目指してピークに達した都市改造は、その後、独裁者と言われたバルガス政権（1930〜54）の時代も続いていった。コルコバード山頂にキリスト像が建立され（1931、図15-8）リオのモニュメントとなるほか、幅員90mのプレジデンテ・バルガス大通りも建設され、リオに最初に建立されたカンデラリア教会と中央駅、サンボドローモ（カーニバル会場）が一直線に結合され

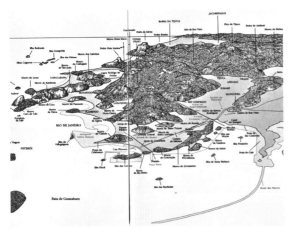

図15-9　埋立てで拡大していった市街地*8

た。セントロ地区はこの東西の大通りと南北のリオブランコ大通りがクロスする都市構造を完成させる。ブラジルの大衆音楽サンバは、バルガス大通りにあるオンゼ広場で生まれるが、バルガスが取った民族主義「ブラジリダーデ」により、サンバは国民音楽として保護され、国民の間に浸透していった。第2次世界大戦で連合国側についたバルガス政権は、戦後も後継者の下で工業の推進力となる。この間、1950年には著名なマラカナン・スタジアムがワールドカップ用に建設され、1969年コパカバーナのアトランティカ大通りが6車線に拡幅されて、さらに西方のイパネマ海岸やレブロン海岸へと市街地が拡大する（図15-9）。この海岸沿いの西部地域は南フランスのコートダジュールを大規模にしたような景観を形成する。パソス市長が始めた都心のベルエポック景観の郊外版が生み出され、コパカバーナパレス・ホテルをはじめとする高級ホテルや高級マンションが軒を連ねる、フランス風のお洒落な都市リゾート地域が形成された（図15-10）。この結果、現代のリオは、中心部のビジネスセンター、山と海の自然に囲まれ高級アパート群が立ち並ぶ南部地区、労働者階級が住まう北部地区という棲み分け構造を持つ都市となった。

②リオ・デ・ジャネイロからの首都移転

その後、産業政策の成功はブラジルの奇跡（1968〜74）と言われる経済成長を達成するが、国土政策の重点は内陸開発に置かれ、経済の中心はリオからサンパウロに移るとともに、1960年にはクビチェック大統領によるブラジリア首都移転が実施され、リオの都市成長は低迷期に入る。

しかし、2000年以降経済成長を続けるブラジルは、2014年のサッカーワールドカップ、2016年のオリンピックを通じ、再びリオの都市成長戦略を展開し、オリンピッ

ク会場となった西部のサン・コンハード海岸地域の都市開発が進められていった。

2. 都市・建築、社会・文化の特徴

1) ファベーラ

第2次世界大戦後は、全奴隷解放法による生活の支援のない解放奴隷、ペレイラ・パソス市長の都市改造計画で居住地から追い出された貧困層、戦争からの帰還兵士、戦争により夫や父親をなくした女性と子供などが当時の首都のリオに流入し、丘の上や郊外の空き地を次第に不法占拠し、住居を建てて共同体を形成していった（図15-11）。貧民窟であるものの、強い連帯感に支えられた独特の都市コミュニティである。1940年、1970年の住宅危機で加速度的に増加し、いまやリオ市民の5人に1人がここに住むとされる。住民は、ファベーラの外の都心などで低賃金の仕事に就いていることが多いが、麻薬、ギャングの抗争といった犯罪問題を有する地区も多い。イパネマ海岸を見下ろす丘にあるリオ最大のファベーラ「ロシーニャ」ではその居住者は5.6万人にもなり、小都市を構成している。

2) カーニバルと音楽

リオのカーニバル（謝肉祭）は、サンバのダンスパレードのコンテストのことである（図15-12）。上位グループが14チーム選ばれ、1チーム3,000〜4,000人もの規模になり、世界最大規模の観光行事となっている。カーニバルへの参加はファベーラに住む貧しい若者の楽しみであり、映画「黒いオルフェ」は、この様子を描いた名作である。毎年上位に入るサンバチームのマンゲイラは同名のファベーラが母体であるが、ここではこれまで実際に、機関銃で武装した警官隊による手入れも起こり、現実は映画さながらである。

サンバは、アフリカの黒人が持ち込んだ熱狂的なリズムを持つ賑やかな音楽がブラジルの陽気さと結合し、20世紀初頭に発展したものである。一方、戦後生まれたボサノヴァは、サンバの複雑なリズムをギター1本で表現したギタリストのジョアン・ジルベルトと作曲家アントニオ・カルロス・ジョビンの作り出したサウンドであり、名曲「イパネマの娘」が生まれたカフェ「ガロータ・ヂ・イパネマ」は、今も健在である。

図15-11　丘を埋めるファベーラ「マンゲイラ」の家並み

図15-12　カーニバルで演じられるサンバのダンス

16

ブラジリア

モダニズムの理想都市

市章

名称の由来
ポルトガルで赤の染料に用いる木に似た樹木を「パウ・ブラジル」と呼び、本国に輸出していた。この代表的輸出産品の呼称が国名の由来となった。「ブラジリア」は、新しい首都の場所が決まる前から長老ジョゼ・ボニファセオがこの名を示唆した結果といわれる。

国：ブラジル連邦共和国
都市圏人口（2014年国連調査）：4,155千人
将来都市圏人口（2030年国連推計）：4,929千人
将来人口増加（2030/2014）：1.19倍
面積、人口密度（2014年Demographia調査）：673㎢、3,600人/㎢
都市建設：1960年ブラジリア新首都誕生
公用語：ポルトガル語
貨幣：レアル
公式サイト：http://www.distritofederal.df.gov.br/
世界文化遺産：ブラジリア（都市そのもの）

都市空間の形成

現代の地層に出現した都市

①建設の決定

ブラジル独立後のナショナリズムの高まりの中で、この国の文化の内陸地方への移転が議論された。20世紀に入ってからも、全国的な産業開発の見地から、ブラジル中央高原への遷都の必要性が何度か検討されてきた。長期間にわたる調査に基づき、快適な気候、人造湖造成に適した地形と雨量、平坦な地形などが考慮され、場所が選択されていった。1956年、大統領選挙の立候補に当たりブラジリア遷都をスローガンの一つとしていたジュセリーノ・クビチェックが大統領に就任し、公約実現に向けて遷都を発表した。大統領の任期である5年以内に建設が間に合うよう突貫工事で進められ、わずか3年10カ月後の1960年4月21日に工事は完成、政府は35,000人の官僚と家族を移住させ、新首都が誕生した。

②プラノピロト
（Plano Piloto：パイロットプラン）

ブラジリアの都市計画は、内外に呼びかけて募集した26の設計案の中から選ばれたもので、ルシオ・コスタ（ブラジル人）の設計によるものである。また、大統領官邸、大聖堂等主要な建築物はニューヨークの国連ビルの設計者の1人として知られるオスカー・ニーマイヤー（ブラジル人）によって、典型的なモダニズム様式の未来的なデザインで造られている。ブラジリアの都市計画の特徴はキリストの十字架のように直交する二つの軸から構成されていることである。これを土地の地形と自然な排水に適合させるため南北の軸を湾曲させ、結果として、全体はジェット機のような先鋭的な形態となった（図16-1）。東西に走る延

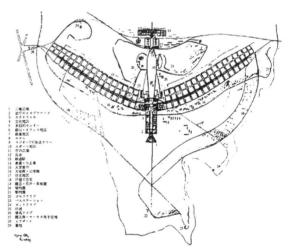
図16-1 ブラジリアのプラノピロト[*2]

長9.75kmの胴体に当たる直線軸は、モニュメンタル軸として首都機能を配置した（図16-2・3）。機首に当たる部分に三権広場が設けられ、その頂点に国会議事堂を配置し、底辺に最高裁判所と大統領府（図16-4）を置いた。延長14.3kmの南北の翼の軸には集合住宅様式の居住機能が配置され、翼と人造湖（パラノア湖）の間に各国大使館などを置き、人造湖の対岸は一戸建ての（高級）住宅地とした（図16-5）。

③連邦区

新しい都市を5年で完成させるための突貫工事には大量の建設労働者が必要で、貧しい人々が職を求めて移住してきた。人口は、遷都前の1959年が約6万人、遷都時の1960年には13万人を超え、住居不足の中、不法占拠地が増えていった。9年後には50万人を超え、不法占拠対策としての衛星都市建設が始まる（図16-6）。理想都市として建設されるプラノピロトから約8万人の不法占拠者を衛

図16-2　モニュメンタル軸

図16-3　カテドラル・メトロポリターナ

図16-5　人造湖対岸の住宅地からプラノピロットを望む

図16-4　大統領官邸

図16-6　衛星都市の建設

図16-7　区画整備された不法占拠地

星都市（現在のセイランディア）に移住させた。その後も国内各地からの移住者が流入し続けて不法占拠は続き、その対策としての衛星都市も次第に遠隔地へと建設されていった。その結果、プラノピロットに近い衛星都市のいくつかは中上流階層が居住する場所となり、遠隔地のものは低所得者の居住地域となっていった。ブラジリアでは、不法占拠はまず居住という既成事実を造った上で、行政に土地の居住権を要求する運動という形で行われていった。組織的な占拠活動であり、不法占拠時に不法占拠を斡旋するリーダーによって道路が広く整備され、敷地も区画統一された都市計画がなされている（図16-7）。この貧困層による不法占拠地はインヴァザン（invasão）と呼ばれ、他の都市で使われるファベーラという言葉はここでは用いられていない。別途、中上流階層による不法占拠も散在する。この場合は不動産業者が主導し、高級住宅地周辺を対象に計画的整備を伴う占拠が行われる。これはコンドミニオ（comdominio）という言葉で呼ばれている。プラノピロットを中心にこれらの衛星都市を含む地域が、連邦区として位置づけられている。

　連邦区全体の人口は、1957年のブラジリア建設当時はわずかに12,700人であったが、1960年の遷都時に約14万人、70年約54万人、80年には約120万人、最近の2010年では連邦区全体で約200万人と急増した。人口増をもたらした衛星都市には、現在約35万人のセイランディアの他、タグァチンガ、ガマ、グアラ、サマンバイアなどの衛星都市が存在する。

　この新首都の建設によって内陸部の開発が進んだが、その一方で莫大な建設費はブラジルの国家財政に大きな負担となって残り、その後の経済不振と高インフレの大きな原因の一つとなった。

　この都市の核となる所は首都機能と関連施設の立地するプラノピロットであり、ブラジリアはブラジルという国家が、ル・コルビュジエが提唱した「輝く都市」の近代都市計画理論の理想に賛同して建設した都市である。ここは1987年に世界遺産に登録されたが、その理由はモダニズムの都市建設実験の地ということだったのであろうか。一方、プラノピロットの外側の衛星都市や不法占拠地域は計画を大きく上回り、現在もさらに増殖中、ブラジルの社会を鏡のように映し出した生活都市である。このような都市開発実験が生み出した社会の実相は世界遺産の対象とはならないのであろうか。この両者の対比を歴史遺産とする視点があってもよいと思われる。

17

クリティバ

人間中心の環境都市

市章

名称の由来
先住民のギラニー・インディアンの言語で「パラナ松（coré）が多い（etuba）」という意味を語源とするといわれている。

国：ブラジル連邦共和国
都市圏人口（2014年国連調査）：3,118千人
将来都市圏人口（2030年国連推計）：4,116千人
将来人口増加（2030/2014）：1.32倍
面積、人口密度（2014年Demographia調査）：842㎢、3,500人/㎢
都市建設：1630年頃ゴールドラッシュによる入植
公用語：ポルトガル語
貨幣：レアル
公式サイト：http://www.curitiba.pr.gov.br/
世界文化遺産：なし

都市空間の形成

1) 近代までの地層

クリティバはブラジリアと対照的に、持続的な計画によってつくられた都市として著名である。

ゴールドラッシュによる入植が1630年頃から始まり、次第に村落が形成されていき、1721年に「クリティバ（Curitiba）」に名前が決定した。1853年にサンパウロ地方の分割により新設されたパラナ地方の主府となり、1894年には格子状の街路計画が策定され、現在の都市構造を形成していった。

クリティバは長い間、地理的条件から畜産売買の中継地となり、マテ茶やコーヒーの産地となった。1867年から中東欧から多数の移民が流入して人口を増加させていき、鉄道も敷設されていった。

2) 現代の地層

1950〜60年代にかけクリティバの人口は倍増し、43万人程度にまで達する。これに懸念を持った市長は新たな都市計画の策定を求め、マスタープランのコンペを開催した結果、パラナ連邦大学の学生で後に市長となるジャイメ・レルネルらの案が最優秀賞を獲った。この案を受け入れた市は、計画立案のためにクリティバ都市計画研究所（IPPUC）を設立した。レルネルはその所長を務め、1971年には市長に就任、この計画を実行に移していった。レルネル市長の政策は、当時主流にあったブラジリアのようなモダニズム建築の実験場ではなく、「人間のための都市づくり」であり、その後もこの方針のもと都市の整備が進められ、現在に至っている（図17-1）。

ゾーニング規制：市内中心部のメインストリートである11月15日通りを歩行者専用モールとし、その後、市内中心部から放射状に設定された都市軸に沿ってゾーニング規

図17-1　総合計画2015[*4]

図17-2　ゾーニングによって形成された高層ビルの都市軸

図17-3 連結バスとシリンダー状のバス停

図17-4 セトール・ヒストリコの歴史建築物

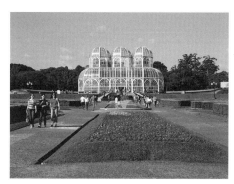

図17-5 ゴミ捨て場にできた植物園

制がなされ、回廊状の高密度地区を設定、開発が進められていった。この都市軸は、高所から軸上の高層建築群として目にすることができるものとなっている（図17-2）。

公共交通システム：多額の公共投資が必要となる地下鉄を安易に導入せず、独自のバスシステムを開発した。3車線の道路のうち、真ん中をバス専用レーンに、両側を一方通行としたトライナリーシステムを整備し、切符売り場とプラットホームが一体化したガラスのシリンダー状のバス停や、大量輸送を可能にする2～3連結のバスを導入した（図17-3）。これらは、均一料金を支払うだけで市内のどこにも行ける統合輸送ネットワーク（RIT）として結実した。それでも自動車利用の増加は防ぐことができず、その対策が求められている。

歴史建築物保全：旧市街セトール・ヒストリコはかつてのポルトガル情緒が漂う歴史的地区であり（図17-4）、ここでは建造物の保全と建設当時の建物ファサードの再生が進められ、ガリバルディ広場のフリーマーケットやオルデン広場の古い教会が観光客の人気となっている。

貧困政策：犯罪指数は低い都市であるが、ファベーラの問題は他都市同様に抱えている。この対策として、「知識の灯台」と呼ばれる低所得者の子供たちが放課後を過ごす施設が小学校の隣に建設され、図書館、インターネット設備などの教育文化資源と自由に利用できる環境を提供し、非行に染まることのないように子供たちの進む道を明るく照らしている。

緑地・環境政策：クリティバ市の市民1人当たりの緑地面積は51.5㎡（2000）であり、東京都の12倍以上の緑に包まれた都市である。ここ30年間、マスタープランに基づき、イグアス川の支流の河川を中心に緑地や生態系を保全し、サン・ロレンソ、バリグイ、バレイニーニャ、イグアスの4公園を整備するとともに、ゴミ捨て場を植物園に変え（図17-5）、石切り場の跡地を公園化し、ユーカリのリサイクル材を活用してオペラ座や環境市民大学を建設した。環境市民大学は市民の環境に対する認識や行動を改善させるためのものであり、これらの成果が、「人間環境都市」としての評価に結実している。これら数々の都市政策への評価は高く、1996年6月には、イスタンブールで開催された市長や都市計画家らによるサミット第2回国際連合人間居住会議（ハビタットⅡ）において、「世界一革新的な都市」として表彰を受けている。

ブラジリアのように、最初にマスタープランをつくりそれを実現させていくのでなく、逐次、計画を立案し持続的に街づくりを進める計画持続都市モデルとして着目されている。

また、日系人が多く居住し、市長、局長、IPPUC所長にも日系人が就任し、都市づくりを行ってきた。

18

ブエノス・アイレス

南米のパリ

名称の由来
スペインの船乗りがこの地に航海してきて、気持ちの良い気候に接し、スペイン語で「buenos（良い）aires（空気、風）」の場所だと伝え、これが街の名前になった。最初の街は、サンタ・マリーア・デル・ブエン・アイレ市（良き風のわれわれの聖母マリア市）と命名された。

市章

国：アルゼンチン共和国
都市圏人口（2014年国連調査）：15,024千人
将来都市圏人口（2030年国連推計）：16,956千人
将来人口増加（2030/2014）：1.13倍
面積、人口密度（2014年Demographia調査）：2,642k㎡、5,300人/k㎡
都市建設：1536年サンタ・マリーア・デル・ブエン・アイレ市建設
公用語：スペイン語
貨幣：アルゼンチン・ペソ
公式サイト：http://www.buenosaires.gob.ar/
世界文化遺産：なし

1．都市空間の形成

1）近代以前の地層：スペイン植民地時代

16世紀中盤にスペインは中南米を植民地化して、支配のため副王を派遣し、その主都をメキシコ・シティとペルーのリマに置いた。当初、ブエノス・アイレスは地理的にも辺鄙な場所であり、金、銀の産出が無かったことから、スペイン人の関心を引かなかった。植民団によりサンタ・マリーア・デル・ブエン・アイレ市（良き風のわれわれの聖母マリア市）が建設されたものの（1536）、先住民の包囲攻撃などのために放棄されていった。しかし、貴金属や皮革、獣脂の輸出に目を付けたスペイン以外のポルトガル、オランダ、イギリスは密輸の拠点として活用し、街は自力発展して、ペルーにいる副王からは「海賊の巣」と呼ばれていた。再度、スペインによるブエノス・アイレスの建設が行われ（1580）、ラプラタ川に面していた場所に要塞を構築し、その背後に5月広場を建設した（図18-1）。現地で生まれたスペイン系の人々は、次第に事業者、大地主層として力をつけ、現地に根を下ろしていった。隣接するブラジルからの侵略があるようになり、スペインはその対抗上、新しい副王領リオ・デ・ラ・プラタを創設し（1776）、ブエノス・アイレスをその主都にした。新勢力のイギリス、フランス、オランダの侵入への対策に海岸防備などのインフラ投資を行うとともに、副王領とヨーロッパとを結ぶ中継地としてブエノス・アイレス港を開港し、牛皮や肉の塩漬け輸出の拠点にした。ブエノス・アイレスは副王領主都としての政治拠点となり、人口は7,500人（1700）から、18世紀末には4万人へと増加した。商業都市としても発展し始め、次第に商人の社会的地位も向上し、開放的な気質の上流階層が生まれていった。スペインは港を中心に経済合理性を重視した格子状街路網の都市計画を実施し、教会や公共施設を配置していった。

2）近代の地層
①独立国家の中心に

ナポレオン1世のスペイン占領に伴う本国の弱体化の中で5月革命（1810）が起こり、市民が副王を追放、5月広場

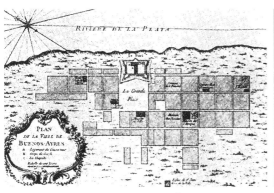
図18-1　要塞と5月広場のある街の建設[*7]

図18-2　自治が宣言された5月広場のカビルト

のカビルトにおいて自治が宣言された(図18-2)。その後、国民議会が招集されて連合州の独立が宣言され(1816)、連合州はその後アルゼンチンとなった。ブエノス・アイレスを中継地とするヨーロッパとの交易は自由化され、手工業者が渡来して生産活動を活性化させ、イギリス商人が進出して輸出と結びつけていった。商業流通が活発化するとともに、農牧経済を支配する大地主層による経済活動が盛んとなった。

産業は次第に多様化し、中産階級や労働者階級が生まれてきた。白人化が進み、白人比率は73%(1807)にもなった。国家統合の仕組みを巡り連邦派と統一派の対立が続いた後、マヌエル・デ・ロサスが政権を取り、独裁恐怖政治の時代となった(1829～52)。先住民を虐殺して土地を部下に分け与え、移民を受け入れ白人化が一層進められた。強力な政治により産業基盤整備がなされ、要塞がある場所に大規模な税関施設が建設され(1850)、上下水道、ガス、路面電車、電力などの都市インフラが整備されていった。

②ヨーロッパ風の街の建設

冷凍船が発明されて生肉のヨーロッパへの輸出が可能になり、小麦の生産とともにアルゼンチンはヨーロッパの穀倉と言われるようになった。イギリスによるインフラ投資によってプエルト・マデロに大型の港の建設が行われた(1880～90)。ブエノス・アイレスが連邦を併合する形で国家統一が実現し、アルゼンチン共和国の成立が宣言された(1862)。サルミエント大統領の就任により欧州文化導入が活発化して、カフェ・トルトーニ(1858、図18-3)をはじめとしてパリ風カフェも街に増えていった。イタリア、スペインなどからブエノス・アイレスに大量の移民が流入し、市の外国人比率は50%にまで跳ね上がり、ヨーロッパ的な街になり、ジェノヴァ人が集まり住んだラ・ボカ地区のような独自の文化様式を持つ地区も生まれた。

法律によりブエノス・アイレスは連邦の首都に定められ、国家予算がこの都市の整備に向けられた。市長に就任したトルクワート・デ・アルベアール(任期1880～87)は、オスマンのパリ改造に倣って、ブエノス・アイレスの都市改造を実施した。スペイン植民地時代の碁盤の目道路網を改変して、アルベアール大通り(1880)、5月大通り(1884)をはじめとする広い街路や斜線状街路が建設され(図18-4・5)、街路の舗装や歩道整備、ガス燈の設置、上下水道整備が進められていった。世界3大オペラ劇場と言われるコロン劇場(1889)や現大統領府で「ピンクの家」と称せられるカーサ・ロサーダ(1890、図18-6)が建設され、都市生誕の場所である5月広場(1900)も整備された(図18-7)。

図18-3　パリ風カフェのトルトーニ内部

図18-4　5月広場から延びる5月大通り*8

図18-5　5月大通りによる都市軸形成*8

図18-6　カーサ・ロサーダ(現大統領府)

図18-7　5月広場(右は大聖堂、左は5月大通り)

図18-8　5月大通り西端の国会議事堂

図18-9　パレルモ公園。まわりは高級マンション街

③南米のパリとしての名声

19世紀末から20世紀初頭にかけて、連邦政府は、ブエノス・アイレスに軽工業を中心とした集中的な産業振興策を実施した。これが功を奏し、1910年には年率4%の経済成長となり、社会構造も安定し、人種構成や文化、建築様式の面からもヨーロッパの都市のような様相が形成されていった。

20世紀の初頭20年間のうちにブエノス・アイレスは、人口158万人(1914)の都会となり、南米のパリとしての名声を獲得していく。グレコ・ローマン様式の国会議事堂が5月大通り西端に建設され(1906、図18-8)、南半球初の地下鉄が5月広場から市内西部に向かって開通した(1911)。中央駅のレティーロ駅が建設され(1915)、その前面広場には独立10周年記念に英国塔がイギリス政府から寄贈され(1916)、ロンドンのビッグベンと同じ音色で時を告げるようになった。フランスとイタリアの様式を結合した中層のプチホテル様式の邸宅が建設され、大規模なパレルモ公園(1920、図18-9)も整備された。その後、上流階級は移民がひしめく中心部を嫌い北部のレコレータ地区へと移動していき(図18-10)、南部は工業地域となり労働者階級の住む場所となった。中心部には移民用のコンヴェンティージョ(すし詰め長屋住宅)が建設され、使い捨てられた邸宅の一部は長屋化していった。この半世紀の間にブエノス・アイレスはパリ風の都市空間を持ち、リオ・デ・ジャネイロのアフロ文化とは異なるヨーロッパ的な文化スタイルの大都会に成長していった。

1914年からの第1次世界大戦では、海外諸国への物資供給地として輸出で繁栄した。経済の繁栄は人口分布も変化させ、上流階級は都心の喧騒を嫌い北部地域に住まいを移し、中心部には労働者街が生まれ活気を生み出した。鉄道や市街電車の普及に伴い、中心部に住み着いていた外国人移民が土地を求めて郊外へと移動をし始め、1914年にかけて郊外への人口移動が顕著となった。この結果、周辺地域にブエノス・アイレスを取り巻く環状市街地が形成された。1930年には、さらに外延部に市街地が延び、郊外が拡大していった。イタリア人を中心とする外国人移民は、郊外に住宅地を所有することにより、新しい中産階級としての社会的な地歩を築いていった。

1930年代に入ると海外からの移民は減少し、内陸の農村からの人口流入が増加した。この労働力に対応するように軽工業を中心として大小さまざまな工場が建設され、ブエノス・アイレスの経済活動は、活発化した。この結果ブエノス・アイレスへの一極集中が進み、1930～52年にかけて、国の人口の34%、雇用の53%、GDPの56%が集中する状態となり、この都市は繁栄を謳歌した。

都市骨格となる大街路が建設された。ラ・プラタ川に沿って走るコスタネーア大通り、街区一つ分を使用し片側8車線の世界一の幅員を持つ道路ができ、独立記念日にちなんで7月9日通りと名づけられた(1937～60年代、図18-11)。この通りには、高さ68mのオベリスクがランドマークとして建てられた(1936、図18-12)。南米一の高さのカバナフビル(1936)が建てられ、高層マンションをはじめ、都心に高層ビルが林立していった。この時期、中心部は都市景観をスケール・アップしていった。

3)現代の地層：人口増大、格差拡大

第2次世界大戦(1939～45)となると、戦場から遠いアルゼンチンは、農畜産物をヨーロッパに輸出して外貨を蓄え、富裕な国になった。ただし富裕層が潤う民衆の貧しさは改善されず、二極化した都市社会は不安定なものであっ

図18-10 レコレータ地区のプチホテル様式の邸宅群

図18-11 幅員世界一の7月9日通り*8

図18-12 7月9日通りのオベリスク

た。そんな時にファン・ドミンゴ・ペロン政権（1946～55）が登場する。「エビータ」こと女優の妻エバによる演説で大統領となったペロンは、福祉を標榜するポピュリズム（人気迎合主義）によって、労働者への福祉バラマキ政策を実施した。貧困層への住宅支援策が積極的に行われ、郊外の市街地をより拡大し、都心部では中産階級用の高層マンションの建設が進み、老朽建物の建替えを促進した。

しかし、国家の支出拡大により財政は苦境に陥り、経済は混乱し、その後、通貨の引き上げ、物価上昇、高率のインフレ等の悪循環をもたらし、現在に至る不安定な経済、政治の遠因となった。アルゼンチンは、その後慢性的な財政赤字、5,000%ものハイパーインフレ（1988）、累積債務と債務不履行、階級対立、腐敗、反米主義などの後遺症に苦しみ、いまだ、この苦境を抜け切れていない。

ブエノス・アイレスと地方農村との経済格差は著しく、農村からの人口流入は止まらない。工業の雇用が少ないブエノス・アイレスでは、流民は低賃金のサービス部門に働き口を求め、「ヴィラ・ミセリア（villa miseria：悲惨な街、図18-13）」と呼ばれる貧民街に住み着き、ブエノス・アイレスの都市社会の社会格差を強めている。2010年の国勢調査で、市の人口は289万人、都市圏（24自治体）で1,315万人であり、人口は市域では微減、郊外で増加の傾向をたどっている。市域と郊外は、無料の環状高速道路ヘネラル・パス通り（国道A001号線、1941）で明確に分けられている。この道路の開通後の1945～80年にかけて起こったスプロール現象は都市圏を拡大し、郊外を肥大化した。郊外では、北西部に中産階級が住み、工業地帯のある南西部と南東部は貧困層が居住するという地域格差が生み出されてきた。

2. 都市・建築、社会・文化の特徴

1) アルゼンチン・タンゴ

タンゴの歴史：移民がひしめき、雑然とした港町ボカ地区でタンゴは生まれていった。多様な人種の坩堝となっている場所で、日々のストレスのはけ口として、最初は男同士で、酒場で酔いに任せて荒々しく踊っていた。次第に酒場女を相手に踊るようになり、男女で踊るタンゴのプロトタイプができ上がり（1912、図18-14）、貧困層を中心に人気を博していった。タンゴ音楽は、アフリカ、ヨーロッパ、ブラジル、キューバなどの多くのリズムが現地の音楽と融合してミロンガが生まれ、タンゴが生み出されてきた。初期のバイオリン、ギター、フルートの演奏スタイルに、移民によって持ち込まれたバンドネオンが加えられ、飛躍的に表現力が向上し、ゆったりとした音楽へと変化した。1917年にはカルロス・ガルデルがタンゴを歌唱し、甘くノスタルジックな歌唱がタンゴを世に広めていった。

第1次世界大戦では戦火にまみれることのなかったアルゼンチンから、多くの裕福な人々がパリに渡った。パリでの社交パーティで男女が向かい合って組んでタンゴを踊

図18-13 駅裏のヴィラ・ミセリア

図18-14　男女の踊りのフォームが確立[*7]

図18-15　華麗な男女のダンス

図18-16　老舗タンゲリーヤ「エル・ヴィエホ・アルマセン」

り、そのスタイルがパリの人々に受け入れられ、もてはやされた(1924)。このパリでのタンゴの大流行が、やがてアルゼンチンに逆輸入され、タンゴは一挙にアルゼンチンの国民的文化へと花開いていった。

1925年にはフランシスコ・カナロのパリ公演が大成功し、その後ヨーロッパ製のタンゴも生まれ、コンチネンタルタンゴと呼ばれ広まっていった。1940年代に入ると、タンゴ黄金時代が到来し、1950年代にはアストロ・ピアソラがジャズなどの要素を取り入れ、官能的で甘いリズムに昇華していった。1983年には本格的なダンスショー「タンゴ・アルゼンチーノ」が出現、パリで大評判をとり、1985年にブロードウェイに進出し大成功を収め、華麗で官能的、そしてキザで艶麗なタンゴに成熟した(図18-15)。1985年以降は世界中の映画監督が映像で取り上げ、タンゴの魅力を伝え人々の注目を高めている。

タンゴの鑑賞と実践：ボカ地区のカミニートやフロリダ通りなどで、街角でタンゴを踊っているのを見ることができるし、タンゴを売りにしている観光客向けレストランも多い。しかし、本格的なダンサーと生演奏を楽しめるのはタンゲリーヤと呼ばれるナイトクラブ・タイプの店(図18-16)であり、5月広場の南側のサン・テルモ地区に多い。一方、タンゴを踊れるのは、ミロンガと呼ばれるダンスサロンである。

2) 港湾地域の再生

ブエノス・アイレスはヨーロッパ貿易で栄え、都市が発展したが、港湾機能は初期の港のボカ地区から中心部のプエルト・マデロに移り大規模化し、さらに現在はレティーロ地区の川沿いに移転していった。かつての二つの港は衰退し、周辺の地域社会も疲弊していったが、近年ボカ地区は都市再生により、プエルト・マデロは都市開発により甦った。

ボカ地区：リアチュエロ川が入り江になる場所は、昔はアルゼンチン随一の港として栄え、イタリアのジェノヴァをはじめとする各地からの移民で溢れかえった。港湾の移転とともに荒廃していったボカの中心カミニート(小径)のまわりを再生しようという動きが、1950年頃から地域住民の中から出てきた(図18-17)。ここで活動していた極

図18-17　ボカの旧港湾

図18-18　タンゴ・ダンスが描かれた長屋

彩色の画家キンケラ・マルティンは、船の表面に塗る鮮やかな色彩のペンキを使って老朽化した建物を彩色し、極彩色の街カミニートを創り出した（図18-18）。彩色された建物は次第に増加してカラフルな街を形成していった。カミニート周辺のコンヴェンティージョ（すし詰め長屋住宅）もレストランや雑貨店に変貌し、タンゴ・ダンサーが街に賑わいを与え、ブエノス・アイレスの観光名所として甦った。

プエルト・マデロ地区：都心の5月広場からラプラタ川に向かって歩くと、南北3kmの幅にわたって細長く約150ha（水面含む）の開発地区が広がっている。かつては砦や税関施設のあった場所に、本格的な港湾として19世紀末建設されたプエルト・マデロは数多くの貨物船が縦列に停泊し、ヨーロッパからの富を運んできた場所だった。しかし近年の船舶の大型化によって港湾として機能しなくなり、荒廃した状況となっていた。1990年にカタロニア工科大学教授ジョアン・バスクエストのチームによって戦略プランが策定され（図18-19）、この地域の再開発が開始された。運河沿いの煉瓦倉庫街はリノベーションされて商業・サービス施設群に変わり、新たに建設された中層、高層の建物は外資企業のオフィスやホテルに、立ち並ぶ超高層ビルは高級集合住宅として建設され（図18-20）、広い並木通りと水辺に面して洒落たレストランやカフェが軒を連ねる場所となった。かつての四つのドックには各々個性を持ったゾーニングがなされ、2隻の帆船が港の歴史を醸し出し、新交通システムが地域内を結合している。さらに東側には広大なレセルバ・エコロヒカ（自然生態保護地域）がラプラタ川まで広がっている。ここには自然と結合した新しい都心が造り出されている。

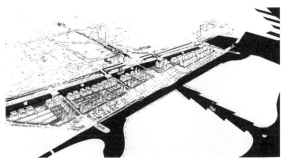

図18-19　ジョアン・バスクエストの戦略プラン*4

図18-20　プエンテ・デ・ラ・ムヘーラ（女性の橋）と超高層集合住宅

19

カイロ (アル・カーヒラ：現地呼称)

アラブ人によるエジプトの都市

名称の由来
この地を征服した(969)ファーティマ朝の司令官ゴーハル将軍が新首都を建設し、アル・カーヒラ(Al-Qahira:勝利者の街の意味)の名を付ける。この英語読みの「カイロ」をヨーロッパの商人たちが広めていった。

国：エジプト・アラブ共和国
都市圏人口(2014年国連調査)：18,419千人
将来都市圏人口(2030年国連推計)：24,502千人
将来人口増加(2030/2014)：1.33倍
面積、人口密度(2014年Demographia調査)：1,761km²、8,600人/km²
都市建設：642年アル・フスタートをミスル(軍営都市)として建設
公用語：アラビア語
貨幣：エジプト・ポンド
公式サイト：http://www.cairo.gov.eg/Default.htm
世界文化遺産：カイロ歴史地区(3大ピラミッドはギザ市に位置する)

市章

1. 都市空間の形成

1) 近代以前の地層

①アラブ人の軍営都市建設

古代エジプトはBC6世紀にペルシャの属領となり、次いでアレクサンダーの支配を経てマケドニアのプトレマイオス王朝が生まれるものの、クレオパトラの時代になるとローマの属領となっていった。ローマが東西に分裂した後は、ビザンティン帝国の属領で古代エジプトの文化は消滅し、コプト教(原始キリスト教)が普及する地域となった。この属領支配の拠点としてトラヤヌス帝は、AD98～117年にバビロン要塞(メソポタミアのバビロンとは異なる)を建設した(図19-1)。

一方、ムハンマドによって生み出されたイスラムは、彼の没後(632)も勢力を拡大し、そのアラブ軍は642年にササン朝ペルシャを破り、ビザンティン帝国に勝利してシリア全土を支配するに至った。それに先立ち、エジプトに迫ったアムル・イブヌル＝アース率いるアラブ軍は、バビロン要塞を包囲して陥落させ(641)、エジプトを支配下に収めた。領土を拡大したアラブ軍は征服後の各地に軍隊の駐屯地を設営し、地域の支配拠点としての軍営都市(ミスル)を建設していった。エジプトでは、アムルがバビロン要塞の隣にアル・フスタート(野営地の意味)をミスルとして建設し(642)、行政拠点であるだけでなく兵士家族の居住地、商工業者の集まる経済拠点として都市活動が営まれる場所となっていった。以降、ミスルはカイロそのものを指し、エジプト全体を指す言葉ともなった。ダマスカスを首都とするウマイヤ朝が創設されるとアムルはエジプトの終身総督となり、フスタートはエジプトの主都の地位を確保し、ガーマ(英名：モスク)・アムルが建設された(図19-2)。現在、この一帯はオールドカイロと言われ、フスタートの廃墟、ガーマ・アムル、コプト教の教会が残る遺跡地区となっている。

7世紀にバグダードを首都とするアッバース朝の時代になると、フスタートの北部のアスカルに政庁が置かれたが、9世紀に入りアッバース朝が弱体化してくると、総督のアフマド・イブン・トゥールーンは事実上独立(868)してトゥールーン朝を設立し、アスカルのさらに北にカターイーの町を築き、ガーマ・アフマド・イブン・トゥールーンを建設した(図19-3)。

図19-1 バビロン要塞(エル・モアラッカ教会の地下に残る)

図19-2 ガーマ・アムル

図19-3 ガーマ・アフマド・イブン・トゥールーン

②アル・カーヒラの建設

10世紀には、チュニジアに興ったシーア派のファーティマ朝はエジプトに遠征軍を送り込んで征服し(969)、カターイーのさらに北の場所に新首都アル・カーヒラ(勝利者の街の意味)を建設する。このカーヒラの英語読みがカイロであり、ここにカイロの都市名が誕生した。カイロは、東西1,100m、南北1,150mのカリフ(イスラム国家の最高権威者)のアル・ムイッズと軍隊のためだけの城郭で、北のフトゥーフ門から南北幹線のバイナル・カスライン(現ムイッズ通り、図19-4)を経て南のズウェーラ門に至り、中央部にガーマ・アズハルと二つの宮殿が配置されていった。その後、ガーマ・アズハルにはマドラーサ(イスラム教神学校)が加えられ、今日1,000年の歴史を誇るアル・アズハル大学となっている。これ以降、カイロは200年にわたるファーティマ朝の首都となるが、新都カイロは軍事・行政拠点として、旧都アル・フスタートは商工業者の拠点として栄えていく。1017年には6代カリフのハーキムはシーア派色を強め、ガーマ・ハリーファ・イル・ハーキムを建設する。しかしファーティマ朝末期には、十字軍戦争のあおりでフスタートは灰燼に帰し、カイロが商工業を含む両方の都市機能を担うようになる。

③サラディーンの城郭建設

ファーティマ朝は十字軍の侵攻に危機を抱きアッバース朝のザンギー政権に援軍を要請し、十字軍は撤退する。その後、援軍のサラディーン(英語読み:正式にはサラーフッディーン)が宰相に指名されたが、すぐにカリフが死去するに及び、ファーティマ朝は滅び、サラディーンは、スンナ派のアッバース朝よりエジプトの君主スルタンに任命され、独自の政権アイユーブ朝を開設した。サラディーンは、十字軍の侵攻に備えて、フスタートとカイロを取り囲む新城壁の建設に取りかかった(1176)。さらにその北の高さ75mの断崖を持つモカッタム丘陵に、現在シタデルと呼ばれる山城を建設した(図19-5)。この城郭建設により現在のカイロの旧市街地が完成していった。そして、シーア派の支配したエジプトにスンナ派を復活させるため新しいマドラーサを建設し、病院の建設も行った。その後主君であったザンギー政権をも取り込み、シリア、メソポタミアを統一し、1187年には、十字軍が建設したエルサレム王国を滅ぼし聖地を回復した。十字軍がエルサレムを占領した時、殺人、暴行、掠奪をしたのに比し、サラディーンは身代金の支払いを条件にキリスト教徒の生命を保障し、高潔、清廉、寛容な人柄でアラブ騎士道の花と称せられた。

④マムルークの栄華

サラディーンはムスリムの英雄であったが、アイユーブ朝の政治体制を確立する余裕がないまま病没したことから、この王朝は脆弱であった。この間、奴隷の身分でありながら騎士教育を受け、スルタンの親衛隊となっていくマムルークが力を持つようになってきていた。1249年にフランスのルイ9世は十字軍を率いてナイル河口に上陸したが、バイバルス率いるマムルーク軍に敗北する。1258年にはモンゴル軍の侵攻にバグダードは陥落し、1260年にモンゴル軍とマムルーク軍との戦いが行われるが、マムルーク軍はモンゴルの征服戦争の中で初めての敗北を与える。司令官のバイバルスはカイロに凱旋し、スルタンに就任する。バイバルスはアッバース朝のカリフを復活させ、マムルーク朝政権を正当化してイスラム世界全体のスルタンとなった。十字軍とモンゴルとを駆逐していったマムルーク朝は、紅海と地中海とを結ぶ経済活動も活発化し、黄金時代を迎える。ガーマ・スルタン・ハサン、スルタン・カラウーン・マドラサなど数多くのモスク、マドラーサ、病院、小取引所などが建設され(図19-6)、ファーティマ朝時代に宮殿が置かれていた場所ハーン・アル・ハリーリは大規模なスークとなり、「千一夜物語」の舞台ともなって

図19-4 バイナル・カスライン(現ムイッズ通り)

図19-5 シタデル

図19-6 ガーマ・スルタン・ハサンなどの尖塔が林立する風景

図19-7 18世紀のカイロ眺望*15

いった。しかし、この王朝も末期になると政治の腐敗や競合国家の登場で終焉を迎える。

東西貿易を独占していたエジプトは、ポルトガルが1498年に喜望峰回りのインド航路を開発すると壊滅的打撃を受け、ポルトガルとの海戦にも敗れ、インド洋の制海権を失った。また、ビザンティン帝国を滅ぼしたオスマン・トルコはエジプトに侵攻し、世界最強の火器でもってマムルーク軍を圧倒し、1517年、カイロに入城しマムルーク王朝は滅亡した。征服者のセリム1世は、カリフや太守、聖職者、商人、職人、知識人など主だった人材数千人を引き連れてイスタンブールに凱旋した。ここに、イスラム世界の中心はカイロからイスタンブールへと移った。これより、カイロには停滞と衰亡の3世紀が流れる（図19-7）。イスラム地区の東側に広大な墓地がある。「死者の街」と呼ばれ、中世以降、死後の安楽を求めて支配層の人々が壮麗な墓地を建設した「死者の街」であり、ここに衰亡の軌跡を見ることができる。現在では、住宅難からこの中にも2万人もの困窮者が住み着く場所となっている。

2) 近代の地層

①ムハンマド・アリーによる近代化

1798年、フランス軍隊が突如エジプトに侵攻し、カイロを占領する。司令官は29歳のナポレオン・ボナパルトであった。相変わらず中世の軍備で立ち向かったマムルーク軍は、戦艦13隻をはじめとする近代式軍隊になすすべがなかった。しかし、イギリス・トルコ連合軍の反撃でフランス軍はカイロを去ることになる。

英仏の軍隊が去った後、頭角を現し人民戦線から支持されたのはムハンマド・アリーで、オスマン政府により総督に任じられた。アリーは、その後、エジプトの支配をたくらむイギリス軍を撃退してアラブ世界の独立を確保し、残存していたマムルーク軍を絶滅して内政の安定を図った。彼は西洋流の文明開化と富国強兵を政策に掲げ、専門教育機関を開設し、ヨーロッパ各国に留学生を派遣した。交流が活発となるにつれ、カイロではヨーロッパ人が増加し、ナイル川に面するブーラク地区には外国人居住区が形成されていった。その後アリーは、オスマン帝国のスルタンより世襲支配を認められ、アリー家は半独立国のエジプトの

図19-8 パリをモデルにした建築群（タラアト・ハルプ広場）

図19-9 ゲジィーラ島眺望

図19-10 ヘリオポリス周辺の開発

図19-11 タハリール広場周辺

図19-12 ゴルフ場付きのミラージュ・シティ

君主となった。アリーは、カイロに記念碑ともいうべきガーマ・ムハンマド・アリーをシタデルに建設する。この建設に際しフランス国王から時計塔が贈られたが、その返礼にアリーはルクソール神殿入り口のオベリスクの一つを贈呈し、これはパリのコンコルド広場のモニュメントとなった。1863年に即位した孫のヘディーヴ・イスマイルは、パリで教育を受け、近代産業を興し、外資の導入を図るとともに、カイロの西方のナイル河畔に至る地域に新市街地を建設した。鉄道、通信網、港湾施設、ナイルの護岸工事、大街路などのインフラ建設とパリをモデルとしたオペラ座、オスマン様式の建築（図19-8）、水道、ガス燈、公園を整備し、アズバキーヤ地区の繁華街を造り、現在のカイロの中心市街地を生み出した。さらにアブディーン宮殿を建設して為政者の居城を移し、シタデルを観光客に開放した。1969年に開通したスエズ運河の落成式にヨーロッパの賓客がカイロに集まることから、その滞在のためにゲジィーラ島のサムリク迎賓館（現在はホテル・マリオット）が建設された（図19-9）。

②イギリスの統治下

カイロの都市整備は財政を圧迫した。イスマイルは財源確保のためスエズ運河会社の持ち株を売り出し、イギリスが即座に買い取り運河の筆頭株主となった。その後も増加する借金を払い続けることができず、イスマイル政権は破産し、エジプトは債権者代表の英仏の共同管理下に置かれた。その後フランスの撤退により、エジプトはイギリスの単独支配下に置かれる。このイギリス統治時代に、ナイル川東岸沿いにイギリスの総督府が置かれて都市開発が進められ、ガーデンシティと呼ばれる高級住宅街が形成されていった。

20世紀に入ると郊外開発が始まり、カイロ東部の古代エジプトの創世神話の地ヘリオポリス近くに個人企業により同名のニュータウン（面積2,500ha）が開発され（図19-10）、カイロの市街地を拡大し始めた。

3）現代の地層

①新市街地の形成

第2次世界大戦後、ガマール・アブデル・ナセル率いる無血クーデターの後、1953年に共和制に移行し、ナセル政権が発足する。以後、4度にわたる中東戦争、スエズ運河の国有化、アラブ連合共和国の成立と解体など政治の激動に首都カイロは翻弄されつつ、他都市同様の都市問題を抱えながら、膨張の一途をたどっていった。カイロの都市圏人口は1952年に290万人であったものが、2006年には1,630万人に達した。

新市街地の中心は、タハリール広場となった（図19-11）。ここには、地下鉄のターミナルが造られ都市交通の要衝となった。広場に面してモガンマアと呼ばれる官僚機構の中枢ビルなどが集結し、デモ隊の集合する場所ともなった。北東のタラアト・ハルブ広場と結ぶタラアト・ハルブ通りや、交差するアスル・イン・ニール通り一帯に繁華街が形成されていった。

②郊外の膨張

人口の膨張は急速な郊外開発を進めた。1958年以降東部の砂漠地帯の開発が政府主導で行われ、ナセルシティが建設され、その東に1980年代にカイロ国際空港が開港、カイロ市街地を取り囲み空港からナイル西岸のギザのピラミッドに至るリングロードが開通した。現在、リングロードに接して広大なニューカイロ・シティが建設中である。

ここでは、ミラージュ・シティ（図19-12）をはじめ高所得層向けの住宅開発が進行している。さらに広域の都市圏形成を進めるため、第2リングロードの建設が進行中である。これに伴い東のスエズ方面には、ニュー・ヘリオポリス、ラマダンの10日シティなどが開発中である。西方面のギザでも10月6日シティ、パームヒルズなどの新都市開発が進められており、ギザのピラミッドは、もはや砂漠に孤立する存在ではなく、市街地に囲まれた遺跡になろうとしている。

カイロは、都市の語源となったアル・カーヒラを都市圏の芯として旧市街のイスラム地区を形成し、近代化の過程で西方に西欧型の新市街地を建設、現代に至り郊外に向かって急膨張し、都市の年輪を形成している。

2．都市・建築、社会・文化の特徴

ギザのピラミッド・コンプレックス

カイロ都市圏の市街地に囲まれつつあるギザの地は、ナイル川デルタの分岐点である。初代王朝の時に建設され、第2王朝時代から第8王朝まで（BC2850～2160）の約700年もの間首都であり続けた都市メンフィスに近い。ギザのピラミッド群は、この都市メンフィスのネクロポリス（死者の都）として建設された。ナイル川を挟んでカイロの対岸、西側の高台の面積2,000haの規模に墳墓群が建設された。ナイルとの間に約40mの高低差を有し、ここを境に砂漠と肥沃な緑の高地とに分かれている。断崖の下にはナイルから引き込んだ運河が流れ、河岸神殿と船着き場が設けられ、ピラミッドとの間を階段でつないでいた。ここにはピラミッドのほか、葬祭殿、小ピラミッド、貴族や高官の墓が配置され、ピラミッド・コンプレックスを形成していた（図19-13）。ピラミッドは亡きファラオを天空に昇らせ、太陽と合体させるための装置と言われる。ギザの3大ピラミッドは第4王朝時代（BC2620～2500）のクフ王（高さ146m）、カフラー王（高さ136.5m）、メンカウラー王（高さ66m）のものであり、クフ王とカフラー王の頂点の高さは同じで、お互いに太陽光線を遮ることのないように配列されている。現在では、建造当時表面を覆っていた表装石が失われて、内部の石ブロックがむき出しとなって大石段のようになってしまっている。体積は250万m³あったものが235万m³に減少している。これは、18世紀までに15万m³分の石材がカイロの建築物に転用されたためである。

カフラー王のピラミッドには、ファラオの顔とライオンの体を持つ神聖な存在であるスフィンクスが配置されている（図19-14）。岩山を丸ごと削って作られ、高さ21m、長さ73mある巨大な彫像である。長い歴史の中でスフィンクスは何度も首まで砂の中に埋まり、そのたびに掘り起こされて修復されてきた。カフラー王の肖像と言われる顔が削られているのは、風化というよりも、マムルーク時代にマムルーク軍の砲撃練習の標的にされたためである。

いまやカイロ地下鉄の路線はギザまで延び、またカイロ大学やカイロ動物園もギザにあり、カイロとギザはナイル川を挟んで一体化した都市となっている。

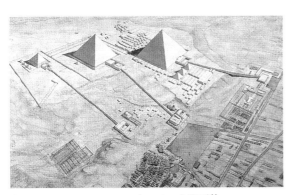

図19-13　ピラミッド・コンプレックス鳥瞰図[*11]

図19-14　カフラー王のスフィンクス（現在）

20 フェズ

千年前に時間旅行できる都市

名称の由来
フェズ（アラビア語：Fez、Fèsフェスとも表記される）の語源を記した資料は無い。豊富な水量を誇るフェズ川畔に建設されたことからと推測されるが、都市名と河川名のいずれが先かは定かではない。

国：モロッコ王国
都市圏人口（2014年国連調査）：1,061千人
将来都市人口（2030年国連推計）：1,559千人
将来人口増加（2030/2014）：1.47倍
面積、人口密度（2014年Demographia調査）：83㎢、12,800人/㎢
都市建設：808年イドリス2世フェズに都を建設
公用語：アラビア語、ベルベル語
貨幣：モロッコ・ディルハム
公式サイト：http://www.fescity.com/
世界文化遺産：フェズ旧市街

1. 都市空間の形成

1) 近代以前の地層

①遊牧民のベルベル人が先住者

マグリブ（没するところ）と呼ばれる北アフリカ地域は、紀元前の昔から先住の遊牧民族ベルベル人が住むところであった。BC40年頃ローマ皇帝アウグストゥスはローマの植民地として、フェズから約50km離れたところのヴォルビルス（世界文化遺産）を都として統治をした（図20-1）。その後、ゲルマン民族の一族バンダル人や東ローマ帝国による支配を経た後、イスラム人のウマイヤ朝（首都：シリアのダマスカス）が勃興しアラビアからモロッコに至る地域を支配したが、ベルベル人の諸部族は反乱を起こす状況となっていった。しかし、ウマイヤ朝は750年にアッバース朝（首都バグダード）に滅ぼされ、イスラム体制派（スンナ派）による官僚型組織のイスラム国家が誕生する。

②イスラム王朝の首都建設（イドリス朝：789）

これに反発したイスラム原理主義派（シーア派）のムーレイ・イドリス1世（第4代カリフであったアリーの子孫）は反乱を企てたが、失敗してモロッコに亡命してきた。789年、彼はベルベル人の力を借り、ヴォルビルスに近接する場所にモロッコ初のイスラム国家イドリス朝を設立し、都の名称をムーレイ・イドリスとした（図20-2）。丘の上に白い家並みが山頂まで続くこの都市は、聖域としてイスラム教徒以外は足を踏み入れることができなかったことから、広く世に知られることが無かった。イドリス1世はその後、アッバース朝の刺客により毒殺される。

その息子のイドリス2世は808年にフェズに都を移転し、フェズ川の右岸のアンダルス地区に先住民ベルベル人の居住地を建設し、スペイン騒乱によりコルドバから逃れた1,400家族を住まわせた。左岸のカラウィン地区には、チュニジアのカイラワーンから移住してきた300人の家族を住まわせた（図20-3）。フェズ川の左右両岸に、それぞれの丘を取り囲む城壁と複数の城門が建設され、各々の市街地の中心にカラウィン・モスク、アンダルス・モスクが建立され、両岸は架橋されて往来が可能な市街地構造が形成された。支配階級のアラブ人、先住民族のベルベル人、ユダヤ人、スペイン文化を持つアンダルス出身者、地中海沿岸のカイラワーン出身者などのさまざまな民族は、民族間で街区を形成して市街地に多様性を生み出していった。その後、チュニジアのファーティマ朝の支配（917）の後、イドリス朝がフェズを奪回し、北モロッコの諸部族をベルベル人の王国の下に統一した。しかし、その後はスペインの

図20-1 ヴォルビルスのローマ遺跡

図20-2 ムーレイ・イドリスの眺望

図20-3 カラウィン地区の眺望

後期ウマイヤ朝の支配下(974)に置かれ、コルドバの支配下になるもののウマイヤ朝は滅亡し、イベリア半島からの文化流入で技芸、建築、学術が発展していった。その後、1056年には、ベルベル人のユーセフ・ベン・ターフィンによるスンナ派のムラービト朝が勃興し、首都はマラケシュに移転する。1069年にターフィンはフェズに侵入し、二つの城壁のフェズ川部分を取り去り、両市街地を包含する新城壁を建設し、要塞も築きフェズ・エル・バリ(古い街)が完成する(図20-4)。首都はマラケシュに移転したものの、フェズは交易を中心とする商業都市として発展していった。その後、ムラービト朝はモロッコ全土から西アルジェリアに至る地域を征服し、スペインに進出して南部のアンダルス地域も征服していったことから、モロッコにおいてベルベル、アラブ、アンダルスの融合文化が育まれ、フェズは、その学問、芸術の中心地として繁栄していった。

1147年になると、急進的な宗教改革を目指すムワッヒド朝が勃興しムラービト朝を滅ぼし、その版図を拡大していく。フェズは支配下に入るがアグダール庭園をはじめいくつもの庭園が配置され、快適な都市となった。しかし、スペインにおける勢力拡大の過程でキリスト教徒のカスティーヤ王国と戦いを続ける中、1212年には敗北し、マグリブはモロッコ、アルジェリア、チュニジアの現在の3地方に分裂するに至る。しかし、フェズでは、敗北したスペインから亡命してきたアンダルス人が絹織物、革工芸、金属工芸の技術をもたらし、華麗な装飾技術を中心とした文化が花開くという結果をもたらしていった。

③再び首都に戻る

1248年になるとアルジェリア東部で建国したベルベル人のマリーン王朝がマラケシュを攻略し、フェズへと都を戻した。マリーン朝は前王朝派や住民の反乱対策のため、1276年にフェズの城壁の西側の高台に、軍事・行政施設

図20-4　フェズ・エル・バリのメディナ鳥瞰

図20-5　ジュディッド地区の庭園

を集約させた城塞地区フェズ・エル・ジュディッド(新しい街)を建設した(図20-5)。二重の城壁で囲まれたこの地区の中に王宮と新政庁が配置され、ユダヤ人地区や兵舎も配置された。フェズ・エル・バリとの間は500m程離して配置され、二つの城壁都市を隔離かつ結合するフェズ独特の都市構造が完成した。マリーン朝は200年続くが、14世紀には黄金期を迎え多数のモスク、マドラーサ(イスラム教神学校)などが建設され、この市街地には約10万人が居住した。しかし、15世紀半ばになるとペストの流行と各地での反乱により衰退し、1472年にフェズを都とするワッタース朝に変わる。1492年に誕生したスペイン王国によるレコンキスタ(国土回復運動)により、グラナダのアルハンブラ宮殿が陥落し、イスラム勢力はヨーロッパより追いやられる。キリスト教勢力はモロッコに侵入、太平洋沿岸諸都市はポルトガルの支配下に置かれる。1549年に興隆したサハード朝はモロッコを統一した後、ポルトガル軍を破るものの、首都はマラケシュへと移転、その後、現在に続くアラウィー朝が1666年に興るものの、首都はメクネスとなり、フェズに戻ってはこなかった。

④メディナの都市空間構成

イスラム都市として形成された旧市街(メディナ)のフェズ・エル・バリは現在、世界最大の迷路都市と評されているが、このメディナの空間は無秩序に造られているわけではなく、構成の原理を持つ。まず、都市の立地は、近くに水源となる河川があり、大モスクを建てるための小高い丘があるところが選ばれる。都市内幹線街路は城門と大モスクを結合する形で配置され、幹線街路に沿ってさまざまな施設が立ち並んでいく。

フェズ・エル・バリのフェズ川左岸地区では、6カ所の城門からカラウィン・モスクに向かい、右岸地区では3カ所の城門からアンダルス・モスクに向かい、幹線街路が集中する。中心部のカラウィン・モスクのまわりにはマドラーサやキッザリア(屋内専門商店街)が配置され、こことブージュルード門(図20-6)との間をタラー・ケビーラ(図

図20-6　ブージュルード門

図20-7　幹線街路タラー・ケビーラ

図20-8　フランス大通り沿いのアーケード建築

20-7)とタラー・セギーラの2本のメインストリートが結び、この通りに沿いスーク(専門市場)やフンドゥック(隊商宿)が配置されている。通りの各所に街区門があり、街区門の中は通り抜けが可能な街区通りとそこから派生する袋小路が街区に張り巡らされ、近隣生活施設を整えたコミュニティ空間が形成されている。この袋小路は行き止まりの細街路であり、住民専用の場所となっている。この街路構成が生活者にとってのプライバシーと治安を維持し、外来者にとっては迷路状で侵入しにくい空間となっている。

2) 近代の地層：フランスの植民都市形成

アラウィー朝の時代、ヨーロッパ列強の侵攻は激しくなり、1912年のフェズ条約によりモロッコはフランスの保護領となった。保護領の初代総督ユベール・リヨテは首都をラバトに移転するとともに、モロッコ主要都市の近代的都市建設を開始した。その都市政策は西欧人と現地人の居住地を明確に区分けする分離政策であり、この政策を実施するためフランス人都市計画家アンリ・プロストが招聘された。プロストは当時の母国における歴史的な都市景観保護の潮流を踏まえて、分離政策に基づき旧市街の保全を行い、新たに新市街地を近代的な都市計画に基づき建設することとした。ヴィル・ヌヴェルと呼ばれるこの市街地は、旧市街の西側、フェズ川の上流に配置された(1916)。都市デザインは、オスマンのパリ改造に倣ったバロック的な都市空間構成であり、西端に位置するガリエル広場からは放射状に3方向に街路が延び、その真ん中の街路のフランス大通り(現アッサン2世通り)が新市街地を貫き、外へ出るとムーレイ・ユースフ通りと名を変えてフェズ・エル・ジュディッドに結合していく。土地利用計画は、アーケード付きの建築様式を条件とする住商ゾーン(図20-8)、ヴィラ(前庭付き戸建住宅)様式を建築条件とする余暇ゾーン、駅周辺の産業ゾーンの3ゾーンより構成され、アール・デコ様式の建築からなるバロック型都市空間が1920～30年代に建設されていった。1940年代前半には、この新市街地の人口は3万人を超えた。こうしてフェズは、イスラムの迷路型都市空間とオスマンのバロック型都市空間が隣接する都市構造となった。この間に、1925年にモロッコはフランスが直接統治する植民地となり、1930年代にはそれに反発する民族運動が盛んとなり、フェズはレジスタンスの拠点となっていった。

3) 現代の地層

フランスの保護領政府は、この都市政策と並行して植民地の入植者に経営の主導権を与える農地改革も行った。この結果モロッコ農民の失業を生み出し、彼らは離村し都市に大量に流入してきた。フェズの旧市街の人口は1930年頃に約8万人、1950年には17万人に増加し、スクオッター(不法占拠によるスラム)が増加していった。保護領政

図20-9　不法に立体増築される規格住宅

図20-10　アイン・カードスの過密なスラム

府はその防止のための住宅政策として、量産型規格住宅による郊外地計画を立案し、新市街地北方のアイン・カードスの開発を住宅供給公社に実施させた。しかし、インフラ整備は行われたものの、低層を前提に供給された規格住宅は押し寄せる流民の手で次第に上層に不法増築され（図20-9）、過密なスラム市街地と化していった（図20-10）。

第2次世界大戦後の1956年にフェズはフランスから独立したが、政情が安定するに従い農村部からの人口流入は激しくなり、1960年時点のフェズの人口20万人強は、1980年に約50万人、2000年代には約100万人へと急増してきた。この増加人口に都市政策は対応できず、市街地の外周部にシテ・ポピュレールと呼ばれるスプロール状の現代市街地が形成され、人口の過半を収容していった。近代以前の迷路型都市と近代のバロック型都市は一定の秩序のもとに形成された都市であるが、現代の郊外市街地は不動産開発の市場原理のみで建設されていった無秩序な市街地であることは皮肉である。

2．都市・建築、社会・文化の特徴

1）メディナの生活空間構成原理

①街区の構成

幹線道路から街区門の中へ入ると、街区通りと袋小路（図20-11）でコミュニティ空間が形成されている。フェズでは、邸宅もこの袋小路の奥に立地し、富者も貧者も混在している（図20-12）。街区（ハーラ）は、100～数百軒の住戸とコミュニティ施設で構成されている。地区モスク（図20-13）、ハマーム（公衆浴場）、共同水汲み場、公衆水洗便所、食料品店、共同パン焼き店等のコミュニティ施設があり、宗教的規律のもと、衛生的で合理的な生活が営まれてきたことを示している。

②空間構成のガイドライン

近代欧米の街路計画は、自動車という機械の移動を前提にマクロな秩序のもと、広幅員の街路が幾何学的に配置され、それに住戸配置が従う形態となっている。これに比し人間の歩行を前提とするメディナの街路計画は、幹線道路や大モスクなどの象徴施設の配置にはマクロな秩序があるものの、いったん街区の中に入るとそこは、人間の住む住戸単位が中心となったヒューマンスケールのミクロな秩序によって構成された空間である。住戸が細胞のように増殖していく過程で生活のための最小限の隙間のように街路が形成され、迷路空間が生まれていった。しかし、この迷路は無秩序に形成されたのではなく、イスラム法に基づく隣人の権利、義務の規定に従っている。この規定は、イブン・アッラーミー（1334没）の「建築規定手引書」として残されており、そこでは、通りの幅や高さは荷物を満載したラクダの通行が基準とされ、住戸の戸口、窓、開口部の配置の原則や、外壁外周空間（フィナー）の利用基準、張出し部屋や街路上空部屋（サーバート、図20-14）の建築基準などが記され、現代の地区計画以上のガイドラインがあったことがわかる。

③小宇宙としてのパティオ

メディナの住戸は、入り口は狭いが、内部には正方形か矩形のパティオ（中庭）が確保され、個人にとっての小宇宙を形成している。貧富の差で住空間に違いはあるものの、これも前述の規定で、内部を見通せないようにする玄関入り口、パティオの柱廊（ブルタール）の配置、普通の部屋や富裕層の部屋の構成など、ここでもガイドラインがつくられていた。

図20-11　荷物を満載したロバ

図20-12　富裕層の邸宅のパティオ

図20-13　地区モスク

図20-14　サーバート

2）赤い街マラケシュとジェマ・エル・フナ広場

マラケシュは、フェズに次いでモロッコの都となってきた2番目に古い都市である。1056年にムラービト朝が首都として建設し、隊商がもたらす金と象牙で繁栄していった。この王朝はスペインのアンダルスを征服したことから、フェズ同様にスペインのイスラム文化との融合が行われた。続くムワッヒド朝（1130～1269）の時代に、アグダール庭園はじめいくつも庭園を配置し、砂漠の中の緑の街が完成した。1258年から都はフェズに戻ったものの、サハード朝が再び都にして栄える（1549～1659）。サハード朝は、ポルトガル軍を破り、その賠償金でマラケシュの街を整備した。

マラケシュの都市構造は、基本的にはフェズに類似している。旧市街のメディナがムラービト王朝の時代に建設され、サハード朝の時に隣接して宮殿地区が建設された。フランスの保護領時代には、オスマン様式の新市街地ギリースが建設され入植者の生活の場となった。フェズとの違いは、メディナの建物がすべて赤色の日干し煉瓦でできており、街全体が赤いことだ。これは、マラケシュの土壌が赤土であることから生じた風土色と言える。ムワッヒド朝時代に整備された広大な庭園とオリーブの林の緑が、街の赤色と対比して美しい。

マラケシュは交易の拠点として隊商の集散地となっていた。陸路を介した大量の人やモノ、情報は、まず、メディナの西南の入り口のジェマ・エル・フナ広場に集まり、そしてメディナの中のスークやフンドゥックへと収容されていった。現在もジェマ・エル・フナ広場では、軽業師、楽士、コブラ遣い、猿まわしなどが芸を見せ、果物や香辛料の商人、ゲラブ（水売り）、籠売り、金物屋、床屋などが商売に励む（図20-15）。陽が落ちると飲食の露店が急増し、一層活気が増してきて屋外エンターテイメントの場となる（図20-16）。この広場からメディナの中心にあるベン・ユーセフ・モスクへは約400m程度、このモスクから城壁に設けられた城門各所に向けて幹線街路が延び、その街路沿いに多種多様のスークが配置されている。

図20-15　昼間のジェマ・エル・フナ広場

図20-16　夜のジェマ・エル・フナ広場

21 シドニー

白豪主義から多文化共生へ

名称の由来
ニューサウスウェールズ州にイギリスの植民地を設立したアーサー・フィリップは、植民地を確立する許可を与える憲章を発行したシドニー卿にちなんで、この地をシドニーと名付けたといわれる。

国：オーストラリア連邦
都市圏人口（2014年国連調査）：4,364千人
将来都市圏人口（2030年国連推計）：5,301千人
将来人口増加（2030/2014）：1.21倍
面積、人口密度（2014年Demographia調査）：2,037㎢、2,000人/㎢
都市建設：1788年アーサー・フィリップがシドニーに上陸し、入植
公用語：英語
貨幣：オーストラリア・ドル
公式サイト：http://www.cityofsydney.nsw.gov.au/
世界文化遺産：シドニー・オペラハウス、オーストラリア囚人遺跡群

市章

1．都市空間の形成

1）近代以前の地層：流刑植民地とアボリジニ

オーストラリアには、アボリジニと呼ばれる先住民が古代から住み続けていた。4万〜5万年前の石器が発見されており、シドニー周辺には3万年前から住んでいたといわれている。イギリス海軍のキャプテン・クックは1770年にオーストラリアの東海岸を目撃し、シドニー南部の湾に上陸した。この時、クック一行は先住民のアボリジニと接触している。この頃、シドニーにはさまざまな部族の4,000〜8,000人のアボリジニがいたといわれる。1788年にアーサー・フィリップの指揮による11隻の艦隊が流刑囚を中心とする1,000名以上の入植者を伴い、シドニーに到着。シドニー湾（ポート・ジャクソン）に上陸し（図21-1）、1月26日に入植を行った（シドニー・コーブ）。この日は、オーストラリアでは国民の日として記念日となっている。

フィリップの上陸の目的は、素晴らしい植民都市を建設することにあるのではなく、本国イギリスの囚人の収容場所確保にあった。フィリップは、先住民との間には調和のとれた関係を築き、囚人の訓練もしたいと考えていた。その後、4年間に4,000人以上の囚人が上陸したが、植民のために必要な技術は持ち合わせていない者ばかりであり、植民は当初困難を極めた。1791年からは規則的に船が到着することになり、貿易も開始された。先住民のアボリジニは、入植者が運び込んだ天然痘で死亡したり、入植に伴う開発に起因する対立で戦闘（1795〜1816）となり、敗北して土地を追われ、減少していった。

2）近代の地層

①植民地の都市づくり

1800年の人口は約3,000人となり、シドニー・コーブに沿って建物が建設されていった。1810年に赴任してきたラッチラン・マックォーリー総督（任期1810〜21）は、このニューサウスウェールズ（以下、NSW）植民地の都市づくりに取り組んだ。ロンドンを参考にハイドパークが建

図21-1　アーサー・フィリップが上陸し英国旗を立てる*12

図21-2　ハイドパークのセント・メリーズ大聖堂

設(1810)され、その入り口にオーストラリア・カトリックの総本山のセント・メリーズ大聖堂(1821、図21-2)が配置された。シドニー病院(1811)、NSW議会堂(1816)、NSW図書館(1826)などの公共施設群がマックォーリー通り沿いに立ち並んだ。シドニー・コーブにはヨーロッパより週ごとに船が来航するようになる。イギリスからの囚人の輸送は1840年に終わり、他のヨーロッパ地域からも移民が来るようになり、通常の植民地となった。貿易は活発になり、サーキュラー・キーには帆船のマストが林立し、港湾地域には建物が立ち並んでいった(図21-3)。

シドニー・コーブの西側一帯はロックスと呼ばれ、最初の移民船団が鍬を入れたところである。保税倉庫(現在は商業・飲食ビルやギャラリー、図21-4)が立ち並び、船員ジョン・カドマンの家(1816、現博物館)に見られるような船員や、解放された囚人などの住居も立ち並んでいった。このロックスの西側には労働者のテラスハウスが建てられ(1840年代)、その一角に労働者たちが集ったパブ(1841、現存、図21-5)もつくられた。

②市街地の形成

シドニーは自治体となり(1842)、商業活動が活発化し、オーストラリア初のシドニー大学が創設された。ロックスから西方に向かってジョージ通りが幹線通りとして延び、この通りに並行して北側のダーリング・ハーバー沿岸との間、南側のマックォーリー通りとの間に建物が立ち並んだ(1845)。ハイドパークより東方面はいまだ宅地化はされないものの、少し離れたエリザベス湾を望む場所には広大な敷地の邸宅が立ち並んでいった。シドニー・コーブを見下ろす丘には、新しい総督邸がゴシック・リバイバル様式で建設された。

1851年にNSWで金が発見され、サンフランシスコと同様のゴールドラッシュが起こった。人々はイギリスだけでなく、ヨーロッパ、北アメリカ、中国から一挙に流入してきて、ありあわせの建築資材でつくられた仮設の建物があふれた。シドニー湾は、海外貿易で賑わい、ダーリング・ハーバーは国内物流の港となった。しかしこのNSW地域での金の算出は少なく、隣接するヴィクトリア植民地で大量の金が発見され、ゴールドラッシュはそちらに移動しメルボルンが隆盛を極めることとなった。それでもシドニーの経済成長は継続し、人口は39,000人(1851)にまで増加。西郊外のパラマタと結ぶ鉄道が開通し(1855)、ジョージ通りを骨格として市街地がダーリング・ハーバー奥に建設された鉄道駅まで延び、エリザベス湾の邸宅街との間の地域も宅地化され、現在のキングスクロス周辺の市街化が進んだ(図21-6)。

図21-3　シドニー湾の風景(1821)*12

図21-4　旧保税倉庫などの建物群

図21-5　労働者たちが集まったパブ

図21-6　1888年の市街地鳥瞰図*12

図21-7　都市骨格となったジョージ通り（現在）

図21-8　マーティン・プレイス

シドニーには、繁栄を象徴するヴィクトリア朝の建築が続々つくられていった。ロックから延びるジョージ通りには、セント・アンドリュース教会（1837）に隣接してタウンホールがヴィクトリア様式で建設された（1889）。大規模で豪華な商業ビルのストランド・アーケード（1891）、クイーン・ヴィクトリア・ビルディング（QVB：1898）も並び立ち、ジョージ通りはシドニーの都市軸となった（図21-7）。また、公共施設が立ち並ぶマックォーリー通りに中央郵便局（GPO：1891）が建設され、前面街路は広場に改修され、式典や催事の開催されるマーティン・プレイスとして整備された（図21-8）。ジョージ通りを骨格として、この時期に開発が進み西を走るヨーク通りと東を走るマックォーリー通りに挟まれた地域が、現在のシドニーのCBD（Central Business District：中心業務地区）となっていった。

19世紀後半から都市交通機関が導入され、路面電車が普及した。1930年代のピーク時には約1,600台の電車が一度に使用され、世界でも最大の路面電車システムであった。路面電車の延伸に伴い市街化が進み、1887年には現在のインナー・シドニー近郊のサウス・シドニー、ライカード、太平洋岸のランドウィックにまで市街化が進んでいった。

③独立国家の成立

この時期までオーストラリアという国家は存在せず、NSWなど六つの自治植民地が並立する地域であった。しかし、19世紀後半の西欧列強の南太平洋進出に対抗するため、1901年オーストラリア連邦が成立した。新しい国家の建設には象徴としての首都が必要であり、その座を巡って、2大都市であるシドニーとメルボルンとの間で争われた。結果、地理的中間地点に新都市を建設することに決定。1909年、政府の調査の結果キャンベラがその場所となったが、シドニーとメルボルンとのライバル関係は続いていく。1924年からシドニー湾の南北を結合するハーバーブリッジの建設が開始された（図21-9）。6車線、2本の鉄道と2本の路面電車を通す橋梁の開通（1934）により、シドニー湾北部の都市開発が進んでいった。太平洋戦争では日本海軍の潜水艦がシドニー湾を襲撃するなど脅威はあったものの、シドニーへの被害はきわめて少なかった。

3）現代の地層

①ランドマークの建設と歴史的建築物の保存

第2次世界大戦後、オーストラリア政府が大規模な多文化移民プログラムを開始したことと戦後のベビーブームにより、人口増加と文化的多様化が進み、人口は、1954年に186万人、1961年に218万人へと急増していった。

都市交通機関としての路面電車は、モータリゼーションの発達の中で交通渋滞の原因とされ、1961年には全廃された。中心部地域の建物が高層化し、郊外が市街化していく中、歴史的な地域や建物の保全も行われていった。ランドマークとなるシドニー・オペラハウスが完成（1973）、シドニー・タワー（1981）が建設され、シドニーの都市景観を変化させた。シドニー・タワーの周辺には商業施設が集積し、ショッピングの中心となった。CBDの高層化が進む中、サーキュラー・キーに近い地域にはシドニー発祥の時代の建物や遺跡が残されており、この歴史的地域の保全が叫ばれ、シドニー博物館の建設（1995）や歴史的建築物の保存を含めた一帯の整備が行われた。

郊外として市街化したキングスクロス一帯は、第2次世界大戦後ヨーロッパから移民が流れ込み、ボヘミアンな様

図21-9 ハーバーブリッジの建設

図21-10 パディントンの個性的なブティック

子の場所に変貌した。ベトナム帰還兵たちの流入によって風俗街、歓楽街へと変化し、ウィリアム通りより以北は赤灯地区と言われ、風俗飲食店や麻薬、犯罪が多い地区になった。しかしウィリアム通りからオックスフォード・ストリートに至るパディントンでは様子が一変する。この地域は、19世紀後半、職人や労働者用のテラスハウスが高密度に並ぶ市街地であった。第2次世界大戦後はスラムと指定され住宅の解体が予定されたが、1960年以降は、CBDにも近いことから若い芸術家たちの人気が高くなり、パディントン・ソサエティが設立(1964)されて初期のヴィクトリア様式のテラスハウス群の保存地域となった。現在パディントンでは、オックスフォード通りに面したテラスハウスは個性的なブティックの並ぶショップに改装され(図21-10)、通りの内側のテラスハウスは改装されてカラフルな都市住宅に変貌している。

②郊外の拡大

さらにキングスクロスの東側郊外は、小さな湾が連なる海辺沿いの高級住宅地となる。入り組んだ海岸線と起伏のある地形に邸宅が立ち並ぶ。ダブルベイは、シドニー随一の高級住宅街と言われ(図21-11)、その中には高級ショッピングエリアが形成されている。東側に続くローズベイからシドニー湾に突き出たワトソンズベイまで、海岸沿いに高級住宅街が続く(図21-12)。海岸線はワトソンズベイからは南下していき、サーフィンができるボンダイビーチをはじめビーチが点在するサザンビーチと言われる地域となり、その陸側は良質な戸建住宅地が広がっている。現在、シドニー都市圏は、オーストラリア統計局(ABS)によってグレーター・シドニーと位置づけられる範囲であり、中心部からおおよそ40〜50kmの距離の地域で、43の自治体で構成されている。人口は、1971年に280万人、1991年に370万人、2011年は460万人と20年ごとに90万人ずつの増加を見てきた。近年になるにつれ遠隔地の市街化が進み、外延地域のブラックタウンやサザーランドで増加が顕著で、インナー・シドニーおよび近郊地域では横ばい、ないし減少傾向にあり、ドーナツ化現象が見られている。西方の郊外は、ブラックタウンからブルーマウンテンの麓ま

図21-11 ダブルベイの住宅地からの眺望

図21-12 ローズベイの水辺邸宅

での遠隔地になるほど良質な戸建住宅開発が増え、ガーデンサバーブ型の開発が点在する。

2. 都市・建築、社会・文化の特徴

1) 人種差別と差別撤廃
①白豪主義
イギリスはオーストラリアをアングロサクソン系白人の植民地にしていったが、金鉱開発のため中国人を大量に流入させ、船員や運送業の労働にもアジア人を雇用していった。この結果白人は仕事を奪われ、白人労働者の雇用を確保する白豪主義の声が強まった。六つの植民地は、統一した規制を行うため連邦政府を設立(1901)し、移民制限法を制定した。入国審査では白人は無審査、有色人種は高学歴のアジア人でも合格できない基準を用意した。こうした徹底した有色人種差別の白豪主義を国策としていったのは、オーストラリアの特徴である。

第2次世界大戦後、人口の安定的増加のための大規模な移民計画が立てられ、ヨーロッパ諸国に要請がなされた。南欧、東欧からの移民が大量に流入し、アングロサクソン文化とは異なる白人による多民族・多文化社会が生まれた。その後、政府は移民の受け入れ方策を変更し、人種でなく個人の能力を基準にした移民審査に変更した。その結果、アジア人が大量に流入することとなった。

②多文化共生主義
国際環境も変化する中、ASEAN諸国の非難を受けてベトナム難民を継続的に受け入れた。オーストラリアは、経済成長にとって不可欠な東アジア諸国との関係強化のため白豪主義と決別し、アジア人と共生する多文化社会へと変化していった。

オーストラリアの中でも、シドニーは多文化性の高い地域である。2011年の総人口で英語のみしか話さない人は約62％、残りの約40％弱は家庭では英語以外の言葉を使用している。どの民族も仲間が多く住むところに集住する傾向があり、シドニーの住民分布はモザイク状になっている。中国系移民は従来、工場の集積する産業地区の周辺に多く住み、中央駅近くにはチャイナタウンもつくってきたが(図21-13)、最近では、湾の北側の戸建住宅地区や都心再開発地区の高層アパートメントなど、高所得者地区にも居住が増えている。イタリア系移民は中心部から西側5～10km程度のライカート地区(図21-14)やファイヴドックに、ベトナム系移民は湾の南側のカブラマッタなどに、アラビア系移民は湾の南側に(図21-15)、それぞれ集住している。移民の多くは平均所得を下回る人々が多いが、近年、中国、インド系移民の中には学歴、所得ともに上層の人々も多くなっている。

図21-13 チャイナタウンの中心ディクソン通り

図21-14 ライカートのリトル・イタリー

図21-15 アラビア系移民の商店

2) 都市・建築の特徴
①シドニー・オペラハウス
1954年にNSW州政府はオペラハウスの国際建築設計コンペを実施し、世界から233件の応募を得た。この中に、シドニー湾に浮かぶヨットの帆や貝殻の群れを思わせる、

図21-16　オペラハウス、サーキュラー・キー、CBDの高層ビルを見る

独特で有機的なデザインの案があった。奇抜すぎるこの案は1次選考で落選していたが、遅れて参加した審査委員の建築家エーロ・サーリネンがこのアイディアを気に入り、最終選考に復活させ、最終案に選出した。この案の提案者は当時無名のデンマークの若い建築家、ヨーン・ウッツォンで、1957年にシドニーに来て建設の指揮をとった。奇抜な形態と構造設計の困難さから工期は延び、予定から10年遅れの1973年に完成となった。総工費も1億200万ドルと当初予定の700万ドルの14倍以上になった。しかし、完成後はシドニーのシンボルとなり、最も建造年代が新しい世界遺産ともなった。オペラハウスの完成後、シドニーの観光都市としての評価は高まり、建設投資額をはるかに上回る経済効果を持続的に生み出している。建築デザインが都市の評価を高めた代表例といえる（図21-16）。

②ダーリング・ハーバー

シドニーでは人が行きかうサーキュラー・キーが海の表玄関で、物流主体のダーリング・ハーバーは裏玄関のような位置づけだった。とはいえ、19世紀の間、小麦、羊毛、石炭、木材の輸出品はオーストラリアの経済を支え、1874年にダーリング・ハーバーに建設された鉄製埠頭は、エッフェル塔建設まで世界最大の鉄骨構造だった。1900年には数十の埠頭が建設され、オーストラリアの輸出農産物のほとんどがここを通過した。第2次世界大戦後は、この機能は他に移り、1984年をもって港湾機能を停止した。

図21-17　ダーリング・ハーバー、対岸はシドニー水族館

しかし、オーストラリア建国200周年（1988）を記念してダーリング・ハーバーを再開発することとなり、現在の姿に生まれ変わった（図21-17）。

シドニー水族館と国立海洋博物館が入り江のゲートとなり、両岸を歩道用のピアモント橋が結びつけ、入り江の奥にエキシビションセンターとコンベンションセンターが配置されている。これらの施設の間に、ショッピングや飲食のビル、12のホテル群、エンターテイメントセンターやカジノなどの施設が両岸を埋め、夜ともなると、きらびやかな夜景に魅せられて仕事を終えた人々や観光客で賑わうアミューズメントスポットとなった。

キャンベラ

理想の田園都市型首都

名称の由来
先住民族のNgunnawal語で「人々が集う場所」を意味するKamberaが由来だといわれている。

国：オーストラリア連邦
都市圏人口（2014年国連調査）：384千人
将来都市圏人口（2030年国連推計）：543千人
将来人口増加（2030/2014）：1.41倍
面積、人口密度（2014年Demographia調査）：472k㎡、800人/k㎡
都市建設：1927年キャンベラ首都特別地域にて最初の国会開催
公用語：英語
貨幣：オーストラリア・ドル
公式サイト：https://www.act.gov.au/index.jsp
世界文化遺産：なし

市章

都市空間の形成

1）近代の地層
建設の決定

オーストラリアでは、1850年代のゴールドラッシュを契機に人口が増加し、独立性の高い植民地がそれぞれ発展していった。その後、1890年代以降になって西欧列強の進出に対抗するため、1901年、オーストラリア連邦が成立した。この新生国家の建設に当たり、その象徴としての首都の建設が必要とされた。首都の場所は、同国の2大都市であるニューサウスウェールズ州の州都シドニーとヴィクトリア州の州都メルボルンの間で争われた結果、妥協案として、既存の大都市でなく新都市を建設することに決定した。1909年、政府の調査の結果キャンベラがその場所となり、オーストラリア首都特別地域（Australian Capital Territory：略称ACT）として、連邦政府によって直接管理されることとなった。1911年、キャンベラの都市設計の国際コンペが実施され、フランク・ロイド・ライトの弟子のウォルター・バーリー・グリフィンが提出した計画（図22-1）が採用された。この計画は、人造湖を挟んで都市の中心機能を三角形の頂点に配置する田園都市的な首都の提案であった。

建設の初期は財源が十分でなく、建設は遅々として進行

図22-1 グリフィンのコンペ採用案[*4]

図22-2 セントラル・キャンベラ、第2期計画[*4]

図22-3 ラッセル地区からキャピタル・ヒルを眺望

図22-4　グリフィン湖畔の自然環境

図22-5　キャピタル・ヒルを南方より眺望

図22-6　サバーブのセンター施設

しなかった。1927年に最初の議事堂において国会が開かれたものの、その後の大恐慌と第2次世界大戦により、建設は停滞した。

2）現代の地層：第2次世界大戦後
①建設の推進

第2次世界大戦後、メンジーズ内閣は首都建設を積極的に推進し、1957年に国立首都発展委員会（NCDC）を設立、キャンベラ建設は急速な進展を遂げる。1957年に38,000人にすぎなかったACTの人口は、毎年5,000人ベースで増加し続け、1985年には250,000人の内陸最大の都市に発展した。

1965年、NCDCは都市プランとして、グリフィンの田園都市理論に基づきニュータウン建設を取り入れ、1970年には総人口40万～45万人の規模を提示し、セントラル・キャンベラ（図22-2）を中心に人口10万～12万人のタウンを3方向に段階的に開発していく計画を提唱した。

オーストラリア建国200周年を記念して、1988年に新国会議事堂がキャピタル・ヒルにオープンした（図22-3）。設計は、28カ国、329件が応募した国際コンペによって、緑の丘をイメージするデザインが選ばれた。1988年、ACTに完全な地方自治を与えることがオーストラリア連邦議会で可決された。キャンベラの人口は、2006年に約32万人となり、その最大の人口グループは、イギリスあるいはニュージーランドの英語圏の人々であり、先住民系はわずか1.2％にすぎなかった。

②都市構造

ACTの面積は約2,359㎢で東京都とほぼ同じ規模であり、人口の大半はACTの都市部であるキャンベラタウンに居住している。

キャンベラの街は、セントラル・キャンベラ、ウォーデン・ヴァレー、ベルコンネン、ウェストン・クリーク、タガーアノン、ガンガーリン、モロンゴ・ヴァレーの七つの地区に分けられる。これらの七つの地区ごとに中心に行政機関が設置され、複数のサバーブを束ねているピラミッド型の構造となっている。セントラル・キャンベラ地区は、グリフィン湖（図22-4）を境に、中心業務地区や商業センターなどが集積する北キャンベラ地区と、国会、行政機関、最高裁判所、各国大使館などが立地する南キャンベラ地区に分かれている（図22-5）。北キャンベラ地区の中心地であるシティヒル、南キャンベラ地区の中心地であるキャピタル・ヒル、その北東に位置するラッセル地区の3地区は、地形的に三角形が形成されてくることから、議会の三角形（Parliamentary Triangle）と呼ばれている。

都市計画は、近隣住区、サービス施設の計画配置、職場の分散配置、分散居住、社会的融和の五つの方針によって定められた。近隣住区は、700～1,000戸（人口3,000～4,000人）の小学校区（サバーブ）、3～5のサバーブから構成される近隣グループ、約20のサバーブから形成されるタウンの3段階で地域を構成し、それぞれの段階ごとにセンター施設が配置されている（図22-6）。このように計画的に整備されたものの、これ以後、一貫して実施された分散居住と低密度開発は、キャンベラの維持負担経費など財政的な理由から批判され、既存市街地には高層化や高密度化を目指した再開発が取り入れられるようになる。

23 デリー

イスラムが建設したヒンドゥー教徒の都市

名称の由来
プトレマイオスが記した地名「ダイダラ(Daindala)」に依拠する説と、この地域の8世紀以降の支配者ラージプートが拠点とした「ディッリケ(Dhkllike)」に基づくとの説がある。連邦直轄領のデリー首都圏として位置づけられ、デリー市、ニュー・デリー市(首都機能)、デリー宿営地の三つの行政自治体がある。

市章

国：インド共和国
都市圏人口(2014年国連調査)：24,953千人
将来都市圏人口(2030年国連推計)：36,030千人
将来人口増加(2030/2014)：1.44倍
面積、人口密度(2014年Demographia調査)：2,072㎢、11,600人/㎢
都市建設：8世紀ラージプート王朝がラール・コート(赤い城塞)を建設
公用語：ヒンドゥー語、(連邦準公用語)英語
貨幣：インド・ルビー
公式サイト：http://delhi.gov.in/wps/wcm/connect/doit/
　　　　　　Delhi+GovtDelhi+Home
世界文化遺産：フマユーン廟、デリーのクトゥブ・ミナールとその建造物群、レッド・フォートの建造物群

1．都市空間の形

1) 近代以前の地層

①デリー三角地帯の都城建設

デリーは、3辺をヤムナー川、丘陵、岩盤地帯に囲まれた三角地帯と呼ばれる地域であり、インダス川とガンジス川の分水嶺に位置する戦略拠点性の高い場所である。ここでは8世紀以降、ヒンドゥーからイスラムに至り、時代を経てそれぞれの王朝ごとに都城が建設され遺跡が点在している。

ヒンドゥー小国の分立：デリーが歴史に登場するのは8世紀になって、ヒンドゥー教徒のラージプート王朝の時代以降である。この時代、ラージプートのトマーラ一族がこの地域に「ラール・コート(赤い城塞)」を建設し、住み着いたといわれている。その後、他のラージプート族がこの要塞を拡張しデリーを支配したものの、アフガニスタンから攻め入ったトルコ系ムスリムの勢力に敗れ、ヒンドゥーの王国は1192年に滅び去った。

スルタン王朝五つのデリー：ヒンドゥー王国を滅ぼしたのは、ムスリムのゴール朝の派遣軍指揮官のクトゥブッディーン・アイバクで、ヒンドゥー王朝のラール・コートを自分たちの城として活用した。デリーの地で、彼らはまず、クトゥブ・モスクと巨大な塔クトゥブ・ミナール(図23-1)の建設を行った。以後、このムスリムの支配体制を「デリー・スルタン王朝」と呼び、五つの王朝が盛衰を繰り広げ、330年の間続くが、カーブルの小国の首長のムハンマド・バーブルがデリー地域に進攻し、このスルタン政権は崩壊した。

②イスラムの帝国ムガール朝

ムハンマド・バーブルは、初代ムガール皇帝となるが、首都はデリーから約200km離れたアーグラに定めた。彼はデリー征服後4年で死去し、その長子のフユマーン(在位1530～56)がデリーに新都を計画し、現在のプラーナ・キラー(図23-2)が建設される。その後、フユマーンは城壁内の建物から落下して急死し、フユマーンの死を悲しんだ皇妃ハージー・ベーガルは、弔いのため壮大なフユマーン廟(図23-3)を建設し、これが後のタージ・マハルの建築の原型を生み出す。3代目皇帝のアクバルは、アーグラ城を改築し都を置いたが、まもなく近郊のファテール・シークリーに新都を建設する。1628年に5代目シャージャ・ハーン(在位1628～58)が皇帝に就任するが、当初の都はア

図23-1　クトゥブ・ミナール

図23-2　プラーナ・キラー

図23-3　フユマーン廟

ーグラであった。彼は、建築への情熱が強くムガール建築と呼ばれる独特の様式を生み出していく。早世した愛妃ムムターズ・マハル（タージ・マハル）を弔うために総大理石張りのドームを持つタージ・マハル廟（1632～43、図23-4）をアーグラに建設する。別途、シャージャ・ハーンは、廟の建設と並行してデリー三角地帯の北部に新首都の建設を開始する（1638）。10年後完成した都市は、彼の名を冠して「シャージャハーナーバード（シャージャ・ハーンの町）」と命名された。この新都建設によって、デリーが長期にわたって首都の座を続けることになる。ただ、シャージャ・ハーンは晩年、財政破綻の責任を問われ、息子の6代スルタンのアウラングゼーヴによってアーグラ城に幽閉され、窓辺から愛妃が眠るタージ・マハル廟に思いをはせながら生涯を終わる。

③シャージャハーナーバード（オールド・デリー）

新都の宮城は、赤砂岩で築かれたため「ラール・キラー（レッド・フォールト、図23-5）」と呼ばれた。宮城内は皇帝の政務と私生活の場となり、ディーワーネ・ハース（貴賓・謁見の間）、ラング・マハル（彩の間）、カース・マハル（皇帝の私室）、モーティー・マスジド（真珠モスク）などの大理石の宮殿群が建設された。城下町はまわりを城壁で囲まれ、東西、南北の二つの幹線街路を都市軸として構成された。東西軸のチャンドニー・チョウク（銀の広場、月明かりの広場）の両側には、1,560の店舗とアーケードが並んだ。街路の中央には水路が配置され、中間地点の広場には大きな泉が設けられ、夜には月明かりが水面に反射し銀色に輝いたことが名前の由来となった（図23-6）。南北軸のフェイズ・ザール（豊穣の市場）には、888の店舗が立ち並んだ。チャンドニー・チョウクの北側には上流階級の邸宅や庭園が立ち並び、南側には一般庶民が住まい、フェイズ・ザールとヤムナー川の間は、ヨーロッパ人の宣教師や商人たちが居住する場となった。城下の小高い場所には、インド最大のモスクであるジャーミー・マスジッド（金曜モスク）が建設された。

城下町を囲む城壁には七つの城門が配置された。イスラムでは楽園は七つの門を持っているとされ、この都市建設の理念は、「楽園の創出」にあったとされている。街路は階層性をもって構成され、街路が地区のブロックを構成し、路地がコミュニティを構成していった。コミュニティはムスリムとヒンドゥーに住み分けがなされ、ムスリムはモスクや廟を、ヒンドゥーは寺院や祠を配置した。

2）近代の地層：イギリスの統治
①ムガール帝国の衰退

ムガール朝は、6代目アウラングゼーヴの時にインドの南端部を除く全域を支配するが、ヒンドゥー教徒など異教徒を迫害したことから反発を招き、各地で反乱が勃発し、衰退への道を歩み始め、デリーは幾度となく戦禍に見舞われることとなった。1803年以降デリーはイギリス軍に占領されて、東インド会社の保護下に置かれる。インド大反乱（1857）では、インド人傭兵（セポイ）が蜂起するが鎮圧され、イギリスはインドを直接統治下に置き、ムガール帝国は滅亡した。

インド大反乱の後、反乱の再発防止と懲罰のため、シャージャハーナーバードはイギリスによって大規模な都市改造が行われた。宮城内の約8割が破壊され、イギリス軍隊の駐屯地に改変させられた。宮城の西と南の周囲半径270～370mを砲撃射程範囲として更地にし、宮城と城下町の

図23-4 タージ・マハル廟

図23-5 赤砂岩のラール・キラー

図23-6 19世紀のチャンドニー・チョウク*8

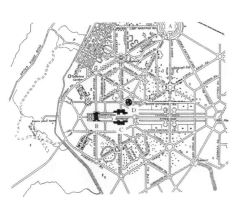
図23-7 ラッチェンスによるニュー・デリーの計画*9

図23-8 オールド・デリーとニュー・デリーが結合した都市構造*9

図23-9 大統領官邸(旧総督府)とラージ・パト(王の道)*7

空間的な結合性を失くしてしまった。城壁の撤去が開始され(1858)、城下町の北部に鉄道と駅舎とこれらを結合する街路の建設が行われ、広大な地域の建物が撤去された(1866)。チャンドニー・チョウクの水路や並木は撤去され、全面的な舗装が施された。

②インド帝国とニュー・デリーの建設

ヴィクトリア女王がインド皇帝を宣言して(1877)コルカタを首都とするインド帝国が発足したが、コルカタは東に寄りすぎていることもあり、デリーへの遷都が決定された(1911)。計画はイギリス人建築家エドウィン・ラッチェンスによって作成され(図23-7)、新都は「ニュー・デリー」と命名された。新宮殿にインド総督(副王)が入居し(1929)、翌年、落成式が行われた。ニュー・デリーの建設により、シャージャハーナーバードは対比的に「オールド・デリー」と呼ばれることとなった(図23-8)。

都市空間は、クリストファー・レンのバロック的な都市計画を範とし、六角形の街路構成をもとにして、その中に総督官邸(現大統領官邸)からインド門(第1次世界大戦出征記念碑)に至るラージ・パト(王の道)と呼ばれる巨大なモールを配置し(図23-9)、これを東西の都市軸とした。過去の都市遺跡にも配慮し、モールの東端はフユマーンが建設したプラーナ・キラーに連なっている。この官庁街の北方には、放射状街路のコンノートプレイスを中心に商業業務中心地が形成された。街路の沿道は街路樹と庭園の緑に包まれ、ニュー・デリー地域はガーデンシティの景観を形成している。

3) 現代の地層

①インドの独立

第1次世界大戦後、インドではイギリス支配から抜け出す独立運動が盛んになる。しかし、ガンディーの目指した「一つのインド」としての独立ではなく、ヒンドゥー教徒の国であるインド連邦と、イスラム教徒の国であるパキスタン(現在のパキスタンとバングラデシュ)に分離独立という結果となった(1947)。デリーでも宗教間の流血・衝突が発生し、約33万人のムスリムの流出と約50万人のヒンドゥーの流入により、住民の全面的な入替えが発生した。流出したムスリムはムガール時代からの所得の上の階層が多かったのに比し、流入したヒンドゥーは、まさに難民であり、大半は不法占拠で居ついてしまった。1950年代、オールド・デリーの都市環境は、この難民の流入と急速な商業化の進行による人口密度の上昇によって悪化の一途をたどり(図23-10)、治安の悪い場所となった。

②都市圏の膨張

独立以降、デリーの首都圏人口は急増した。デリー遷都時の1911年に41.1万人、インド独立前の1941年に91.8万人と100万人以下であったものが、1971年には406.6万人、2001年に1,385.1万人、2011年に1,678.8万人と急速に巨大化し、「デリー・マスタープラン2021」によると2021年では2,300万人が予測され、オールド・デリー、ニュー・デリーともに人口は減少し、人口増加は郊外で生じている。郊外にはグルガーオン、ファリーダーバード、ノイダ、ガーズィヤーバードなどの衛星都市があり、デリーの膨張は首都圏をはみ出し拡大している。拡大を加速させているのは、都市鉄道網の整備である。デリーメトロはその

図23-10 狭隘なオールド・デリーの路地

図23-11 グルガーオンの先端オフィス

図23-12 グルガーオンの住宅開発

代表で、中心市街地は地下で郊外部は高架の路線となっており、2021年には総延長430kmが予定され、世界第2位の地下鉄網となる。この鉄道網が生み出す交通拠点（メトロセンター）は衛星都市の核となっている。その代表がデリー中心部から南に30kmのグルガーオンである。ここは先端的なデザインのオフィスビルが立ち並び（図23-11）、国際的な企業が集結するITビジネスパークとなっている。居住者も外資系企業人、インドの中間層など所得も高く、ブランド品が並べられたショッピングセンターや欧米水準の住環境（図23-12）が整っている。これまでデリーを作り上げたムスリムやイギリスに代わり、現在、デリーの郊外を造っているのはグローバル企業の力といえる。

2．都市・建築、社会・文化の特徴

1）カースト制度とスラム
①社会を支配するカースト

カーストとは、ヒンドゥー教における身分制度（ヴァルナ）である。BC13世紀頃に、アーリア人（支配階級）と先住民（被支配階級）を区別するために身分制度カーストの枠組みがつくられ、その後、①バラモン（僧侶・司祭者）、②クシャトリア（王族・士族）、③ヴァイシャ（平民・商工農）、④シュードラ（奴隷）の4階級に大きく分けられる階級とし、定着した。カースト間の移動は原則認められておらず、カーストは世襲され、結婚も同じカースト内で行われる。1950年に制定されたインド憲法でカーストの全面禁止が明記され、近年、都市部では学歴・収入や社会的地位が重視されつつあるが、いまだ社会の基底を支配している。

カーストの4階級の外側に、スケジュールド・カーストと呼ばれるダリット（不可触民）なる最下層が存在する。

「触れると穢れる人間」として社会的に扱われ、皮革労働者、屠畜業者、貧農、土地を持たない労働者、街路清掃人、民俗芸能者、洗濯人などがこれに属している。彼らの居住地は隔離され、より上位のカーストが住む場所に立ち入ることはできなかった。インド政府はカースト差別を憲法上禁止し、スケジュールド・カーストに対して、教育、公的雇用、議会議席数の分野において一定の優先枠を与えた。その結果、この階層からの大統領や著名人が輩出されていった。

②拡散するスラム

しかし現実は、スケジュールド・カーストのほとんどは、劣悪な社会環境に置かれており、その多くは、スラムの住民となっている（図23-13）。デリーでは、2011年で178.5万人がスラムに住んでおり、これは全人口の10.6％に相当する。デリーのスラム調査（2012）によると、スラムの数は6,343ヵ所で、1ha未満の小規模なものが97％を占め、拡散的に分布しているのが特徴である。スラムの90％は排水路、河川、公園、急斜地形、鉄道用地など公共用地を占拠して利用し、共有を含みトイレを有する世帯は31％にすぎず（図23-14）、電灯は街路灯のみしかない世帯が約60％に至っている（図23-15）。非衛生的な環境で生活することによる伝染病をはじめとする疾病や、高い失業率と貧

図23-13 デリーのスラム

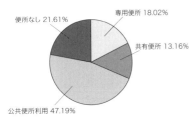

図23-14 スラムのトイレ現況[*11]

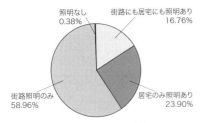

図23-15 スラムの電機設備[*11]

困によるストリートチルドレンや犯罪・麻薬など、多くの社会問題を抱えている。

2) マハーラージャのヒンドゥー都市

デリーがイスラム支配となる以前の王朝は、ヒンドゥーのラージプート朝であった。このラージプート族の本拠地ラージャスターン(王の国)は、デリーの西南、パキスタンとの国境のタール砂漠近くに位置し、ムガール帝国と戦いヒンドゥーの街を維持し続けた。これらはマハーラージャ(Maharajah)が支配し建設した都市であり、彼らの城址、宮殿、城下町が形成されている。マハーラージャは偉大な王を意味していたが、後には皇帝に服属する地方領主の藩王(日本の大名に相当)の意味となった。藩王たちは、個性ある都市空間、建築、文化を醸成し、イスラム支配の中でヒンドゥーの文化、社会が維持された。

ジャイプル(別名:ピンクシティ):プル(pur)は城壁都市を意味する。ジャイプルは、ジャイ・シン2世(在位1699〜1743)が築いた都市である。当初、山地にアンベール城塞を建設して居住し、領土の安定後、平地に都市を建設した。この城下町は七つの城門を持つ城壁に囲まれ、街並みがピンクに統一されているためピンクシティと呼ばれる。シティ・パレスのほか、風の宮殿、天文台が著名である。

ウダイプール(別名:湖の街):16世紀に武王と呼ばれたウダイ・シンはムガール帝国の攻撃に備えるため、山間の谷間に都を移し、川を堰き止めて人造湖をつくり水源とした。シティ・パレス以外に、湖の中に建造されたレイク・パレスや島の宮殿が特徴である。

ジョードプール(別名:ブルー・シティ):ラーオ・ジョーダによって、タール砂漠の入り口に建設された(1459)。街を見下ろすメヘラーンガル砦からは、建物の壁が青に彩色された市街地が眺められる。この市街地から離れて、現マハーラージャが住むウメイド・バワン宮殿が丘の上に聳える。

ジャイサルメール(別名:ゴールデン・シティ):12世紀にタール砂漠の真ん中にジャイサルによって建設され、ジャイサルのオアシスの意味の名称で、東西貿易交路の拠点として栄えた。土を固めて造られた家並みは、太陽の日差しを浴び黄金色に輝く(図23-16)。城塞は、ラージャスターン最古のものであり、内部にジャイナ教の寺院を有する。中庭式の邸宅はハヴェリ(Haveli)と呼ばれ、北西インドに見られる装飾的な建築様式である。ジャイサルメールのハヴェリは黄色の砂岩を積んで建てられ、窓や壁面にレース状紋様の装飾が施された精緻なレリーフとなっており(図23-17)、グラナダのアルハンブラ宮殿の装飾に匹敵する建築文化的価値を有している。

図23-16 ジャイサルメールの金色の市街地

図23-17 ハヴェリの外観

24

カトマンズ

ヒマラヤ山麓の聖都

名称の由来
カトマンズダルバール広場（旧王宮広場）の隅に、1本の木（カスタ）から造られているといわれるマンダプ（祭場）がある。12世紀頃につくられたといわれるこの建造物の名称「カスタマンダプ」がカトマンズの名の由来だと言われる。

市旗

国：ネパール連邦民主共和国
都市圏人口（2014年国連調査）：971千人
将来都市圏人口（2030年国連推計）：1,855千人
将来人口増加（2030/2014）：1.91倍
面積、人口密度（2014年Demographia調査）：60㎢、19,400人/㎢
都市建設：5世紀半ば、リッチャヴィ王朝の都になる
公用語：ネパール語
貨幣：ネパール・ルピー
公式サイト：http://www.kathmandu.gov.np/
世界文化遺産：カトマンズの谷

1．都市空間の形成

1）近代以前の地層

①カトマンズ盆地の建国の伝説

世界最高峰の山々が聳えるヒマラヤ山脈の南に細長い国土を持つネパールの中央にカトマンズ盆地（Kathmandu Valley）は位置している。平均の海抜は1,331m、面積は甲府盆地とほぼ同じ広さのこの天空都市に、約200万人が住んでいる。この盆地は太古の時代は湖底であったが、南から浸食してきたバグマティ川がチョーバル峡谷で外輪山の壁を破り、湖の水が流れ出し湖底が現れ、人の住む場所となった。この地質学的な歴史は伝説となり、湖の中央にある島の蓮の花から仏陀が姿を現し、それを知った文殊菩薩が獅子に乗ってやってきて、持っていた剣で一撃のもとに山を切り開くと湖水は無くなり、肥沃な盆地が残ったと言われている。島は丘となったが、ここに文殊菩薩はストゥーパ（仏塔）を建立し、それが、古の寺院スワヤンブナートとなっている（図24-1）。

カトマンズに都市を築いたのは、BC7～8世紀に起こったキラッティ王朝で、非インド・アーリア系民族と言われ、『マハーバーラタ』にもその名が見られる。交易都市として栄え、仏陀やアショカ王も訪れたという伝説がある。この頃カトマンズには、インドやチベットと結ぶ二つの街道が交差する都市の骨格が、すでに造られていたといわれる。この街道をチベット仏教の僧侶、山岳民族、インド系の人々など、さまざまな民族、宗教、商品が流通し、その中継地となっていた。

②古代リッチャヴィ王朝（4～9世紀）

史実として実証されているのは、4世紀初め北インドからカトマンズに入り、5世紀半ばに開かれたリッチャヴィ王朝である。この王朝はヒンドゥー教をネパールに持ち込み、カースト制度や聖牛崇拝も導入した。仏教も保護され、寺院、僧坊が数多く建立された。王女がチベットの王に嫁ぎ、チベットに仏教を広める役割を果たした。この時期に、ヒンドゥー教と仏教が土着信仰と共存する形が生まれてきた。7～8世紀にこの王朝は黄金時代を迎え、壮麗な高層の王宮が建設された。『唐書』には、「その宮殿は7層の楼を持ち、宝珠で飾られた屋根は銅葺きで噴水のような仕掛けがある」と記載されている。リッチャヴィ王朝はキラッティ時代の都市骨格にヒンドゥーの空間構造である長方形グリッドのダンダカ・パターンを重ねる形の都市計画で、街の拡張を行った（図24-2）。しかし、リッチャヴィ王朝は、9世紀以降衰退する。

③中世マッラ王朝（13～18世紀）

9世紀後半、リッチャヴィ王朝の衰退とともにデーヴァ族がネパールを制し、カトマンズの東方のバクタブルに都を建設する。しかし、1200年頃にアバッビャ・マッラ王がマッラ王朝を確立し、この王朝によるカトマンズ盆地の統治が開始された。マッラ族はインド・アーリア系の民族であるが、土着民族のネワールの文化を積極的に保護した。この時期のカトマンズ盆地は、バクタブルを首都として栄えた。15世紀半ばのヤクシャ・マッラ王の時期に、

図24-1　カトマンズ盆地と丘の上のスワヤンブナート

図24-2 リッチャヴィ王朝の都市構造（Dr. Sudarshan Tiwari作成）*13

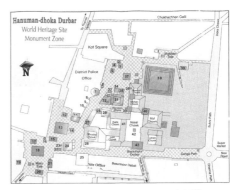

図24-3 カトマンズ王国のダルバール広場*8

図24-4 ダルバール広場中央のシヴァ寺院

図24-5 パタン王国の首都であったパタンのダルバール広場

国力も文化も頂点に達した。しかし1488年、ヤクシャ・マッラ王が4人の王子たちに王国を分与してしまったことから、マッラ王朝は、カトマンズ、バクタプル（バドガオン）、パタン（ラリトプル）、パネパの四つの都市国家に分裂してしまった。パネパは一代で消滅し、3王国の時代が続いた。3王国は、互いに文化を競い合い、王宮、寺院など、ネワール様式の素晴らしい建築物が街の中に建設されていった。建設されたマッラの街は、キラッティ王朝とリッチャヴィ王朝の混合されたものとなった。

3王国は独立した都市国家であり、王権と宗教が一体化したことから、カトマンズ盆地の街にはダルバール（宮廷）広場と言われる広場が造られ、国王の宮殿と宗教の寺院が配置され、王朝がその建築の美を競い合った。この広場の位置づけは、イタリア都市国家のものに似ていると言えよう。

カトマンズ：二つの街道が交差する都市として成立したカトマンズにあって、北西―南東、南西―北東の道路の交差する場所にダルバール広場（図24-3）が建設されていった。国王が変わるに応じて王宮は増築され、新たな寺院が建設され、広場一帯は20数棟の伽藍が立ち並ぶ場所となっていった。広場中央には、17世紀末に建てられた9段の基壇の上に三重の塔が聳えるシヴァ寺院（図24-4）、南西側にカトマンズの名称の由来となったネパール最古の建築物の一つカスタマンダプ寺院が建つ。旧王宮はここに建設され、ハヌマン・ドガの名称を持ち、中心となる建物はナサル・チョークと呼ばれ、五重の円形屋根のパンチャ・ムクヒ・ハヌマン寺院、9階建てのパサンタプル・ダルバールなどが建設された。

パタン：カトマンズ南方の聖なる川、バグマティの川向うに位置する王国の首都。別名を、「美の都」の意味を持つサンスクリット語のラリトプルとも呼ばれる。住民の8割が仏教徒であり、仏教遺跡が多い。紀元前より住み着き、彫刻、絵画などの芸術に秀でたネワール族の居住地であることから、ダルバール広場（図24-5）をはじめ、美しい建築物が多い。広場周辺の建物は、マッラ王朝最盛期の16～18世紀に建設された。西側にはビムセン寺院、ヴィシュワナート寺院、クリシュナ寺院、ハリ・シャンカール寺院などさまざまな寺院が連なる。東側には王宮建築が連続し、17～18世紀には12の建物群があった。

バクタプル：「帰依者の街」の意味を持つこの都市は、別名バドガオンとも呼ばれ、カトマンズの東方12kmほど

図24-6 バクタプル王国の首都であったバクタプルの遠望

の距離にある。丘の上に建設され、高層の寺院と街並みのスカイラインを遠望でき（図24-6）、イタリアの丘陵都市を彷彿とさせる。この街は、ダルバール広場とその南にあるトウマディー広場、そしてタチュバル広場の三つの広場がバザールによってつながっている。ダルバール広場には王宮があり、17〜18世紀にかけて造られた55窓の宮殿が建つ。トウマディー広場には、18世紀初めに建立された5層の屋根を持つニャタポラ寺院があり、街のスカイラインのアクセントを形成している。タチュバル広場はチベットとインドを結ぶ街道沿いにあり、マッラ王朝初期に建設された。広場中央には、ダッタトラヤ寺院が1427年に建立されている。

3王国はネワール文化の黄金時代を築いたものの統治力には欠け、さらに分裂を繰り返し、18世紀には40を超える小国に分裂していたといわれる。競い合うこれらの小都市国家には必然的に城壁が建設され、イタリアの都市国家の様相を呈していたと想定されている。現在もバクタプルには城壁が一部残存しているし、キルティプルは、堅固な建築物で街を取り囲む防御壁の佇まいをそのまま残している。ネパール全土には360の小国があったといわれるが、その中で、カトマンズ西方に位置するゴルカ地方の小国の王プリトヴィ・ナラヤン・シャハが頭角を現し、1769年にカトマンズを征服、ネパール全土を掌握した。シャハは、その後も版図の拡大を図り、チベットに侵入して清の反撃を受け、イギリスの東インド会社を刺激してイギリスとの軍事衝突にまで至った。この二つの戦争を経て、ネパールの国境が確定した。シャハの死後、後継者をめぐる抗争が続いた中で、1846年、将軍ジャンガー・バハドール・ラナが国王を有名無実のものとして実権を握り、以降100年間権力を独占した。

2) 近代〜現代の地層
① 歴史的景観の変化

1846年に親英派のラナ将軍の専制政治が開始されると、カトマンズの建築に一大変化が訪れる。ヨーロッパ建築様式の導入であり、ヨーロッパ建築自体の建設とネワール様式の王宮の改修が行われた。結果、カトマンズ盆地の王宮建築群は、ネワール様式の伝統的な建築の中に異質な西欧建築が挿入されるという景観を呈することになった（図24-7）。現在、幸いにもそれらの建築は宮殿として用いられているものは無く、ホテル、オフィス、教育機関などに転用されている。1951年トリブヴァン国王の王政復興で、ラナ専制政治は終焉した。その後、王政と政党政治の間のヘゲモニー争いが続き、1990年にようやく議会制民主主義の実現へと至った。カトマンズの歴史的市街地はダルバール広場を中心として形成されてきたが、近代に入ってのヨーロッパ様式の大規模な建築群は、これまでの市街地の南端に当たるカンティ・パトの南側に配置され、市街地はほぼ2倍に拡大されていった。1980年代になると、異変が生じてくる。1970年代に人気を博したビートルズのインド巡礼に端を発したヒッピー・ブームが、西欧人にとって神秘的なカトマンズに波及し、歴史的市街地の北部のタメル地区がヒッピーの聖地として位置づけられていった。バックパッカーのための安宿や飲食店が集積し、街中の看板標識は英語が溢れる地区となった。

図24-7 カトマンズ旧王宮の西欧化

② 都市圏の膨張

カトマンズ盆地の人口は、1970年には54万人であったが、90年には108万人、2011年に202万人と20年ごとに倍増している。このうち、中心に位置するカトマンズは101万人、隣接するパタンは23万人の人口である。盆地の都市構造は、1984年の段階では、カトマンズとパタンが環状道路の中に市街地として一体化し、その外側にバクタプルのほか、キルティプル、ティミなどマッラ王朝分裂の時に小都市国家として存立した集落が分散する都市圏構造となっていた。しかし、2015年には人口が4倍に増加する中、市街地は環状道路の外側へとスプロールし、かつての小都市を取り込んで拡大を続けている。この人口膨張は、

図24-8 郊外を埋める粗末な煉瓦造の中高層住宅

歴史的市街地の伝統的な様式の都市住宅を改変し、外縁部ではかつての緑の農地をつぶして、盆地全体を無表情な粗末な煉瓦造の中高層住宅に変えている（図24-8）。

2. 都市・建築、社会・文化の特徴

1) 建築と広場

①チョク

マッラ王朝の時代には、カトマンズ盆地で独特の王宮建築が生まれた。平面がロの字をした閉鎖的な中庭を持つ様式で、これをチョクと呼ぶ（図24-9）。もともと居住用であったものが、行政機能、催事機能などが付加され、さらに寺院、沐浴場などが結合して複合的な施設となっていった。王位が変わると次の王によって増築、改築が繰り返されて、王宮は、さらに複合化され膨張していった。僧院、寺院などもチョクの様式を採用し、街の中心のダルバール広場には、これらが立ち並んでいくため、広場は、複雑な平面形を持つようになっていった。

②ダルマシャーラ

この街を歩くと、広場や道の要所要所に公共の休憩空間が目につく。ダルマシャーラと呼ばれるこの空間は、本来、近隣住民や旅行者、巡礼者が自由に使える場所として造られた。ヒンドゥー教も仏教も盛んなネパールでは巡礼者や修行僧が多く、自己鍛錬として苦行の旅が求められた。こうした旅人のための休憩所であり、成功を収め豊かになった信者によって寄進されたものである。ダルマシャーラには3種類がある。そのうちパティは最も小さな休憩場で、街の角々につくられた1mほどの奥行の床に屋根がかかったものである（図24-10）。老人たちが時間を過ごしたり、地元の産品を売る場になっていたりする。サッタールはこれを2階建てにしたもので、2階で修行僧が寝泊まりできる場所となっている。パティもサッタールも奥に壁面を持つが、マンダパは四方が開け放たれた東屋であり（図24-11）、コミュニティホールの役割を果たしている。多くは広場に配置され、2階、3階を持つものもある。

③開口部の木彫装飾

ネパール建築は、煉瓦の組積造に木製の彫刻が施された開口部ユニットをはめ込むという構法でできている（図24-12）。マッラ王朝時代に頂点を極めたこの美しい木彫装飾は、多くの部材が釘を使うことなく、複雑、精巧に組み込まれて建物を補強している。王宮、寺院を問わず、豊かな民家にも採用され、都市の美観と特徴を生み出している。しかし近年、建築の建替えに伴い、保存されることなく取り壊され、廃棄されてきている。

2) 仏教とヒンドゥー

①少女神クマリ

カトマンズのダルバール広場にあるクマリの館に暮らす少女神（クマリ、図24-13）は、繁栄と成功をもたらす幸運の女神かつ預言者であり、ヒンドゥー教徒には女神タレジュや大女神ドゥルガーの化身、仏教徒にとっては密教の女神が身体に宿った姿であると思われている。クマリは仏教徒のネワール族から選ばれ、その選定を行うのは、王宮に仕えるヒンドゥー教の司祭と仏教の高僧5人である。クマリは、毎日ヒンドゥー教と仏教双方のお祈りをして、訪れる人々の礼拝を受けるという。このクマリ信仰は、土着信仰を起源に持つと思われるが、その宗教的な特徴はヒンドゥー教と仏教が融合した信仰であるということだ。宗教が融合するということはあり得ず対立することのほうが多いのが普通だが、このネパールでは対立することなく、融合

図24-9 カトマンズのナサル・チョク

図24-10　小さな休憩所パティ

図24-11　パタンのマンダパ

図24-12　彫刻が施された木製開口部

ないし共存している。

②ヒンドゥー教と仏教の融合

　仏教の開祖である釈迦はネパールの南西部で誕生したことから、カトマンズ盆地に古くから住み着いていたチベット・ビルマ語系のネワール民族は仏教徒であった。最初のリッチャヴィ王朝自体はヒンドゥー教徒であったものの、仏教を庇護したことから、土着信仰とヒンドゥー教、仏教が共存する形態が生まれていった。もともと、ヒンドゥー教と仏教はどちらもBC1000年頃からあったバラモン教をもとに発生してきた宗教で、基本的なところでの類似性がある。

　この盆地の街を歩くと、街角に性器を象徴したリンガと呼ばれる石像を納めた小さな祠や象の姿のガネーシャ、鳥の形をしたガルーダなどのヒンドゥー教の神々が祀られ、建物の方杖にも神々が彫刻され、トゥンダールと呼ばれている。また、日本の五輪塔のようなストゥーパと呼ばれる大小の仏塔が、街の広場では必ず目につく。上部の四角い部分には、世界を見通すといわれる仏眼が見開いている。石造の小さな仏塔はチャイティアと呼ばれ、各所に見られる。代表的なストゥーパは、都市創造の伝説を持つ最古の寺院スワヤンブナートや世界最大の規模を誇るボダナート（図24-14）である。なお、ヒンドゥー教の聖地としては、ネパール最大の寺院パシュパティナート（図24-15）があり、死者の遺体を屋外で火葬し、その遺灰をガンジス川の支流の聖河バグマティ川に流す様子が見られる。

　ネパールでは、2011年時点でヒンドゥー教徒81.3％、仏教徒9％であるものの、街中では二つの宗教は共存している。

図24-13　少女神クマリ *17

図24-14　ボダナート寺院の世界最大のストゥーパ

図24-15　ヒンドゥー教寺院のパシュパティナート

バンコク（クルンテープ：現地呼称）

植民地にならなかった王都

名称の由来
Bang（小集落）にKok（樹木の名称Makokの意味）が合体して「マコークが茂る水辺の集落」という言葉を、ポルトガル人が地名と勘違いして呼ぶようになり、西欧人はBangkokを都市名として使用するようになった。この都市を建設したラーマ1世は「クルンテープ（天使の都）」と名づけ、タイではこの地名が使われる。

国：タイ王国
都市圏人口（2014年国連調査）：9,098千人
将来都市圏人口（2030年国連推計）：11,528千人
将来人口増加（2030/2014）：1.27倍
面積、人口密度（2014年Demographia調査）：2,461km²、6,100人/km²
都市建設：1782年ラタナコーシン王朝の都になる
公用語：タイ語
貨幣：バーツ
公式サイト：http://www.bangkok.go.th/main/index.php?&l=en
世界文化遺産：なし

1. 都市空間の形成

1）近代以前の地層
チャオプラヤー川に面した水際都市

バンコクは、もとは水辺の小集落で、王都アユタヤを防衛するためのポルトガル傭兵隊の砦があった。1767年、アユタヤ王朝はビルマ軍の侵攻によって滅亡させられ、バンコクは廃墟となった。反撃してビルマ軍を破ったタクシンは、チャオプラヤー川のバンコクの対岸にトンブリー王朝を築いたものの続かず、その武将のチャオプラヤー・チャクリーが新たにラタナコーシン王朝（現王朝）を創設し、ラーマ1世として即位した（1782）。

ラーマ1世は王都を対岸の現在の地に遷し、クルンテープ（天使の都）と命名した。人間が住むのに適さない湿地への遷都はビルマ軍の侵攻に対する防衛が目的であり、トンブリー王朝時代、すでに背面の湿地帯との間はクームアン運河で囲まれ、川中島となっていた。この既存の運河の外側に、さらにバームラムプー運河、オーンアーン運河を掘って二重の防御とし、運河沿いに城壁を築き、川、運河、城壁で守られた要塞ラタナコーシン島を王都とした（図25-1）。城壁には14の砦、16の大門、47の小門が設けられた。

この都市は、運河が主要な交通路となった。多くの運河が張り巡らされ、その後、水上交通の要衝に市場が設けられ、家屋は運河沿いに高床式住宅で造られていった（図25-2）。バンコクは都市の成立時から異民族商人を受け入れていったことから、交易都市としての性格が強まっていった。

政治と宗教の合体：都市の構成は、かつての王都アユタヤを理想のモデルとして建設された。政治権力の中枢となる王宮と宗教界の権威となる寺院は国家の象徴として内側運河の中に配置し、王宮を取り巻くように多くの宮殿が配置された。王権と仏教の一体性を示すため、王宮内にエメラルド仏像（通称）を祀る国家第一の寺院ワット・プラケオ（図25-3）を造営した。この王宮に隣接するワット・ポーには巨大な涅槃仏が安置され、その後、ラーマ1世から4世までの遺骨を納める仏塔が建てられた。仏教以外の宗教にも寛大で、対岸のトンブリーにはキリスト教会、イスラムのモスクができ、中国廟がサムペンに建設された。これら異民族の集落は内側運河の外側に配置し、商業活動を営む中国人は外側運河南のサムペン地区に配置され、チャ

図25-1 ラーマ1世の時代のバンコク*1

図25-2 水上交通時代のバンコク*13

図25-3 ワット・プラケオ

イナタウンが形成されていった。バンコクは都市の成立時から異民族商人を受け入れて、交易都市としての性格を強めていった。

2) 近代の地層
①改革による近代化と都市の拡大
1851年に即位したラーマ4世は開明的な思想の持ち主で、それまでの鎖国的経済から脱出するため、1855年イギリスと通商条約を締結し、主力製品のコメの輸出を可能にした。これにより農業は市場経済へと移行して生産性が拡大し、チャオプラヤー川デルタ地帯は一大水田地帯となり、経済が活性化していった。ラーマ4世はミュージカル「王様と私」のモデルとなった国王であり、王族や貴族の子女に外国語と西洋文化を学ばせたことで知られている。こうした開明志向の国政はチャクリー改革と呼ばれ、1868年に即位したラーマ5世（チュラロンコン大王）に受け継がれていく。西欧の行政・司法制度の導入による中央集権制度の確立、学校教育の開始、奴隷制度の廃止を行って近代化を進め、周辺東南アジア諸国が列強の植民地になっていく中で、欧米勢力の侵略を防ぎ、独立を維持した。年代的にも日本の明治天皇と同時代の君主で、チャクリー改革は明治維新と対比されるものである。

②市街地の拡大と道路整備
この時期にバンコクの市街地も変貌を遂げる。膨張していく都市域に対応する交通網として、さらに外側に第3のパドゥンクルンカセーム運河を建設し、三重の水路で都市を囲み、運河間を結合する水路を整備して経済活動を活発化させた。この時期にはビルマの脅威はすでに去り、城壁を建設する必要はなくなっていた。しかし、市場経済が導入され流通する商品の量も増大してくると舟運は限界となり、道路建設の必要性が高まった。まずは、1853年以降、中心部から外縁部に向かう道路から建設が始まり、現ラーマ4世道路、現ニューロードが建設され、この二つの道路を結合するシーロム通りも建設された。第3の運河の中にも次第に道路が建設され、1900年前後には、王宮と新しいドゥシット王宮を結ぶラーチャダムヌーン大通りが建設された（図25-4）。この道路はパリのシャンゼリゼをモデルにして並木を備え、現在でも最も広い道路である（図25-5）。次いで、こうした道路に直角交差する道路が何本も作られた。それまでの家屋は運河沿いに建てられた木造高床式の建築であったが、新しい道路の両側には、シンガポールのショップハウスを模した2階建ての棟割長屋が連なり、街の景観を変えていった。

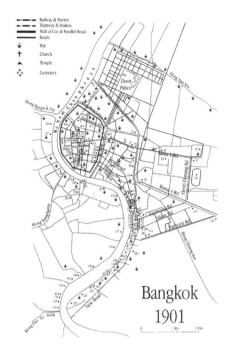

図25-4　1900年代の市街地地図*13

図25-5　ラーチャダムヌーン大通り

3) 現代の地層
①市街地構造の形成
現在、金融街となっている王宮南部のシーロム通りは、1861年にラーマ4世によって建設された新しい道路である。その後、並行してサートーン通り、シープラヤー通り、スラウォン通りが建設されると、これらによって形成される街区は「4S街区」と呼ばれ、王族や貴族をディベロッパーとする宅地開発が進んだ。特にシーロム通りは、20世紀には高級住宅街に変貌していった。通りの両側には、コロニアル様式の邸宅が立ち並び、路面電車が走り、その都市景観は西洋の街のように美しいものとなった。ここには、タイ人の上流階級だけでなく中国人、インド人、西欧人、イスラム教徒も共住し、多民族によるコスモポリタンな社会と文化が生まれた。その後、この地域には外国企業や商店が進出し、1961年以降は道路の真ん中に配置され

図25-6　ラーチャダムヌーン大通り沿いの官庁街

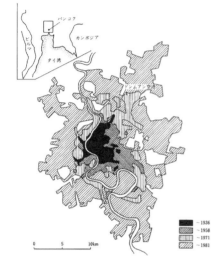

図25-7　市街地の拡大（1936-81）*2

ていた運河が埋め立てられて広幅員の道路に替わり、1980年代からは20～30階建ての高層ビルが林立するビジネス街に変貌していった。

王宮北部のドゥシット地区も、ヨーロッパの都市づくりを参考に建設された。ラーマ5世は西欧を訪問し、宮殿を郊外に置く着想を得て、アナンタ宮殿やウイマンメーク宮殿をつくり、動物園や競馬場も配置した。特にアナンタ宮殿は、大理石造のルネッサンス様式で建設された。ラーチャダムヌーン大通り沿いの地域では、王族の住まい、官庁施設、軍関連施設など政治行政にかかわる建物が建設され（図25-6）、その関係者の多くがここに居住した。こうして、北部に公的な施設群、南部に民間の施設群が立地するというバンコクの市街地構造が形成された。

②人口の膨張と都心、郊外の形成

バンコク（BMA）の人口をおおよそ30年ごとに見てみると、第1次世界大戦後の1919年に43.7万人であったものが、第2次世界大戦後の1947年には117.9万人と2.7倍に、さらに1980年には307.7万人で4.9倍へと急増した。2010年は830.0万人と増加は続き、周辺地域を含めた都市圏（BMR）人口は、2010年で1,032万人となり、中心部は人口が停滞し、郊外に拡大するというドーナツ現象が発生してきた。1980年までの急激な人口増加は、この時期の工業化と都市化によるものである。1960年代から道路網の拡充により、商店、工場はバンコクの東と南東に向けて拡大した。1970～90年代にかけては、バンコク北部のアユタヤ方面、東部のタイ湾沿岸方面に大規模工業団地が建設されていった（図25-7）。

雇用機会の増加につれて、住宅地も東と北東に向けて広がっていった。こうした外縁地域は、1970年代後半から分譲住宅地の中心となり、郊外商業センターが建設されていく。この郊外化はその後、全方位的に展開していった。同時期に、かつて邸宅地であった「4S街区」はオフィスビル建設が進み、1990年代にはビジネス街化して、バンコクのCBDとなっていった。その中でもシーロム通りはタイのウォール街と呼ばれる金融街となり、高層ビルが立ち並んだ（図25-8）。

③世界最悪の交通渋滞とその解決

1990年代にバンコクは、世界最悪の交通渋滞と言われる都市となった。その原因は、幹線道路整備の遅れ、都市鉄道の未整備によるマイカー通勤の増大にある。1980年代より首都高速道路建設が開始され、2007年にようやく内環状線、外環状線が完成し、中心部を経由せずに北部ア

図25-8　シーロム通り周辺の開発状況

図25-9　サーヤムのBTS

図25-10　超高層マンションの建設

ユタヤ方面、東部湾岸方面に往来できるようになった。また1990年代に都市鉄道建設が始まり、1999年に最初のスカイトレイン（BTS、図25-9）が開通して、現在では2路線が整備された。これに加え、地下鉄（MRT）1路線とスワンナプーム国際空港とのエクスプレスが開通した。これら都市交通整備は交通渋滞の解決を目指すものであるが、都市交通や高速道路の結節点に商業、オフィスの集積を進め、周辺住宅開発の増加をもたらしていることから（図25-10）、交通渋滞の抜本的な解決とはなっていない。加えて、多大な経済損失をもたらした2011年の洪水に見られるように、豪雨に対する排水システムの整備も必要とされている。

2．都市・建築、社会・文化の特徴

タイは仏教王国だが、その文化にはヒンドゥー教などの影響が加わっている。仏教もヒンドゥー教も、その起源は紀元前のインドのバラモン教を土壌としている。仏教はそのカースト制度を否定し、ヒンドゥー教は民衆宗教へ変化することによって、新たな宗教となった。タイの仏教は、その後スリランカに伝わり東南アジアに普及した上座部仏教であり、日本と異なり出家して修行することが求められる。バラモン教を出発点としたことからヒンドゥー教徒との文化面での共通性があり、仏や神も同じであるものが多い。

1) 宗教・王宮建築

タイに影響を与えているクメール建築は7〜13世紀に栄え、ヒンドゥー教と仏教の融合した寺院建築を生み出した。その後、タイのスコータイ王朝はスリランカの上座部仏教を信奉した。これに次ぐアユタヤ王朝は、スコータイ様式とクメール様式の双方を発展させ、バンコクの王朝はこの文化を継承したことから、両方の様式が併存する形となった。

仏塔：仏塔の様式は、円錐形をしたチェディとトウモロコシ形のプラーンの2種類に大別できる。チェディはストゥーパに直接起源を持つ仏塔であり、数多くの壇を積み上げて形づくられ（図25-11）、その段や形状には仏教の教義が込められている。このチェディにもさらにスリランカから到来した釣鐘形、タイ独自の小型方形形の二つのタイプがある。プラーンはクメール建築の高塔の祠堂であるが、タイでは仏塔の役割も果たし、王室寺院に多く見られる様式である。塔の先端にはシヴァ神の象徴を象り、中腹にはインドラ神や三頭象が彫り込まれている（図25-12）。

建築装飾：タイの建築では屋根の形状が独特である。宗教建築、王宮建築ともに同じ様式が用いられている。破風の頂点にはチョーファーと呼ばれる黄金の突起物があり、光り輝き熱を発する聖鳥ガルーダを象っている。それから斜め下に連なるギザギザの装飾はバイラカーと呼ばれ、ガルーダの翼と蛇神（ナーガ神）の鱗を表している。そこから突き出る突起物は蛇神の頭部のハーンホーンである（図25-13）。これらの装飾はヒンドゥー教の神話に基づいていて造られている。

2) 商業活動

バンコクは、顧客が観光客、庶民層、富裕層と多様であることから、さまざまな形の商業活動が混在し、エスニックな魅力を有している。

水上マーケット：チャオプラヤー川デルタの集落では、小舟に商品を積んで売る移動型の商業が中心であった。運河が埋め立てられ道路になってしまったバンコクの中心市街地では、もはやこれを見ることはできないが、郊外では観光用、文化保存用のものをダムヌンサドゥアック、タリンチャン、アムパワーなどに見ることができる。運河に浮かんだ小舟の上で野菜、果物、食材、工芸品などを売るだけでなく、火を使った料理も舟の上で行う水上ファース

図25-11　ワット・プラケオのチェディ

図25-12　ワット・アルン境内のプラーン群

図25-13　チョーファー、バイラカー、ハーンホーン

図25-14 小舟の集まる水上マーケット　　図25-15 ブッダ・マーケットの店先　　図25-16 サイアム・パラゴン

トフード店でもある（図25-14）。

地域マーケット：〈ブッダ・マーケット〉ワット・スタット近くの仏像の市場。黄金の仏様が店先に並び（図25-15）、出荷され、いろいろな仏具が販売されている様子はバンコクでしか見られない。〈ヤオワラート通り：チャイナタウン〉バンコク遷都の際、移転させられた中国人街で、金の売買、雑貨店、屋台海鮮レストランなどが立ち並ぶ。〈パッポン通り〉ナイトバザールの性格を持ち、夕方17時頃から屋台の設営が始まり19時頃より営業が開始される。観光客向けの土産物店街であり、通りの両側は風俗店が軒を連ねる。〈カオサン通り〉世界中のバックパッカーがこの場所を「聖地」と崇め、アジア旅行の出発地点にした場所。安価な宿泊施設、衣類、バッグ等の商店、オープンエアのレストラン・バーなどが立ち並ぶ。〈チャトゥチャック市場〉週末が営業日だが、来街者は毎週20万人以上となる大バザールで、金魚や小鳥、金製品から宝石まで、あらゆるものが雑多に集積している。

高級ショッピングモール：富裕層や中間所得層のためのショッピングモールの集積地サーヤムには、バンコクのベストモールと言われるサイアム・パラゴン、マーブンクロンセンター、セントラルワールドプラザなどが集結している。その代表格のサイアム・パラゴンは2005年にオープンし、富裕層を対象に高級ブランド、レストラン、フードコート、映画館、水族館、フィットネスジムまであらゆるテナントが集まり、ランボルギーニなどのスーパーカーの販売もなされている。巨大な吹抜けのエスカレーターから見下ろす店内の眺めは素晴らしい（図25-16）。サーヤム以外にもターミナル21、メガバンナなど新しいモールが建設されてきている。これらのモールは、東京など先進国のショッピングモールを上回る高級感を演出しているのが特徴である。

26 シンガポール

世界の先進都市国家

市章

名称の由来
かつてトマセックと呼ばれたこの地は、14世紀末にジャワ島のヒンドゥー国家マジャパイト王国となった頃よりサンスクリット語の「獅子の都」を意味するシンガプラに地名が変わり、これをもとに英語のシンガポールの名称が生まれた。

国：シンガポール共和国
都市圏人口（2014年国連調査）：5,079千人
将来都市圏人口（2030年国連推計）：6,578千人
将来人口増加（2030/2014）：1.30倍
面積、人口密度（2014年Demographia調査）：518㎢、10,500人/㎢
都市建設：1819年ラッフルズがシンガポールに上陸し、都市建設開始
公用語：英語、マレーシア語、中国語、タミル語
貨幣：シンガポール・ドル
公式サイト：https://www.gov.sg/
世界文化遺産：シンガポール植物園

1．都市空間の形成

1）近代以前の地層

　3世紀初頭に、インドと東南アジアとの間にすでに経済的交流があり、マラッカ海峡は東西貿易の主要なシー・レーンであった。かつてこの場所はトマセックと呼ばれていた。海岸にマングローブが密生し、その内側に熱帯原始林と沼沢地が続き、人の住みにくい土地であった。マジャパイト王国の属国地の頃よりシンガプラと呼ばれるようになり、14世紀末にマラッカ王国が出現しその支配地域となったものの、1511年ポルトガルの支配に変わり、1641年にはオランダ領となる中、シンガプラは消滅していった。

2）近代の地層

①イギリスの植民地

　1819年、イギリス東インド会社のトーマス・スタンフォード・ラッフルズがこの島に上陸し（図26-1）、当時の支配者のジョホール王国と協定を結び、商館を建てる権利を獲得した。1824年にこの地は東インド会社に移譲される（図26-2）。イギリスとオランダは条約を結び、シンガポール海峡以北をイギリスの領分とし、以南をオランダの領分としてアジアの領土の分割を行った。
　1826年、イギリスはペナン、マラッカ、シンガポールの3都市を東インド会社の海峡植民地とし、1867年よりこれらを直轄植民地とし、シンガポールはその中心となった。新しい都市建設に伴い、支配者のイギリス人以外に労働力としての中国人、マレー人、インド人のクーリー（苦力）などがやってきて、小さな街の人口はラッフルズの上陸後4カ月で5,000人になり、1824年には1万人に達した。1840年には中国人は人口の半数、1921年には75％を突破し、華僑の都市と化していった。
　イギリスはこの都市を関税障壁を設けない自由貿易港にしたことから貿易が活発化し、中国とのアヘンや茶などの中継貿易としてのみならず、マレー半島で産出される錫やゴムの商品取引の国際的中心となっていった。スエズ運河の開通（1869）で貿易が一層活発化して港湾の拡充が求められ、1879年には、セシル・ストリート以南の埋立てが

図26-1　シンガポール河畔に立つラッフルズの彫像

図26-2　海からのシンガポールの眺望（1820年代）*10

開始され、1930年になると現在都心の幹線道路であるシェントンウエイと周辺が埋立て開発され、ビジネス街が形成されていった。こうして人口は膨張していき、1871年には人口は10万人近くになり、1921年に42万人、1931年には56万人に達した。

②多民族居住と人種隔離

1823年にラッフルズが構想した都市計画は、民族ごとに居住区を定めた人種隔離政策に基づくものであった。植民地当局としては、宗教、言語ともに異なることから、団結して反抗する脅威の可能性が無く、少数の植民地支配者で多数の民族を支配していくイギリスの植民地支配術であった。

この多民族構成は、2014年時点で華人（現地国籍を取得した中国人のこと、中国国籍のまま海外生活をする中国人は華僑と呼ぶ）74.3％、マレー系13.3％、インド系9.1％、その他3.3％であり、1世紀前にはすでに同様の構成となっていた。この人種隔離の都市計画は、1828年にジャクソンによって策定された（図26-3）。

まず、シンガポール川の北側に支配者であるイギリスの公共施設としての議事堂、教会、クリケットクラブが配置され、ヨーロッパ人はその北側の地域に居住地を配置され、その東側にビーチロードが海岸に沿って配置された。このビーチロードに沿った用地をその後サーキーズ兄弟が購入して、ラッフルズホテルを開業する（図26-4）。さらにその北部にはムスリムの居住地が設置され、アラビア人やマレー系漁民のオラン・ブギが住み着き、現在のアラブストリートやブギスの街を形成していった。

中国人のための商業地は、シンガポール川の南側の現在のラッフルズプレイスの場所に配置され、マーケットとして貿易会社や百貨店が配置された（図26-5）。その後都心となるこの一帯は、セシル・ストリートが海岸通りでそれ

図26-4　ラッフルズホテル

図26-5　19世紀のチャイナタウン*10

より東は海であった。これら商業地区の西側は中国人の居住区であり、さらにその西にインド人の居住区が設定された。

最大多数を占める中国人は単一の民族集団ではなく、出身地ごとに地縁的に結合してコミュニティを形成し、同じ職業に就く一郷一業の仕組みを形成した。これらの異郷集団は融合することなく自足的な生活を営んだが、その中でも有力な商人の多い福建人は中心市街地近くに集住し、職人の多い広東人はチャイナタウンの南寄りに集中した。この職業区分はインド人も同様で、ヒンドゥー教徒は労働者が多かったが、シーク教徒は軍人、警官に従事した。これらの異質な宗教集団は融合することなく、自足的なコミュニティを形成していった。

3）現代の地層：植民地からの独立

①独立はしたものの

イギリスの東南アジア植民地支配の拠点として栄えたシンガポールは、1941年に開始された大東亜戦争により日本軍の攻撃を受け、翌年無条件降伏をし、日本の軍政下「湘南島」と改名され、過酷な軍政が敷かれた。1945年に日本の敗戦により、再びイギリスの植民地に戻るが、かつての宗主国イギリスに対する人々の意識は変化し、独立運動が活発化していった。

1954年に人民行動党が組織され、反植民地主義、反英

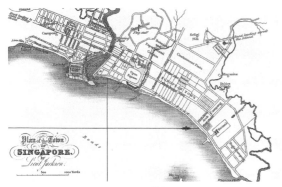

図26-3　ジャクソンの都市計画図*14

図26-6 フラートン広場でのリー・クアンユーの演説*10

図26-7 独立時の中心市街地（1965）*10

独立闘争を通して、1959年の総選挙にて人民行動党が政権を掌握しリー・クアンユーが首相に就任した（図26-6）。1963年マレーシア連邦が成立、その一つの州として参加してイギリスから独立したものの、人種、宗教を別とする経済的・政治的対立がもとで、1965年シンガポールは連邦から追放されてしまった（図26-7）。

マレーシア連邦への統合によって市場を確保し、経済成長を図ろうとした戦略は失敗に終わった。また、独立によりGDPの20％を占めていた駐留イギリス軍の基地経済も、軍隊の撤退により消滅していった。市場も資源もない都市国家に、生き残りの大戦略が必要とされた。

②計画管理型社会の構築

資源が人間だけのシンガポールが生き残るためにリー・クアンユーがとった戦略は、「強く正しい政府とそれに従う規律ある国民」、そのための「能力と道徳を兼ね備えた指導者」という儒教的価値観に基づく開発主義国家の道であった。これを達成するための社会システムとして、①政治的安定、②強力な官僚システム、③優秀なテクノクラート育成のためのエリート教育、④社会秩序の維持を求めた。

具体的には、政治的批判勢力を一掃して人民行動党による一党体制を確立する。その上で、政策立案・実行能力を持つ中央省庁、準政府機関、政府系企業の3層からなる官僚組織を構築する。この仕組みの中に優秀な人材を配置し、人事異動させ、3層構造が一体的に稼働するようにする。人材育成は小学校の時期から段階的に選抜し、大学段階の優秀者は欧米の著名大学に国費留学させる。

一般国民にも、英語を共通語とする2言語教育を課し、学歴、地位、収入が比例する仕組みとし、紙屑のポイ捨てに罰金を課すなどに見られるように、英語のFineが持つ「罰金」と「綺麗」の二つの意味を持つ都市、Fine Cityを構築していった。

経済開発政策：1961年には経済開発庁が設立され、産業振興戦略を検討し、1966年、輸出志向型工業化政策として発表された。外資に対する優遇措置が決定され、投資環境の整備がなされた結果、多国籍企業が相次いで進出し、その先端技術、経営ノウハウ、海外市場の獲得に成功していった。1970年前後には平均14％の経済成長率を達成し、完全雇用都市国家となった。この開発政策は、その後の途上国のモデルとなり、多くの国が追随していくことになった。

港湾都市：24時間稼働する世界の港湾取扱い貨物量ランキングで1998年第1位、2012年第2位を占める港湾が、シンガポール港湾局（PSA）によって整備された（図26-8）。ジュロン開発公社（JTC）による工業団地開発によって、国際石油資本のアジアのセンターとなるジュロン島の石油精製基地建設が行われ、多国籍電子部品企業の生産拠

図26-8 世界有数のシンガポール港

図26-9 サンテックシティのコンベンション施設

図26-10 ワンノースのバイオポリス

点としてのジュロン工業団地が誕生していった。

ベスト・エアポート：1981年に24時間空港のチャンギ国際空港が開港した。その規模、都心へ20分という利便性、迅速な通関などで「スカイトラックス（Skytrax）」による2015年度の世界空港ランキングではトップの空港となった。

国際金融都市：1980年代となると東南アジア諸国の開発資金需要が高まり、先進国の金融機関が進出、シェントンウェイは金融街となっていった。国際金融取引の中心地ロンドンと時差で30分、他の欧州金融市場と1時間だけ時間が重なり、ユーロダラーの動向に合わせて金融取引ができ、国民が英語を使いこなせるという点は東京や香港には真似できない条件であり、これを生かして、1990年には金融・サービス業が増加していった。

コンベンション・観光開発：ビジネスの国際交流拠点となるサンテックシティが建設され（図26-9）、国際会議、国際見本市が活発化していった。さらに、社会道徳の点から賛否の議論が起こったカジノも経済発展の観点から、セントーサ島、マリーナ・ベイの2カ所に総合リゾート建設の一環として開設された。

バイオ・情報メディア研究開発：研究開発パークのワンノースには、生物医療科学の研究開発拠点バイオポリス（図26-10）と、情報通信・メディア産業が立地するフュージョンポリスが開設された。バイオポリスには世界の優秀な研究者を集め、バイオ技術の世界的センターにする計画である。

③先端的な都市開発と基盤整備

経済成長するにつれ、人口増加への対応と市街地整備が必要となり、1960年には公共住宅の開発と再開発を担当する住宅開発庁（HDB）が設立された。1974年にはHDBからURA（都市再開発庁）が独立して、都市計画や保存事業を行う総合的な行政組織となり、住宅開発、都市開発を実施する体制が整っていった。

林立する高層の集合住宅：政府は1964年に国民持家制度を発足させて、中央年金基金とリンクさせ、従業員は給与の23％、雇用主は従業員給与の22％相当を強制的に天引きし、従業員が55歳になると年金として支給する制度を制定、55歳以前に住宅購入資金としての使用を可能にし、国民の誰しもが住宅の取得が可能となった。現在では持家比率は95％となり、83％がHDBの公共住宅を取得、その過半数が4ベッドルームの100㎡以上の住宅に住んでいる。これらが大規模に集合したニュータウンは25カ所に及んでいる（図26-11）。HDBによる開発以外のものは

図26-11　新交通システムが導入されたHDB団地

富裕層が居住する開発であり、富裕層の増加に伴い、こうした開発も増えてきている。ケッペル湾のザ・レフレクションズやアレクサンダーロードのザ・インターレースは、先端的なデザインで世界から注目されている。

ガーデンシティ：1967年にガーデンシティ政策が発表された。1970年代には成長の早い樹木、花の咲く樹木が植えられ、1980年以降には香りのある樹木、鳥が巣づくりをする樹木が植えられ、魅力的な新しい公園を整備し、公園間をつなぐ緑のネットワークを構築した。都市空間や高層ビルの緑化にも取り組んでいる。

都市開発：市街地の拡大の中で、1970年代には、それまで果樹園と高級住宅地であったオーチャード・ロードがシンガポール有数のショッピング・ストリートへと成長し、ショッピングモールやホテルが次々と登場し、美しい街路樹の立ち並ぶ高級ショッピングストリートになっていった（図26-12）。この市街地拡大に対応するために、1971年に都市整備の基本方針を定めたコンセプトプランが策定された。1991年になると、人口400万人を見越してコンセプトプランがURAによって改定され（図26-13）、チャンギ空港、郊外ニュータウン、MRTネットワーク、シェントンウェイ周辺の都心開発（図26-14）が進められ、マリーナ・ベイ地区を世界クラスのビジネスセンターとして開発する方針が策定された。都心の他に、3カ所の地域センター（ジュロンレイク、ウドランズ、タンパインズ）と2カ所の準地域センター（ワンノース、パヤ・レバー・セントラル）の階層構造を持つ、多核構造の都市づくりが目標となった。

1992年には、277mとシンガポールで最も高層のUOBビルが完成。次いでOUBビル（どちらも丹下健三設計）が完成し、現在のシンガポールの都心のスカイラインが形成

図26-12　オーチャード・ロード

図26-15　シンガポール都心のスカイライン

図26-13　コンセプトプランの変遷＊17

年から世界で初めてプリペイドカードを導入した電子式道路料金徴収システム（ERP）が導入されている（図26-16）。都心では地下を走り郊外では高架鉄道となるMRTは4路線あり、巨大な吹抜け空間（図26-17）や世界に先駆けて採用された二重自動ドアシステムのプラットホームなど、先端性のある地下鉄として世界のモデルとなっている。

水問題：最大の弱点の一つの水資源については、連邦離脱後のアキレス腱となっている。消費量の約半分をマレーシアからの輸入に依存し、水の自給化は悲願である。

図26-14　シェントンウェイ周辺の都市開発

図26-16　都心へのERPの導入

された（図26-15）。

現在、URAが主導する都市開発は、世界を先導する水準のものとなっている。オーチャード・ロードでは、政府系ディベロッパーのキャピタランドがジョイントベンチャーを組んで、先端的なデザインの商業施設アイオンを完成させている。また、各所で、屋上緑化と壁面緑化を組み合わせたグリーンシティの建設を進めている。マリーナサウスに建設予定のニュータウンは、すべての住宅がグリーンシティとして建設される予定である。

都市交通：都心の交通渋滞は深刻な問題であり、乗用車の所有と利用には厳しい制限がなされているほか、1998

図26-17　巨大な吹抜け空間のある地下鉄駅

2003年より日本の高度濾過技術を導入し、下水の再生処理をして飲料にも利用可能とする「ニューウォーター」計画を開始し、2060年までには需要の55%をこれで賄う予定である。また、マリーナ・ベイの湾口を堰き止める可動式ダムが完成し、この淡水化により水需要の10%を賄う予定となっている。

2．都市・建築、社会・文化の特徴

1) 都市開発

ウォーターフロント開発：政府機関であるURAは、コンセプトプランに示した計画を実現するに当たっての用地の確保や造成、市場調査、基盤整備、用地の販売、開発実施上でのコントロールなど、都市開発にかかわるすべての領域にかかわっている。その中で、埋立てによる都市開発は国土の狭いシンガポールにとって中心的な開発事業である。本格的な埋立て事業は1967年から実施され、1993年までに国土の1割増加を生み、その後も進行し、陸地を拡大している。

マリーナセンターの開発：シンガポールを国際的なビジネス交流の場所とするために、コンベンション施設を中核とした複合都市開発が1990年代に実施された。この成果は結実して、現在では国際会議件数ではEUの首都であるブリュッセルを抜いて、シンガポールが1位（UIA調査）の座を確保している。

国際会議場・展示会場、ショッピングモール、リッツカールトンをはじめとする四つのホテル群から構成されるサンテックシティの他、エスプラネード・シアターズ、シンガポール・フライヤーが建設されてきた。

マリーナ・ベイ開発：1992年に、シェントンウェイ周辺の都心地区と372haの埋立て地マリーナ・ベイを結合して世界的なビジネスセンターにするダウンタウン・コアの開発計画が策定され（図26-18）、URAの組織の中にマリ

図26-18　マリーナ・ベイ開発の完成イメージ模型

図26-19　3本足のマリーナ・ベイ・サンズとマーライオン

図26-20　ガーデン・バイ・ザ・ベイ

ーナ・ベイ開発会社が設けられた。民間ディベロッパーに土地を販売し、計画に基づく開発を誘導している。

国際金融企業が入居するフィナンシャルセンターや70階建ての高層住宅などの超高層ビルが2009年に完成し、ラッフルズプレイスと結合して都心を拡大した。また、世界最大のカジノ、大規模ショッピングモール、3棟の50階建てホテル等の複合エンターテイメント施設であるマリーナ・ベイ・サンズが2009年開業した（図26-19）。モシェ・サフディ設計のホテルの屋上は空中庭園で結合され、設けられた空中プールは観光客の人気の的となっている。サンズと高速道路を挟んだ東側には二つの植物園を有するテーマパークのガーデン・バイ・ザ・ベイが開園し（図26-20）、近未来的な景観を構成している。

2) 歴史建築物の保存・修復と活用

URAは中心市街地の歴史的建造物の保存のため、チャイナタウン、リトルインディア、アラブ人街を含むカンポン・グラム、古い住宅地のエメラルドヒル、シンガポール川沿いのボートキーやクラークキー、植民地時代の公共施設が建ち並ぶヘリテッジ・リンクなどの歴史的地区の指定

図26-21 植民地時代の建築群

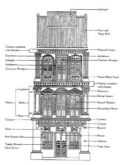
図26-22 ショップハウス保全の枠組み*12

図26-23 改装されたショップハウスの街並み

を行った。1989年には保存マスタープランを策定し、開発、建築行為の規制と保存の優遇制度を制定した。すでに7,000以上の保存建築物・構造物の保護に取り組んできている。

コロニアルスタイル：イギリスが建設した植民地時代の建築は、バルコニーを持ち、風通しの良い熱帯地方特有の様式であった。その典型で、ヨーロッパ人専用ホテルとして1887年に開設されたラッフルズホテルは、日本占領時代以降は老朽化していたが、市民からの修復の声が強まり、内外装の修復の後、1991年に再び高級ホテルとして甦った。マリーナに面する旧中央郵便局の建物も修復されてフラートン・ホテルとなり、クリフォード桟橋など旧来の港湾施設と一体化した飲食宿泊施設群となり、観光資源として活用されている。

植民地時代の公共施設である国会議事堂、最高裁判所、シティホール等は急ピッチで修復工事が行われ、文化施設などへの転用が進行している（図26-21）。

エスニックタウン：アジア人の居住区は、ショップハウスと呼ばれる赤い瓦の2〜3階建て店舗併用住宅が占め、高密な人口で汚く劣悪な住環境となっていた。都心部はビル建設によって壊されたものが多いが、その周辺部では保存・修復が進められている（図26-22）。

タンジョン・パガールから開始されたショップハウスの修復はチャイナタウン全体に及び、さらに、アラブストリートやリトルインディアへと波及し、これら4地区は、観光名所として再生している（図26-23）。

三つのキー（埠頭）：シンガポール川沿いは小舟のための埠頭がつくられ、倉庫など物流施設が立ち並ぶ港であったが、これも修復され再生されている。ショップハウスの立ち並んだボートキーは飲食店街に、大型倉庫のあったクラークキーはエンターテイメント施設を含むナイトスポットに、倉庫街のロバートソンキーは、住宅と飲食、ギャラリー街に変化している。いずれも観光客には人気のスポットである。

27 ドバイ

10年間で出現した近未来人工都市

名称の由来
定説はなく、バッタの幼虫を意味する「ダバ」や、蜂を意味する「ドゥボル」など諸説がある。

国：アラブ首長国連邦
都市圏人口（2014年国連調査）：1,778千人
将来都市圏人口（2030年国連推計）：3,471千人
将来人口増加（2030/2014）：1.95倍
面積、人口密度（2014年Demographia調査）：1,347㎢、2,500人/㎢
都市建設：1761年アル・ファヒディ・フォート建設
公用語：アラビア語
貨幣：UAEディルハム
公式サイト：http://login.dm.gov.ae/wps/portal/MyHomeEn
世界文化遺産：なし

市章

都市空間の形成

1) 現代以前の地層
漁村集落から中継貿易港

古代には、この地域はメソポタミアとインドとの海上交易の中継地点として栄えたが、BC2100年頃に衰退し、その後長い間、勃興してくる強国の支配下にあった。漁業や真珠採取を産業とする漁村集落にすぎなかったこの地域に、マクトゥーム一族が移住して小さな首長国が設立され、1761年にはアル・ファヒディ・フォートが建設された（図27-1）。1853年にアブダビなど他の首長国と同時にイギリスの保護領となり、インドに至る中継地となった。

2) 現代の地層
①首長国連邦の拠点都市

近代化の夢を抱いた当時の首長ラーシド・ビン・サイード・アール・マクトゥームの政策により、1959年にクウェートからの借入金でドバイ・クリークの浚渫工事を行い（図27-2）、中継貿易港としての機能を強化、クリークに港湾を築いて市街地が形成された。1966年のドバイ沖海底油田の発見により、経済が強化された。その後イギリスがスエズから撤退したことから、1971年には小規模首長国を中心に連邦国家を結成し、現在の7首長国によるアラブ首長国連邦（UAE：United Arab Emirates）の体制を確立した。この連邦の中では、アブダビが政治の首都として、ドバイが経済拠点として機能している。

②シンガポール・モデルによる経済成長

埋蔵量の少ない石油への依存から脱却することを目指したドバイは、1960年ドバイ国際空港を建設し（図27-3）、1980年になると産業基盤の整備を行い、産業の多角化を推進した。まず大型港湾を建設し、「ジュベル・アリ・フリーゾーン（JAFZ）」という経済特区の整備を行い、中東におけるヒト、モノ両面の流通拠点としての地位を獲得した。その後、世界の主だった金融機関が進出し、中東の金融センターとしての地位も確保した。この経済政策はシンガポールをモデルにしたものである。

経済が成長する中、発祥の地となったドバイ・クリーク両岸の旧市街も、インドやパキスタン等からの商人が集う交易拠点として発展し、ドバイ・クリークの北東岸にはスパイス・スークやゴールド・スークが、南西岸地区にはフォートやウィンドタワーを持つ建物が集まる歴史遺産地区

図27-1 アル・ファヒディ・フォートの建設

図27-2 クリークの浚渫*3

図27-3 ドバイ国際空港*4

が形成された。クリークには多数の木造ダウ船が停泊し、両岸を結ぶ木造の渡船アブラが頻繁に行き交っており、ドバイの歴史を体験できる観光名所となっている。シンガポールも旧河川沿いに歴史を体験できる観光地区が形成されており、類似した都市整備が行われている。

③未来都市の建設

人口は1950年時点でわずか2万人にすぎなかったが、2010年には190万人へと増加、2016年7月時点で250万人、2020年には280万人を予測している。ただ、人口の過半数は、建設労働のためのインドやバングラデシュなどからの出稼ぎ労働者である。このように外国人が多いドバイは、イスラム色の薄い都市であり、飲酒、服装、娯楽、食生活についての制約も少なく、多民族都市国家となっている。

ドバイ国際空港からジュベル・アリ港を結びアブダビへと繋がる幹線道路のシェイク・ザーイド・ロードが市街地を貫通し、並行して都市鉄道のドバイメトロが2005年に敷設され、この両側には超高層ビルが林立し、都市軸が形成されている(図27-4)。この軸に沿って、団塊状に大規模な都市開発が行われている。

開発は、「陸のエマール」、「海のナキール」と呼ばれる政府系ディベロッパー、政府系コングロマリットのドバイ・ホールディングスなどが主導的に行ってきている。クリーク近くにエマールによって開発されたダウンタウン・ドバイ(約200ha)には、世界一の高さ(2019年2月現在)を誇る超高層ビル(160階、828m)のブルジュ・ハリーファが完成(図27-5)、世界最大規模のショッピングセンター(1,200店舗)であるドバイ・モールがオープンしている。別途、世界一を目指すドバイ・マリーナも、都市リゾートとして完成している。海岸域には、ナキールによって開発された巨大人工島のパーム・アイランド(図27-6)、ザ・ワールド、ジュメイラ・アイランズ、ドバイ・ウォーターフロントなどが建設され、パーム・アイランドには、総合リゾートのアトランティス・ザ・パームが運営されている。ドバイ・ホールディングスは世界最高級の七つ星ホテルの

図27-4 超高層ビルによる都市軸

図27-6 パーム・アイランド*9

図27-5 ブルジュ・ハリーファ

ブルジュ・アル・アラブや高級リゾート地区マディナ・ジュメイラを運営し、同社は世界最大のテーマパークであるドバイランドを建設中である。さらに、世界最大で8kmの全天候式のモールを持つモール・オブ・ザ・ワールド(総面積445ha)の計画を発表している。世界的なイベントとして、また、競馬のドバイワールドカップの開催や、モータースポーツにも力を入れている。

急激な成長を目指すドバイだが、2009年11月に、ドバイ政府がナキールのグループ企業ドバイ・ワールドの債務返済繰り延べを要請したことに端を発し、信用不安が広がり、世界的に株式相場が急落する「ドバイ・ショック」が発生した。しかし、アブダビによる救済がなされ、経済は回復し、開発が進んでいる。ドバイ国際空港は、国際線旅客数でロンドン・ヒースロー空港を抜いて2014年には世界一となり、ドバイは世界的な交流拠点となった。現在、第2の空港アール・マクトゥーム国際空港(ドバイ・ワールド・セントラル国際空港)が一部完成し、将来的には大型滑走路6本を持つ世界最大の空港となる予定である。ドバイ政府は2020年万国博覧会の誘致に成功し、これに向けてさらなる開発が進められていく予定である。

北京

権威主義の首都

名称の由来
中国では複数の首都を有した国が多く、過去には東西南北の京の名称が存在した。現在の北京は、明の永楽帝の時代に、最初の首都南京に対し地理的に北方にある都市の北平を首都にし、北京に改称したのが由来となっている。

国：中華人民共和国
都市圏人口(2014年国連調査)：19,520千人
将来都市圏人口(2030年国連推計)：27,706千人
将来人口増加(2030/2014)：1.42倍
面積、人口密度(2014年Demographia調査)：3,756㎢、5,100人/㎢
都市建設：BC11世紀西周が薊を建設
公用語：中国語
貨幣：人民元
公式サイト：http://www.beijing.gov.cn/
世界文化遺産：北京と瀋陽の明・清朝の皇宮群、頤和園(北京の皇帝の庭園)、天壇(北京の皇帝の廟壇)、明・清朝の皇帝陵墓群

1. 都市空間の形成

1) 近代以前の地層

①燕、そして金、元の都

北京城の起源は、BC11世紀頃の西周王朝が建てた薊(Ji)という都市に始まる。薊はその後春秋時代の燕(En)に吸収され、燕の都となり、BC226年に燕が秦に滅ぼされるまで、燕国の都城として栄えた。この由来から現在も北京は"燕"や"燕京"の名で親しまれる。

その後、938年、薊城は北方の契丹族が建てた遼の副都(第2首都)となる。北方民族は複数の首都を持ち、季節ごとにこれらを巡回する習慣を持っていた。当時、薊城は燕京と呼ばれるほか、遼国の南方に位置したため「南京」とも呼ばれた。やがて女真族(満州族)の金が遼を滅ぼすと、1153年に燕京に遷都して本格的な都城「中都」を建設した(図28-2)。中都は約4km四方のほぼ正方形の都市であり、この東北の郊外に湖を有した離宮が築かれ、これが今日の北海と中海となった。

金がチンギスハーン率いるモンゴル族に攻められて領土の大半を奪われ、その後滅亡する(1215)と、モンゴル族3代目ハーンのフビライは全国を統一し、中都を「大都」に改称し元の首都とする(1264、図28-3)。現在の故宮の位置に新しい城郭と宮殿の建設を開始し、8年かけて完成

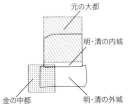
図28-1 金・元・明・清の都城の変遷と位置関係[*5]

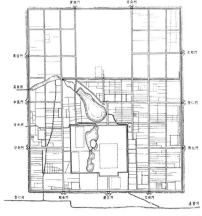
図28-3 元の時代：王城モデルに従った「大都」を建設(1267)[*5]

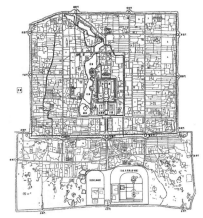
図28-4 明・清の時代：南に外城を建設。凸型平面に(1564)[*5]

図28-2 金の時代：都城「中都」を建設(1153)[*5]

した（1267）。この都市計画は、「周礼・考工記」の王城モデルが示す風水思想や封建礼制思想に従って建造された。

城の平面はほぼ正方形で、南北7,400m、東西6,650m、北に二つの門、東西南に三つの門があり周囲は護城河によって囲まれた。構えは整然とし、中軸で左右対称、全体は60の坊に分けられ、水道も整備された。この頃、大都を訪れフビライに仕えたイタリアのマルコポーロは、著書『東方見聞録』に「城内すべての土地は碁盤の目のように計画されており、その美しさは言葉で表すことができない」と記している。

②明の首都

元朝は14世紀に入ると統治能力が低下し、貧農出身の朱元璋（太祖・洪武帝）は万里の長城以南を統一して明を建国し、南京を首都とした（1368）。永楽帝が即位すると、1406年から北京に宮殿の造成を始め、14年かけて完成し、北京への遷都を行った。永楽帝は元時代の宮殿を徹底的に破壊し、新たに紫禁城（現 故宮）を建設した。その際、これまでの王朝である元の王気を鎮めるため、風水説に従い、皇城のまわりの護城河を掘削した土を用いて、元時代の宮殿跡地に万歳山（現 景山）を築いた。北部の荒れた土地を放棄し、北の城壁を南に5里縮めて南側を拡張し、城壁を南に2里延ばした（東西6,650m、南北5,350m）。都城の正面玄関である承天門（現 天安門）の前に千歩廊と呼ばれるT字型の広場を建設し、この両側に政府の官庁街を配置した。1420年には城の南の中軸線の両側に天地壇（天壇、図28-5）と先農壇を建設するとともに、中軸線の北側には鐘鼓楼を建て南北中軸線を強化した。明の中期以後（1553）から、外城の増設工事が開始された（東7,950m、南北3,100m）。この結果、元の都城を基礎とする内城と新たな外城から構成される北京城（図28-4）は独特の凸型平面の城郭都市となった（1564）。

③清の都

農民軍の反乱により明が滅び（1644）、女真族（満州族）の清が北京を占領したが、首都は引き続き北京に置かれた。清は北京城を一切破壊しないで無傷のまま活用し、余る力を大規模な園林建設につぎ込んだ。北京西方郊外の「三山五園」を代表とする皇帝園林体系を作り上げて、皇族も別荘、避暑山荘を配置し、城郭都市と緑の山水が融合する都市づくりを行った。この結果、北京はこれまでの都市形成の伝統を継承し、中国封建都城の集大成として最高水準のものとなった。城内の住宅地は坊里制の下に区割りがなされ、典型的な住宅様式の四合院で構成された。厳しい封建等級制に基づき、住宅の高さ、面積、材料、仕上げ、色彩に一定の規則が設けられ、四合院の庭に植樹された緑と黒い瓦が住宅地の基調色となり、中軸線に沿って配置された王城建築群の赤色系の屋根の景観を引き立て、隣接する北海（図28-6）、中海、南海の皇宮園林の緑と調和する美しい景観を生み出した。しかし、1860年、1900年と列強諸国の連合軍により郊外の園林のほとんどが破壊され、現在、頤和園（図28-7）のみが往時の姿をとどめている。

清は、明が構築した内城、外城の構造を民族分離政策に活用した。敷地規模も大きく街路が整然としている内城は満州族の居住地とし、狭い敷地に庶民がひしめく外城は漢族の住まいとされ、「満漢分城居住」が行われた。

④新中国の首都

孫文ら革命勢力による辛亥革命が起こって清朝は事実上崩壊し（1911）、宣統帝が退位し（1912）、南京に臨時政府が置かれて中華民国が成立する。蒋介石率いる国民党政府は正式に南京を首都と定めて北京を「北平」と改称し（1927）、都市の近代化が始まった。鉄道が建設され、前門の両側に二つの鉄道駅が建設され、長安街が貫通し東西交通の便が高まった。城内に新たな用途地区として東交民巷の大使館街、前門大柵の商業・歓楽地区、城南部の新市街地などが出現した。

北京はそれから、日本軍による侵攻を受け、8年にわたり苦難と屈辱の時期を経た。

図28-5　天壇祈念殿

図28-6　北海の景観

図28-7　頤和園

2) 現代の地層
共産党中国の都市計画

1945年に日本が無条件降伏し、国民党政府が北京を取り戻して、戦争に終止符が打たれた。

その後中国共産党支配に変わり、1949年10月1日、天安門広場で毛沢東主席が中華人民共和国の成立を宣言し、北京は新生中国の首都となった。最初の都市計画で大きな問題となったのは、行政機能の配置であった。北京の都市計画の専門家は、新規の行政機能は外部の西郊外に設置し、北京城内の歴史的・文化的価値の高い都市空間を保全すべきとの建議を出した。しかし、中国政府に招かれたソ連の専門家はモスクワ計画の経験をもとに、行政機能の旧城内への配置と北京の工業振興を主張し、この案を中央政府と北京市の指導者は受け入れ、単核同心円方式の都市構造が1952年からの都市計画に導入された。1950年以降、北京の皇城、内城、外城の城壁や城門は紫禁城を除いて次々と取り壊され（図28-8）、その跡地に広幅員の第2環状道路が建設され、街の姿は一変していった。1956年の最初の総合計画では、東と南西南の郊外に大規模な工業団地が建設され、また、西郊外に行政官庁区、北西郊外に北京大学、清華大学、中国科学院などの文教地区が形成された。別途、中心部では天安門広場が100万人を収容する社会主義国家の象徴空間とするため拡張され、人民大会堂、革命歴史博物館、民族文化宮が建設された。その一辺となる長安街は道路幅が拡幅され、北京の東西軸となった。

1980年代からの改革開放政策は首都の都市改造を推進し、オリンピックを目標に加速していった。オリンピックの開催を準備し始めた1993～2006年にかけて、三環、四環、五環、六環と四つの環状道路を急ピッチで整備し、世界に比類のない環状道路体系を完成させた。閉会式の場となるスタジアムは、約10万人収容の「鳥の巣」風デザインの建築が用意された。これを含む合計13の施設が配置された総面積1,135haのオリンピック公園が、天安門、紫禁城を北に延長した北京の中心軸（南北軸）上に建設された。また、長安街の東方の位置にCBD（Central Business District）を配置し（図28-9）、西方に金融街を配置して（図28-10）長安街を東西の都市軸とした。これにより、北京は南北、東西の都市軸を中心に環状に拡大していく都市構造を完成させた（図28-11）。これは中国の強力な権力機構が可能にしたもので、万博開催を契機に国家の威信をかけて都市改造を行ったナポレオン3世のパリと酷似している。

別途、郊外で、ハイテク産業の集積地の中関村が自生的

図28-8 取壊し前の城郭風景[18]

図28-10 低層の紫禁城と周囲の高層ビル群

図28-9 CBD地区模型（計画展覧館展示模型）

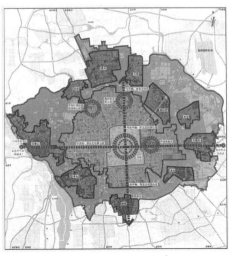

図28-11 東西南北の都市軸構造[20]

な成長をたどっていった。アメリカのシリコンバレーと日本の秋葉原を合体したようなこの地域は、1999年以降、総面積200km²を超える中関村科学技術パークとして成長し、中心地区は、電子機器やソフトのショッピングセンターが集まるIT集積のメッカとなり、内外からの観光客が訪れる場所となった。

中関村は北京の旧城区域の外側に位置する新城区域に属するが、現在の郊外化はさらにこの外縁に拡大していっている。2014年末時点で北京市の常住人口は2,151.6万人（流動人口は818.7万人）、2005年に比し613万人の増加であるが、そのうちの半数はさらに新城区域の外側の都市発展新区5区に集中し、都市の年輪的拡大が続いている。

2. 都市・建築、社会・文化の特徴

1) 都城と宮殿
①中国の都城

中国の都市は、ヨーロッパ同様城郭都市が基本であり、内城と外郭とを持つ二重の城壁の重城制が基本となっている。当初一つの城郭がつくられたが、人口と経済成長に伴い、城壁の外にも商店や住宅が広がる。この新しい住区の保護のため、外側にも新たな城壁が誕生し、二重の防衛体制が殷の時代に標準的なモデルとして確立した。次第に内城は宮城や皇城となって城郭の中心となり、この内から外に向かって、皇帝、諸侯、百官、庶民といった社会階層の居住する内部構造が形成されていった。

伝統的な都市空間は、南北と東西の碁盤の目状の道路で構成され、皇帝の住居の宮城と官僚が政治をする機能が置かれた皇城等の重要な建築群が、南北に貫く中軸線に沿って配置された。東西方向の道路はこれに結合し、地域を碁盤の目状に構成した。明・清の北京城は、南（永定門）から北（鼓楼・鐘楼）まで長さ7.5kmの中軸線を都市の背骨として、重要な施設をここに配置する空間構造となった。

②紫禁城（故宮）

紫禁城は、現在では元宮殿の意味から「故宮」と呼ばれる。明は城郭を築くに当たって、中国古来の理想「周礼・考工記」をモデルとする「三朝五門」にのっとって宮殿を築いた（図28-12）。「三朝」とは、法令発布、宗廟儀式などを行う「外朝」、皇帝の国事行為を行う「治朝」、日常政務の場所である「燕朝」であり、「五門」は、「皋、庫、雉、應、路」の5種の門であり、これが南北に一直線に並ぶ。これは、明の紫禁城において、天安門（皋門）、端門（庫門）、

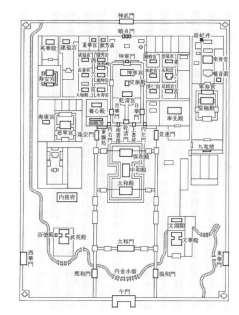

図28-12　紫禁城の空間構成[*2]

図28-13　治朝の入り口、午門

午門（雉門）、太和門（應門）、乾清門（路門）の名称で配置された。天安門から午門までが「外朝」（図28-13）、午門から太和殿などの三代殿が配置された場所が「治朝」、乾清門より北側の奥まった場所は、日常政務の場所、皇帝の休息場所、皇后、妃たちの住まいが配置された。

紫禁城の中心は太和殿であり、ここに皇帝が座して政事を行った。現代の中国では、紫禁城内部は博物館として保存され、天安門広場の中心となる場所に太和殿に建築様式が類似した毛主席紀念堂が社会主義国家の象徴として建設されているのが興味深い。

2) 四合院と胡同
①四合院

中庭を持つ住宅様式は、物理的、視覚的に外部からの侵入者を防ぎ、高密に居住する様式として、イスラム圏や地中海沿岸、インドなど古い都市文明が発達した世界各地で

図28-14 四合院の中庭空間

図28-15 内城の四合院と故同の構成[*5]

共通して見られる。その中で四合院は、四辺をなまこ壁で囲み、中庭を挟んで四方に建物を配置した住宅様式で、漢民族の住宅を代表としてBC10世紀より普及してきた。北京の四合院はその典型であり、中庭（印子）を囲んで、北側に母屋（正房）を置き、その前後左右に向かい合って脇部屋（廂房）を配置し、南側には、母屋と対峙して、門長屋（倒座）を配する。北京の冬は氷点下となることから、中庭を大きめに取り（図28-14）、日中でも太陽光が庭に差し込み、母屋を南面させて日射が入るようになっていった。また、防御の点からは、外部との連絡は道沿いに設けられた大門のみに限られ、人の出入りを限定した閉鎖空間を構成し、内部では開放性に富んだ空間をつくっている。この中庭を囲む構成は前後に2層3層と組み合わさることにより住宅の規模を拡大することができ、紫禁城は四合院の最大の集合体として構成された代表例である。

②胡同

胡同（フートン）は、元の大都以来の、街区幹線で囲まれた地区内の細い道路を指す。モンゴル語の井戸を示す言葉であり、住まいの拠点を意味していた。北京では、街区幹線などの通りは南北に走っており、胡同はこれらの道路から東西に延び、この胡同に沿って間口の狭い短冊状の四合院住宅が南面して建設されていった（図28-15）。胡同の路地の入り口には門がつくられ、夜には閉めて路地の治安を維持し、コミュニティを形成していた。大胡同306本、小胡同は無数と言われ、老北京の風景を形づくっている。

北京の内城の四合院と胡同は上中流階級の居住地として作られ、1家族の住む四合院の規模も大きいものが多く街路網も整然としているが、外城は庶民・貧民の地域であり、街路の多くは狭く曲がりくねり、四合院の建物の1室に1家族が住む雑院と呼ばれる居住形態となっていた。より密集する場合には、十数世帯が中庭を囲み雑居生活をする、大雑院と呼ばれるものとなる。新生中国となり、北京への大量の人口流入が生じた後は、増加した人口の多くは四合院を大雑院にすることにより吸収されていった。

29

上海

経済優先の二重社会

名称の由来
上海の地はかつて「海」であり、長江から運ばれる土砂が堆積して「陸地」となった。この新しい土地に上海、下海の地名がつけられ、13世紀に上海鎮、港として発展した。

国：中華人民共和国
都市圏人口（2014年国連調査）：22,991千人
将来都市圏人口（2030年国連推計）：30,751千人
将来人口増加（2030/2014）：1.34倍
面積、人口密度（2014年Demographia調査）：3,626km²、6,200人/km²
都市建設：13世紀後半、上海が鎮に昇格
公用語：中国語
貨幣：人民元
公式サイト：http://www.shanghai.gov.cn/
世界文化遺産：なし

1. 都市空間の形成

1) 近代以前の地層：上海城

上海は北京と異なり、港を中心に商業都市として形成されてきた。唐の時代末期から、上海を取り巻く長江下流域の南岸に当たる江南地域の経済発展に伴い商業が集積し、その名も上海市と呼ばれるようになった。南宋末には商港としても繁栄し始め、13世紀後半には上海鎮（市）に昇格した。江南地域は水田の多い穀倉地帯で、ここでとれる米や農産物は上海鎮に集められ、上海は地域経済圏の中心となっていった。1292年に県に昇格して上海県となり、人口は25万～30万人に達したといわれる。その後綿作の技術が伝えられ、明の時代になると、その農業振興により人口は53万人へと倍増していった。綿花の商品化とともに綿紡績工業が発達し始め、中国最初の資本主義経済が芽生えた。上海の綿布は中国全土に販売されるだけでなく海外にも輸出され、上海は新興産業の中心地になるとともに、内外交易の拠点となり繁栄した。

上海は政治都市ではなく商業都市であったため、16世紀、豊かな上海はしばしば日本の倭寇の襲撃を受けていた。その対策のため、1553年に上海県城となる城壁が建設された。当時の城壁は東西1.7km、南北2kmの楕円形で周長6km、まわりには壕が設けられた（図29-1）。清の時代の1685年に江海関（税関）が設置され、商業港として船舶が集結し（図29-2）、中国の南北および国内外を結ぶ商品流通の拠点となった。県城の中は東西に運河が走り、黄浦江に近い東門、南門の内外に店舗が立ち並び繁華街を構成し、106軒にも及んだ銭荘（銀行のギルドである「銭業公所」）が現在の豫園商場の中に設けられ、小東門外には中国各地の商館が立ち並んだ（図29-3）。20世紀初頭、商業都市の城内の人口は20万人を超えていた。

2) 近代の地層

①華界と租界：二重の社会構造

1843年、アヘン戦争によりイギリスは、香港島の割譲の他、広州、厦門、福州、寧波、上海の5港を戦争の対価として開港させた。この中でも上海は、外洋船が長江から支流の黄浦江に着岸できるとともに、荷を積み替え小型船舶で運河を経由して内陸まで分け入ることのできる地の利があり、貿易の拠点として白羽の矢が立てられた。

イギリスから領事が赴任し（1843）、上海は海外に向けて開港し、貿易商人たちの居留地として上海県城の外部にイギリス租界が設置された（1845）。このため、外国が借

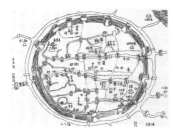

図29-1　上海県城*9

図29-2　港町として賑わう上海県城の光景*12

図29-3　県城中心部の豫園

地する形式を定めた「土地章程」が制定された。この賃貸制度はその後形骸化し、外国人が土地を自由に売買でき、租界の自治組織が行政管理・警察権を持つようになった。香港はイギリスが領有したのに比べ、上海は形式としては清の領土のままであり、租界は、中国でもイギリスでもない自由な自治都市の性格を持っていった。これまで中国人が建設してきた上海城は華界と言われ、華界に西洋人を入れない人種分離政策として租界が設定され、上海に二重の社会構造が形成されていく。

イギリスに次いでアメリカが租界を設置し(1848)、フランスもその翌年に租界を設置していった。租界は、その後何度となく不法に拡張され、イギリス租界とアメリカ租界は合体して共同租界となり(1863)、面積は最終的には22.89km²に、またフランス租界も10.11km²にまで拡張していった(図29-4)。上海には外国資本が投下され、それに刺激された民族資本の工場も設立されていき、中国最大の工業都市となった。多くの外国銀行も進出し、1932年には中国内の外国銀行の93%が上海に集中した。

②ヨーロッパの景観：バンド

2〜3階建てのコロニアルスタイルの商館が立ち並び、イギリス人が「バンド(the Bund：海岸通り、堤防の意味)」と呼んだ外灘は、1900年に入ると公館、銀行が立ち並び、建物は大型化、高層化し、経済の中心になった。1930年代には、ネオ・バロック様式やアール・デコ様式など24棟の高層建築が連続する景観が完成した(図29-5)。これらビジネスの場にとどまらず、競馬場の建設やクラブハウスなど外国人たちの社交界が生み出されていった。南京路を含む中区は商業の中心に、フランス租界の西南部は高級住宅街になって、外国企業人や中国人成功者の邸宅が建設された。イギリス租界のバンドで仕事をし、フランス租界の邸宅や高級マンションで暮らす上流階級と、使用人として働く貧しい中国人の階級格差を生み出し、パブリックガーデンには「犬と中国人は入るべからず」という看板が立てられた。華界と租界の人種隔離も太平天国の乱以降は中国人の流入によって崩れ、華洋雑居の社会となった。

図29-5 現在のバンド(高い建物は旧サスーンハウス、中国銀行)

③魔都上海

後発の日本人は地価の安い旧アメリカ租界の虹口地域に住むようになり、1905年頃には2,000人を突破してイギリスに次ぎ、第1次世界大戦後は最大の外国人居住者となり、実質的に日本租界を形成していった。1923年に就航した日本郵船の上海丸、長崎丸は、国際都市上海(図29-6)に憧れ、軍国化する日本から脱出しようとする多くの日本人を運んできた。その1人の村松梢風は、この上海を「伽大なるコスモポリタンクラブ」と評し、「文明の光が燦然として輝いているのと同時に、あらゆる秘密や罪悪が悪魔の巣のように渦巻いている」と表現し『魔都』を執筆した。

当時上海では、イギリス人は競馬場とアヘンを、フランス人は劇場と売春宿を、アメリカ人はギャンブルとダンスホールをそれぞれ持ち込んだといわれ、上海は大都会の明暗が混在する都市になった。外国の企業家、中国人資本家のような一部の富裕層だけでなく、経済的にゆとりのある中産階級が多くなり、娯楽産業、サービス産業が勃興した。ショッピング、飲食、演芸、映画、ナイトクラブに当時のアメリカの流行が加わり、上海モダンと言われる大衆文化が栄えていった。南京路には消費の殿堂として4大デパートや大型総合娯楽施設が出現した(図29-7)。上海の映画館は1930年までに40軒近くになり、中国映画も1930年代に黄金時代に入り「東洋のハリウッド」とも言われ、人気の女優を輩出した。女性のファッションとして洋装の自由さと伝統を折衷し、脚部をスリットで露出する様式のチャイナドレスが、「摩登(モダン)」な服装として生まれ(図29-8)、広告業界のカレンダー絵にも描かれ流行していった。アメリカのジャズエイジが伝搬し、フィリピンバンドの演奏でダンスホールやナイトクラブが賑わった。30軒

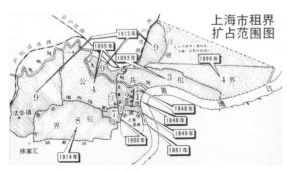

図29-4 租界の設置と拡大 [14]

図29-6 国際港としての上海の発展[20]

図29-7 1930年代の面影を残す南京路

図29-8 上海生まれのチャイナドレス[2]

余りのダンスホールは舞女(ダンサー)で華やぎ、福州路(四馬路)には多くの妓楼が集中した。「アヘン、賭博、娼婦」は魔都繁栄の闇の部分を形成した。

④植民地からの変貌

1912年の清朝滅亡後、植民地化した上海の再建案が孫文によって構想され、1927年、蒋介石の国民党政府が南京に誕生すると上海は直轄市となり「大上海計画」がスタートした。都心を移転し、租界を環状道路で取り囲むバロック型のプランは、1933年に中心となる市庁舎やいくつかの施設の完成を見るが、1937年に日中戦争が勃発し日本軍の占領によって頓挫する。

3) 現代の地層

1945年、日本軍の敗北により国民党は再び上海を支配するが、1949年には人民解放軍が上海を占領し、上海は帝国主義者から「解放」された。しかし、社会主義政権は上海の都市開発には消極的で、1952年に競馬場を取り壊し人民広場と人民公園に改造したことを除けば、都市としての上海はしばしの間冬眠に入り、華やかだった建築物は放置され黒く煤けていった。40年間のこの眠りから目覚めさせたのは、1992年春の鄧小平の南巡である。この時から上海を中心とする長江デルタ経済開発は動き出し、浦東新区開発が推進され始めた。

土地が国家所有であることから強制力を持った土地収用が可能であり、中心市街地の整備のため庶民が暮らす里弄(リーロン)住宅をブルドーザーが削り取り、道路建設や再開発が動き出し(図29-9)、2年で都市景観が変貌する速度で開発が進められた。中心部を貫く延安路の高架化をはじめ、内環、中環、外環、郊外環の「四つの環」の道路整備が急ピッチで進められた。浦東国際空港が建設され、市内中心部との間は時速430kmのリニアモーターカーによって結ばれ、虹橋国内空港は鉄道駅、新幹線駅と結合する陸空の複合ターミナルとして改造された。地下鉄2号線が両空港を結合し、急速に建設が進んだ地下鉄の総延長は世界一となった。超高層ビルは2000年段階で2,000棟、現在はその2〜3倍と言われ(図29-10)、超高層マンションが大半を占めている。超高層ビルの林立する中心市街地(一城)のまわりにニュータウン型の新都市(九鎮)を整備する一城九鎮の都市構造が目指されている。さらに、上海を長江デルタ地区の中核とする広域圏計画が推進されており、外延部への拡大が続いている。

市内総生産は中国最大であり、人口は2014年末で2,426

図29-9 里弄を削り取り建設される道路網

図29-10 1930年代の歴史的景観に覆い被さる浦西地区の高層ビル[14]

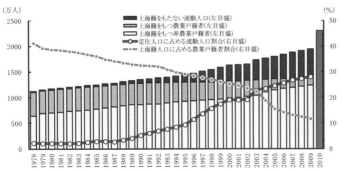

図29-11　上海の戸籍人口と流動人口[*5]

図29-12　里弄で埋め尽くされた1990年代の中心部

万人に達した。しかし人口増の主因は流動人口にあり、996万人に至る。非正規部門に就業し、社会保障はなく、地価の安い郊外地域に住む流動人口が40%を超す(図29-11)現実は、中国人社会を租界時代とは異なる二重構造にしている。

2. 都市・建築、社会・文化の特徴

1) 20世紀初頭の住宅建築

里弄住宅：1860〜62年にかけての太平天国軍の上海県城占拠によって租界に大量に流入した中国人難民を対象に、イギリス人の不動産会社が煉瓦と木との混合構造で外観がヨーロッパ風の都市住宅を大量に建設、普及させた。この住宅は、路地(里弄)を媒介に一団となって形成された連続住宅で、コスモポリタン都市独特の都市景観を生み出していった。1920年代に多く登場した初期の里弄住宅は、外壁を煉瓦で囲い内部を木造で構築した2階建て長屋であるが、石庫門と呼ぶ門構えを持つ西洋風の外観で、共同租界、フランス租界、日本租界の区域の別なく建設されていった。後期の里弄住宅は1920年代後半〜30年代にかけて建設されたものであり、路地媒介型であるものの石庫門は無く、構造はすべて煉瓦造で規模も大きくなり、中層上位の都市居住者住宅となった。初期の里弄住宅は黄浦江に近い中心部に密集して建設され、後期のものは郊外の西方と北方の地域に建設されていった。

1990年代までこの里弄住宅によって覆われていた上海の中心部(図29-12)であるが、2000年以降、進行していく道路建設とビル開発により、里弄住宅は次第に消失の一途をたどっていった。

新天地と田子坊：消えていく里弄住宅に愛着を持つ上海住民は多く、それが二つのプロジェクトを生み出した。その一つの新天地は、石庫門住宅の密集地を香港のディベロッパーが改造し、広場や新築の建物によって人工的に甦らせたもので、レストラン、ショッピングセンター、事務所、集合住居を含むナイトスポットとなっている(図29-13)。もう一つの田子坊(でんしぼう)は、廃墟化していた工場を芸術家がアトリエとして活用し芸術家村が形成されていくにつれ、その隣接地の里弄住宅地区にさまざまなアートショップやレストラン、ブティックや小物店などが自然発生的に増えて、路地(里弄)が迷路のような人気のショッピングエリアとなったものである(図29-14)。

外国人や実業家の邸宅：社会主義政権となって以後、雑居集合住宅化していったが、その後、保存と活用が進み、

図29-13　新天地の飲食街

図29-14　田子坊の雑貨・カフェ街

ホテルや高級レストランとして再生している。

2) 浦東新区の開発

上海は、黄浦江を挟んで浦西地区と浦東地区に大きく分かれている。浦西地区が租界をきっかけに国際的な都市として発展したのに比して、浦東地区は租界地区に最も近い陸家嘴地区が旧国営工場と荒地であったほかは水田地帯として、発展からは取り残されていた。しかし、中国の開放政策の流れの中で、中国政府は上海浦東の開発開放を正式に発表した(1990)。南巡で上海を訪問した鄧小平は「浦東の開発を急げ」と指示し(1992、春)、その10月に開催された中国共産党第14回大会にて、「浦東地区開発国家プロジェクト」の戦略発展目標が決定された。このプロジェクトは上海市を単なる工業都市から脱皮させ、香港を追い抜く国際経済貿易センターと金融センターにすることであった。

まず、そのために開発の初期段階で、中国政府と上海市は、陸の孤島であった浦東を結ぶ南浦大橋、延安東路トンネルなどの交通インフラとともに、地下鉄、浦東国際空港、環状道路、埠頭など外資企業が投資しやすい環境づくりを整備した。

面積1,210km²の新区の中は、陸家嘴金融貿易区(図29-15)、張江ハイテクパーク、金橋輸出加工区、上海総合保税区(外高橋保税区、洋山保税港区、浦東国際空港保税区の統合)、臨港装備産業基地、上海観光リゾート区など六つの国家レベルの開発区があり、金融・証券業、運輸とサービス業、商業、先端型製造業、臨港産業、ハイテク産業、大型航空機、自動車、生産性サービス業、観光などの産業が集積していった。2013年末現在、居住人口は500万人以上(上海市全体の約1/5)で、これまでに進出した外資企業は20,000社を超え、日本企業は3,000社あまりに達している。主要な建築物は、陸家嘴金融貿易区の先端に上海のランドマークとなっている「東方明珠広播電視塔」(468m)が1994年に建設され、続いて中心部に1998年に「金茂大厦」(420.5m)、2008年に「上海環球金融中心」(492m)、2014年に「上海中心大厦」(127階建て、高さ632m)の3棟のビルが立ち並び、マンハッタンに似た摩天楼街となった(図29-16)。これらに続き、ディズニーランドの誘致に成功、2016年春に香港に次ぐ世界で6番目の上海ディズニーランドが開業した。

図29-15　陸家嘴金融貿易区の超高層ビル群

図29-16　2017年の浦東新区*7

30

都章

東京

建替え循環都市

名称の由来
「江戸」の名は、江＝入り江、戸＝入り口で、海が入り江のようになったところの入り口という意味。明治元年（1868）に、東西に都を置く方針のもと、「江戸をして東京とする」との詔書により、改称がなされた。

国：日本
都市圏人口（2014年国連調査）：37,833千人
将来都市圏人口（2030年国連推計）：37,190千人
将来人口増加（2030/2014）：0.98倍
面積、人口密度（2014年Demographia調査）：8,547k㎡、4,400人/k㎡
都市建設：1456年太田道灌の江戸城郭建設
公用語：日本語
貨幣：円
公式サイト：http://www.metro.tokyo.jp/
世界文化遺産：ル・コルビュジエの建築作品（国立西洋美術館）

1. 都市空間の形成

1) 近代以前の地層：江戸の近世都市建設

①江戸城郭の建設

武蔵野国で勢力を持った江戸太郎重長は、鎌倉幕府成立直前の頃（1180）に、後の江戸城本丸のあたりの台地に居館を構えた。その後、太田道灌がそこに城郭を築き、町が造られた（1456、図30-1）。その後、衰退していたこの江戸に、豊臣秀吉より先祖代々の地の三河から関東への転封を命じられた徳川家康が入った（1590）。この時から、家康—秀忠—家光—家綱の4代、70年にわたって城下町の建設が進められていった。

この江戸建設は、家康が天下を取る以前は大名徳川の自営工事であり、江戸城建設のための準備であった。まず、道三堀（後の日本橋川）を掘削し、この運河沿いに神田山を切り崩して、日本橋浜町から新橋付近に至る町人地を建設した（図30-2）。その後幕府を開いた（1603）徳川家康は、大阪を上回る天下一の城下町建設のため、配下の大名に課役としての「天下普請」を命じた。まずは、後の本丸近くまで入り込んでいた海岸線の日比谷入り江を埋め立て、その前島の尾根に東海道となる街路を建設した。江戸城天守閣が完成し（1607）、現在の丸の内周辺が整備され、大規模な外郭工事を伴う最後の天下普請（1636〜39）で飯田橋、四谷、赤坂に至る現在の中央線が走る外堀が完成する（図30-3）。この頃すでに鎖国政策が布かれ、江戸城の防備強化のため大砲の射程外の距離で外堀が計画された。

家康は大名に城下に屋敷を与え、正室と世継ぎを江戸に住まわせる制度を立てた。3代将軍家光の時には武家諸法度を改定し、諸大名は1年おきに江戸と国元を往復するのを義務とし、街道の整備費用、移動費、江戸藩邸維持費などの参勤交代費用を課した。天下普請のための課役を大名に負担させることにより諸藩の経済力を制御し、長く戦争のない徳川時代を築き上げた。

拡大していく江戸には独自の渦巻き状の都市構造が採用され（図30-4）、天守を中心に（図30-5）、将軍家と御三家、右渦巻きの方向に、譜代大名、外様大名、旗本が配置され、その後の拡大が可能な構造となった。

②明暦の再建と大江戸への拡張

明暦3年（1657）、江戸城は西丸だけを残して全焼し、江戸の6割が消失した。江戸の復旧が開始されたが、天守閣の再建についてはもはや軍事価値のないものと判断さ

図30-1　太田道灌築城の江戸（想定）*10

図30-2　大名徳川の江戸建設*7

図30-3　最後の（第5次）天下普請*4

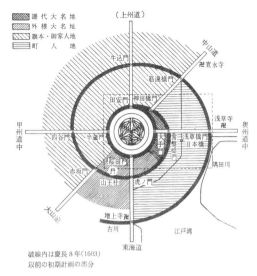

図30-4　江戸都市構成図*1

図30-5　完成した江戸城天守と城郭*8

れ、これ以降、江戸は天守閣を持たない城の城下町となった。中心部での防火地の確保のため、武家屋敷と町人地が新市街地や新開地へと移転させられ、江戸は外延部へと拡大をしていった。大名には屋敷のほかに避難場所としての下屋敷も用意され、それらの用地確保のため、築地などの埋立や本所・深川一帯も開発され、武蔵と下総の国にまたがる両国橋が架けられた。江戸は大拡大を遂げ、「大江戸」となり、西側を山手線を外郭とし東側を江東区までとする現在の東京の中心地域が完成した。

8代将軍徳川吉宗の時代に、江戸の人口は130万人（1721）となった（内藤昌推計*1）。人口の内訳は、旗本・御家人20万～30万人、大名家臣団30万～40万人、寺社地5万～6万人、町人地60万人。その面積比はおおよそ武家地70％、寺社地15％、町人地15％と身分による格差があり、町人地の人口密度は673人/haと想定される。2013年の東京区部の145人/haと比較すると、スラム状態と言える。その典型は裏長屋であり、共同の井戸と便所を挟み6～8畳（12～15㎡）の住宅が密集していた。この密度は疫病の発生の原因となるはずであるが、その頻度が西欧の都市と比較して少ないのは、度重なり発生する江戸の大火による病原菌の駆除という皮肉な理由によるものであった。

③緑と水辺の街

土地利用として武家地と寺社地が圧倒的な面積を占めた江戸は、閑静な屋敷街で覆われた都市でもあった。大名屋敷の規模は、1万～2万石で2,500坪、10万～15万石が7,000坪という規模であった。丘陵部に配置されたこれらの屋敷は、外観は家臣が住む長屋で覆われ閉鎖的であるものの、内部は自然地形に合わせて庭園、建築が配置された緑の空間であった。

低地部分は日比谷入り江、築地・浜離宮などの埋立て、深川の湿地灌漑など計画的に陸地が造成され、町人地が形成された。これらの低地は水運のための運河や掘割など水路網が造られ、明暦の大火以降は、延焼防止の観点から川岸には土蔵造りの蔵の建設が奨励され、白壁の切妻屋根が立ち並ぶ美しい水際都市の景観を生み出していった。

結果、山の手は起伏に富む丘陵地の緑の自然、下町は運河で仕切られた水辺の自然が混ざり合う独特の都市空間構造となっていった。

2）近代の地層

①明治の都市づくり

西方勢力の反発を避け東京遷都令は出されなかったが、1868（慶応4、明治元）年に江戸は東京と改称され、翌1869（明治2）年に天皇と政府が東京に移り、事実上の遷都が行われた。新政府は近代国家の首都としての体面を保つために、早急の都市改造を必要とした。

銀座煉瓦街：1872（明治5）年の銀座大火の復興のため「銀座煉瓦街計画」が政府によって即決され、当初の計画は縮小されたものの、1877（明治10）年には完成した（図30-6）。煉瓦の街並みのうち長さ6,600mは回廊付きで、イギリス人の建築家ウォートルスの計画によるイギリスジョージアン様式のものであった。この煉瓦街の完成により、日本橋に比し二流の商業地でしかなかった銀座は、文明開化の象徴として日本の代表的商店街の地位を確立した。

官庁街計画：国家としての文明開化ぶりを海外に示すため、政府は、建築家バルマン・エンデとウィルヘルム・ベックマンをドイツから招聘した。彼らの計画は、パリのオ

図30-6　銀座煉瓦街*18

図30-7　霞が関の官庁街*18

図30-8　丸の内一丁ロンドン*18

スマン風の壮麗なバロック型のものであった。この外務省案は、地道に街を造り変えたいという内務省との対立となり、内務省が都市計画の実権を取るに至り、官庁集中計画は、霞が関の現法務省を含む2棟の建物のみに終わった。

市区改正：一方、内務省が推進した市区改正（都市計画）は1888（明治21）年に条例が出され、翌年から27年間にわたって実施された。その成果は都心部道路の拡幅、上下水道の整備、日比谷公園の新設を行うとともに、土地利用計画として、霞が関を官庁街にし（図30-7）、丸の内に中央駅を建設し一帯をオフィス街にするというものであった。

丸の内ビジネス街：この計画により丸の内の民間払下げが行われ、民間側は三菱と三井・渋沢連合軍の競い合いとなった。莫大な土地代金を三菱は、自社のルーツともいえる企業の持ち株を処分して買い取った。1890（明治23）年、三菱はロンドン育ちの建築家ジョサイア・コンドルを雇い入れ、赤煉瓦造りのオフィスビル13棟からなる「一丁ロンドン」と呼ばれるビジネス街を建設した（図30-8）。

②大正から昭和初期の都市づくり：関東大震災

中央停車場の建設：東京の鉄道網はベルリンをモデルとして、環状線と中央停車場（現在の東京駅）の建設が進められた。高架線建設のため、ドイツからフランツ・バウツァーが招聘された。駅舎の建設は、コンドルの弟子の辰野金吾により鉄骨煉瓦造りのものが建設され、1914（大正3）年12月20日に開業となった。

都市計画の制度：明治維新で減少した東京の人口も、首都としての繁栄の中で1920（大正9）年には約240万人にまで膨張していた。道路整備が遅れ、環境が悪化し、その対応のため内務大臣後藤新平の下、官僚、学者によって都市計画法案が作成されたが、大蔵省は強く反対をした。その結果、1919年に公布された都市計画法と市街地建築物法には都市計画、都市改造という総合的な都市計画事業のための財源は用意されず、道路、河川下水道など個々の土木事業としてしか計画を実施できないわが国の体質を生み出す原因となった。

帝都復興計画：1923年関東大震災が発生し、その後生じた火災で東京は都心と下町のほぼ全域が焼失（3,465ha）してしまった。後藤新平による帝都復興事業（1924〜30）は当初予算の1/5に縮小されながらも、焼失区域の約9割で区画整理が実行され（図30-9）、東京中心部の密集した市街地には、整然とした道路や公園が造られ、上下水道も完備した場所に変貌した。

郊外住宅地の開発：人口増加により市街地は、かつての大江戸の範囲を超え膨張していった。その中で、二つのタイプの計画的な郊外の宅地開発が実行された。第1は、電鉄会社による分譲地開発である。渋沢栄一は、欧米をモデルとした理想的な住宅地開発を目指して田園都市株式会社（現東急電鉄）を設立し、洗足地区、田園調布を開発した。同じ時期、大泉学園、小平学園、国立学園などの開発も行

図30-9　木挽町・築地一帯の震災復興事業の前（左）後（右）*19

図30-10　東京郊外住宅地開発分布*20

われた。第2は地主たちによる区画整理で、世田谷区の玉川地域、杉並区の井荻地域で計画的な宅地開発が行われた。これらの開発地は、今日、東京の代表的な優良住宅地となっている（図30-10）。

3）現代の地層
①復興の都市づくり

戦災復興：アメリカ軍爆撃機による連日の空襲は東京を壊滅させ、被災面積195㎢、焼失家屋71万棟と関東大震災を上回った。名古屋、仙台、広島など全国各地で戦災復興により都市の大改造が実行されていったにもかかわらず、東京においては、広幅員街路や緑地帯の計画は全廃され、区画整理事業は当初の計画のわずか6％しか実施されなかった。

オリンピックと都市基盤整備：都市改造が行われなかった東京の都心の交通は、麻痺し始めていた。1964年に開催されることになったオリンピックは千載一遇のチャンスであり、東京の交通ネットワーク整備が推進された。この年、国土基盤の新幹線が東京駅を起点に開通するとともに、都市基盤としての首都高速道路や国道246号などの整備が進められた。しかし、市街地の改変を行わないツギハギ型の都市改造は、日本橋川など江戸の水辺空間や帝都復興事業による隅田公園の緑地帯を破壊する結果となった（図30-11）。

図30-11　日本橋川を覆う首都高速道路

②郊外と都心の開発

団地とニュータウンの建設：戦後の東京への人口増は住宅の大量供給を必要とし、そのため日本住宅公団（現UR都市機構、以下、公団）が設立された（1955）。ダイニングキッチン形式の公団の集合住宅は団地開発によって東京の各所に建設され、当時のテレビ、洗濯機、電気冷蔵庫という三種の神器とともにアメリカ風ライフスタイルの象徴となり、「団地族」という名称も生まれた。さらに、大量の住宅供給のため、1965年以降、公団と地方自治体の公共団体が事業者となってニュータウンの建設が開始される。東京都の多摩ニュータウン、横浜市の港北ニュータウン、千葉市の千葉ニュータウンが代表的なものである。このうち多摩ニュータウンには、面積2,853ha、人口は約22万人の集合住宅中心の市街地が形成された（図30-12）。一方、この時期民間企業の開発も盛んに行われ、大規模なものとしては、東急電鉄による鉄道整備と組み合わされた多摩田園都市開発では、約3,200haの戸建住宅中心の市街地が建設された（図30-13）。

超高層ビル街：1963年にわが国で容積地区制度が導入され、1968年に最初の超高層ビルである霞が関ビルが完成した。この超高層化の流れの中で、戦前より構想されてきた淀橋浄水場を含む新宿西口再開発が新宿副都心計画（約59ha）として開始された。区画が民間企業に分譲され、京王プラザホテルの建設を皮切りに超高層ビルが続々建設され、新しいビジネスセンターが誕生した。1991年には東京都庁が丸の内より移転し、名実ともに都心機能を備えるに至った（図30-14）。

図30-12　多摩ニュータウンの集合住宅（落合団地）*36

図30-13　多摩田園都市開発の戸建住宅地*36

図30-14　新宿西口の副都心開発

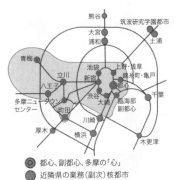
図30-15 多核多圏域型都市構造[20]

図30-18 首都圏の3環状道路[22]

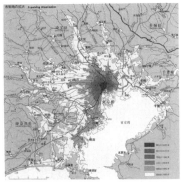
図30-19 江戸から現代までの市街地拡大[20]

③都市圏の拡大と都心機能の分散

　高度経済成長がもたらした東京の膨張に秩序を与えるため、1958年に首都圏整備計画が策定された。1986年の第4次計画では、東京都市圏（1都3県）における東京都区部への一極集中構造を是正し、業務核都市等により構成される多核多圏域型の地域構造（図30-15）に再構築することが決められ、横浜のみなとみらい地区（図30-16）、千葉の幕張新都心地区、さいたま新都心地区などの整備や行政機関等の移転が推進された。一方、東京都は同時期に東京都長期計画を策定し、東京都区部を多芯型都市構造で再構築するものとし、そのための具体策として、臨海部の国際化、情報化に対応した臨海副都心を整備することが決定された。

　開発規制の緩和と乱開発：1991年のバブル経済崩壊に伴う日本経済の減退を立て直す経済構造改革として、都市再生政策が策定された。東京の魅力と国際競争力を高めるため、これまでとは逆転した一極集中を促進する大幅な規制緩和措置が取られ、緊急整備地域が広範なエリアにわたって指定された。この結果、最も広い面積を有する臨海地域にはタワー・マンションが乱立し（図30-17）、公共施設不足や環境問題を引き起こすこととなった。

　東京の年輪：最盛期約130万人を擁した江戸は、明治初め（1872）で約86万人まで人口が減少するものの、関東大震災直後（1923）に約386万人、終戦直後（1945）に約349万人と市街地が拡大し始め、現在東京都の人口は約1,351万人（2015）とさらに増加してきた（東京都データ）。東京の外郭は、帝都復興事業として建設された環状道路明治通り（5号線）から周辺3県を結合する圏央道の地域まで市街地が拡張し（図30-18）、この都市圏の人口は約3,783万人（国連調査：2014）と、世界一の規模の都市圏へと膨張している（図30-19）。

　都市圏の芯に当たる大江戸のエリアは災害のたびに灰燼に帰し、歴史的建造物はきわめて少ない都市となったが、都市改造の機会を逃したゆえにその中心部の土地の区画形態に変化のない場所も多く、江戸の面影を強く残す都市となっている。江戸城は皇居という役割ゆえにその原型を残し、東京を心臓部に緑の肺を有する世界的に稀有な都市にしてくれている（図30-20）。日比谷公園、迎賓館、明治神宮外苑、新宿御苑など大名屋敷の跡地も、都心の歴史的自然遺産といえる。

図30-16 横浜みなとみらい地区

図30-17 タワーマンションが乱立する臨海地域

図30-20　東京都心の超高層ビル街（2018年1月）

2. 都市・建築、社会・文化の特徴

1) 東京の災害復興

①明暦の大火

江戸時代には大火が頻発、そのうち明暦の大火が最大のものであり、死者は10万人台に及ぶとされる。人口の15％が犠牲となり、市街地の60％が焼失した（図30-21）。復興に当たって幕府は不燃化の街づくりを目指し、強権でもって、①火除地確保のため武家屋敷、寺社を城外に移転させ、②町人地には延焼防止の広小路を設けた。これらの大都市改造は新たな移転用地を必要とし、江戸は外延部と郊外に市街地を拡大させた。この頻繁な大火は、一方、材木屋、建設業等を繁栄させる経済循環構造と建築の短命体質を生み出していった。

②帝都復興計画

関東大震災発生の翌日、内務大臣に就任した後藤新平はその日のうちに、復興方針として東京からの首都移転はせず、復興費30億円をかけ欧米の最新の都市計画を適用するなどの復興（抜本的都市改造、図30-22）を行うことを決め、帝都復興院を設置した。しかし長老政治家たちは反対をし続け、計画は大幅縮小され、やむなく6億円弱の予算となってしまった。ロンドン大火の二の舞を避けるため、後藤は我慢してその予算を受け入れ、計画は確定した。さらに議会で予算修正が求められ、国が行うのは幹線道路の建設のみ、区画整理は東京市に押し付けて実施することとなった。しかしわずか6年で、東京中心部は碁盤目の区画に整理され、歩車道が分離、街路樹が植栽され、各所に公園が造られ、画期的な都市改造が実現した。

③戦災復興

アメリカ軍の空襲開始と同時に内務省では、迅速に戦災復興計画の策定を開始し、終戦（1945年8月）の約4カ月後には戦災地復興計画基本方針が決定された。これを受けて東京都の都市計画課長石川栄耀が立案した復興計画は、衛星都市による人口分散、幅員80〜100mの街路、緑地帯、大規模な土地区画整理など、理想的なものであった。しかし、都市改造への熱意に欠けた当時の都知事はその実施を抑え込み、区画整理は駅付近の地区整備にとどまってしま

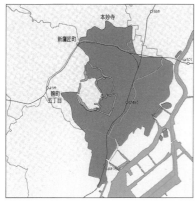

図30-21　明暦の大火の延焼地域[13]

図30-22　震災復興計画事業計画図[20]

図30-23　戦災復興区画整理区域[20]

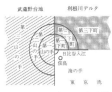
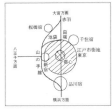
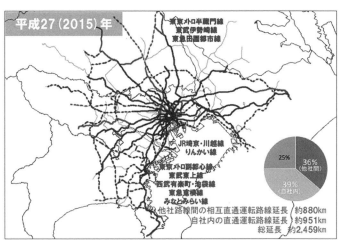

図30-24 山の手と下町の地形*31　　図30-25 東京の地域構造*6　　図30-26 山手線と東京の市街地*6　　図30-27 東京圏鉄道相互乗入れ路線図*24

った（図30-23）。代わりに、石川に焼け跡の瓦礫処理を命じ、江戸期が生み出した水辺空間の運河の埋立を実行させた。

2）都市の構造
①山の手と下町

江戸時代：江戸の町づくりは、城郭を武蔵野台地の突端に配置し、東の利根川デルタの沖積低地に下町の町人地、西の洪積台地に山の手の武家地を配置する構成で建設されていった（図30-24）。この低地と台地の境が明確な現在の赤羽～上野間では、高低差が約20mとなっている。

江戸時代の下町には、町人による派手で粋な文化が生まれて人情に厚い地域社会が育まれ、山の手では、外部に閉ざされた大名屋敷の中で、地方的な野暮で地味な文化が息づいていた。

関東大震災以降：しかし大震災以降、東京中心部から、経営者、ホワイトカラー、文化人たちは山手線以西の住宅地に移動し、サービス従業員、ブルーカラー等は山手線以東の沖積低地に移動していく。山の手は落ち着いた住宅街の佇まいの街となり、下町は庶民的で人情あふれる街の性格を持つに至った。高度経済成長以降の市街地膨張はさらにこの傾向を加速し、西は多摩川、東は荒川を越えて拡大が続いた。この拡大の中でも山の手や下町の性格は地域イメージの中に残され、市街地の形成時期によって、山の手、下町ともに、第1、第2、第3の呼称が付けられることもある（図30-25）。

②世界一の鉄道都市

東京の都心への交通における鉄道の分担率は74％ときわめて高く、鉄道都市の性格を持っている。東京都市圏の鉄道総延長は約4,000kmといわれ、第2位のニューヨークの約2,800kmや地下鉄延長が世界一になった上海の約440kmを大きく上回る。

東京圏の都市鉄道は、環状の山手線の内側が地下鉄、外側が私鉄、これにJRが加わる形の独特の構成となっている。山手線は当初、上州や信州の生糸を横浜港まで運ぶための貨物鉄道として、市街化されていなかった新宿などの山の手を通り、品川～横浜までを結ぶ貨物鉄道として敷設（1885）された（図30-26）。現在の環状線になったのは、40年後の1925年のことである。その後、道路網の整備が遅れる中、鉄道網は市街化に先行して敷設され鉄道中心の都市となっていった。

日本人の鉄道運営能力の高さも、鉄道都市の重要な要素である。地下鉄丸ノ内線は通勤時間帯には2分間隔での正確な運転がなされているし、地下鉄、私鉄、JRの相互乗入れによる直通運転が行われている（図30-27）。鉄道会社間の技術面、経営面にわたる高度な運営・調整能力が、東京を他の国には存在しない鉄道都市にしている。

3）東京臨海
①浚渫、埋立てが生み出す土地

江戸の湊は土砂の溜りやすい河口にあったことから、湿地帯や浅瀬の海を浚渫し、その土砂を使って新しい土地を生み出すという歴史を繰り返してきた（図30-28）。幕末までに、築地、浜離宮、石川島、そしてお台場が築かれていった。明治以降には、埋立ては土砂の浚渫とその処分、港湾施設や産業施設の建設を目的として進められた。戦前に

図30-28 江戸から現在に至る東京港[*6]

図30-29 臨海副都心お台場地区

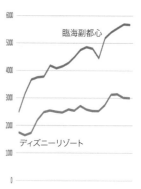
図30-30 臨海副都心の訪問者数（資料データ[*33, *34]をもとに作成）

は月島、晴海、東雲、竹芝・芝浦以南が埋め立てられ、戦後になると晴海には国際見本市会場が開設され、1983年には浦安に東京ディズニーランドが開業、品川区八潮には5,000戸のマンモス団地が完成し、埋立て地の土地利用に変化が生じてきた。

②臨海副都心

1985年末時点、東京港の埋立て地にはまったく未利用の更地が1,090haあり、東京都港湾局は、これらの土地利用を描く「東京港21世紀構想調査」(1985)を行った。都市空間、港空間、自然空間の3種で構成し、お台場周辺を臨海地域の中心地にする方針を作成、これを受けた「第2次東京都長期計画」はこの場所を東京の副都心の一つにすることを決定し、「臨海部副都心（現臨海副都心）基本計画」を策定した(1988)。この計画は、「海に臨む東京の新しい個性」を標榜し、住む、働く、楽しむの3機能を、周囲に水辺、内部に公園緑地が配置された自然の環境の中に立地させていこうとするものである。面積448ha、公共用地53％、宅地47％の理想的な土地利用で、計画当初就業人口11万人、居住人口6.5万人の規模で、21世紀初頭の完成を目指した。事業開始時期、この計画に反対を唱えた知事が当選するなど紆余曲折を経るものの、都心とこの場所を結ぶ新交通「ゆりかもめ」が開通(1995)するや都民にとって一躍人気の場所となった。続いて、東京ビッグサイト(1996)、フジテレビ(1997)の開業でゴールデンウィークの人出は東京ディズニーランドを引き離した(図30-29)。2016年現在の集客は5,660万人に達し東京ディズニーリゾートの3,000万人の2倍弱となり(図30-30)、臨海エリアを賑わいの地に変えた。

2020年東京五輪：最も多くの五輪施設が集中することとなった臨海地域は、五輪終了後、臨海副都心の完成によって世界的な集客の場となるとともに、晴海地区の選手村跡地や有明北地区の住宅地開発をはじめ、民間資本による高層住宅開発の進行が予想されている。ただ、地震の発生などを想定した時、液状化対策等が施された臨海副都心を除いては、被災の影響が懸念されている。

4) ジャポニズム文化

①浮世絵

田沼意次は老中に就任して(1772)、数々の幕政改革を手がけて江戸の経済を繁栄させ、化政時代（文化・文政時代1804〜1829）に江戸独自の町人文化を育てた。政治・社会の出来事や日常の生活を描く川柳や洒落本、人情本などが好まれ、出版も普及し、歌舞伎も全盛期を迎える。その中で多彩な色彩を表現できる技術が向上し、錦絵と呼ばれる版画が庶民の人気を集めた。

「見返り美人図」に見られる肉筆の浮世絵は、木版画技術によって多色刷版画として発展を遂げ、画家・彫師・摺師が三位一体となった浮世絵となった。美人画、役者絵の他、都市風景を切り取り描く風景画は、ヨーロッパでは見られない都市芸術となった。美人画の喜多川歌麿、役者絵の東洲斎写楽の他、当時の旅行ブームに伴い生まれた名所絵（風景画）では、葛飾北斎の「富嶽三十六景」や歌川広重の「東海道五十三次」などの傑作を生んだ。広重の「江戸名所」シリーズの秀作は、当時の江戸の都市景観や風俗、生活を美しく表現し現在に伝えてくれている。これらの大胆な画面構成と鮮やかな色彩(図30-31)は、新しい表現方法を探求していたヨーロッパの美術界にジャポニズムとして大きな影響を与え、印象派を生む契機となった。

図30-31　写楽「江戸兵衛」*37　図30-32　手塚治虫「鉄腕アトム」*38　図30-33　秋葉原のポップカルチャー装飾の景観

②マンガ、アニメ、ゲームなど

　葛飾北斎の「北斎漫画」から漫画という言葉が生まれ、戯画的な浮世絵が歌川広重、歌川国芳等によって描かれ、漫画のはしりとなっていった。明治には北澤楽天、岡本一平を輩出する。1930年代には新漫画集団の活動や、講談社の「少年倶楽部」に人気漫画が掲載され始め、戦後の「少年マガジン」「少年サンデー」へとつながり、次の世代の漫画雑誌「少年ジャンプ」は1988年に500万部を刊行するという快挙を記録した。この間、手塚治虫が始めたテレビアニメによるテレビと雑誌の連携(図30-32)が始まり、さらに映画とも連携し、メディアミックス化が進んでいった。

　一方、漫画の分野は世界最大の同人誌即売会「コミックマーケット」を開催し、漫画家予備軍のステージを生み出した。1983年発売されたゲーム機「ファミコン」はわが国の電子ゲーム市場を開拓し、漫画と結合しメディアミックス化をさらに進めた。「ポケットモンスター」はゲームがアニメ化するという逆ルートも生み出した。アニメでは大友克洋の「AKIRA」、宮崎駿の「もののけ姫」を国際評価の場へと押し上げ、漫画、アニメ、ゲームのポップカルチャーはオタクと呼ばれる人種とその聖地としての秋葉原の街(図30-33)を東京に生み出していった。

巻末資料

5大陸30都市の人口推移
都市別参考文献・図版出典

5大陸30都市の人口推移

	データの種類	歴史都市人口								
	年次（西暦）	100	500	1000	1300	1500	1800	1850	1900	1950
ヨーロッパ	01 ローマ	450	100	35	30	38	142	158	163	1,884
	02 ヴェネツィア			45	110	115	146	141	152	515
	03 パリ			20	228	185	547	1,314	3,330	6,283
	04 ロンドン			15	45	50	861	2,320	6,480	8,361
	05 ベルリン						172	446	2,707	3,338
	06 アムステルダム				10	10	195	235	523	851
	07 プラハ			15	40	70	77	117	202	935
	08 モスクワ					80	248	373	1,120	5,356
	09 イスタンブール		400	300	100	200	570	785	900	967
北アメリカ	10 ニューヨーク						79	645	4,242	12,336
	11 ワシントンDC						8	51	278	1,298
	12 サンフランシスコ							25	342	1,855
	13 ロサンゼルス							2	102	4,046
	14 ラスヴェガス									35
南アメリカ	15 リオ・デ・ジャネイロ						43	166	811	3,026
	16 ブラジリア									36
	17 クリティバ						3	12	50	158
	18 ブエノス・アイレス						40	99	865	5,098
アフリカ	19 カイロ（アル・カーヒラ）			200	400	400	186	254	570	2,494
	20 フェズ				150	130				165
オセアニア	21 シドニー						11	56		1,690
	22 キャンベラ									20
アジア	23 デリー				100	100	162	209		1,369
	24 カトマンズ								80	104
	25 バンコク（クルンテープ）						255	600		1,360
	26 シンガポール							97	193	1,016
	27 ドバイ									20
	28 北京			50	401	672	1,100	1,648	1,100	1,671
	29 上海							276	651	4,301
	30 東京						685	780	1,497	11,275

■現代都市人口 1950～2030
　出典："World Urbanization Prospects The 2014 Revision" Department of Economic and Social Affairs Population Division, United Nations New York, 2015
■歴史都市人口 AD100～1900
　出典：Tertius Chandler "Four Thousand Years of Urban Growth：An Historical Census" Lewiston, NY：The Edwin Mellen Press, 1987

(単位：千人)

現代都市圏人口				人口増加率						備考
1970	1990	2010	2030	1800/1500	1950/1800	1970/1950	1990/1970	2010/1990	2030/2010	
3,135	3,450	3,592	3,842	3.74	13.27	1.66	1.10	1.04	1.07	ローマ (p.36)
606	617	618	662	1.27	3.53	1.17	1.02	1.00	1.07	ヴェネツィア (p.43)
8,208	9,330	10,460	11,803	2.96	11.49	1.30	1.14	1.12	1.12	パリ (p.49)
7,509	8,054	9,699	11,467	17.22	9.71	0.90	1.07	1.20	1.18	ロンドン (p.57)
3,206	3,422	3,475	3,658		19.41	0.96	1.07	1.02	1.05	ベルリン (p.65)
927	936	1,057	1,213	19.50	4.36	1.09	1.01	1.13	1.15	アムステルダム (p.72)
1,076	1,212	1,261	1,437	1.10	12.14	1.15	1.13	1.04	1.14	プラハ (p.78)
7,106	8,987	11,461	12,200	3.10	21.6	1.33	1.26	1.27	1.06	モスクワ (p.83)
2,772	6,552	12,730	16,694	2.85	1.70	2.87	2.36	1.93	1.31	イスタンブール (p.90)
16,191	16,086	18,365	19,885			1.31	0.99	1.14	1.08	ニューヨーク (p.95)
2,488	3,376	4,604	5,690			1.91	1.36	1.36	1.24	ワシントンDC (p.104)
2,529	2,961	3,283	3,615			1.36	1.17	1.11	1.10	サンフランシスコ (p.108)
8,378	10,883	12,160	13,257			2.07	1.30	1.11	1.09	ロサンゼルス (p.114)
240	708	1,903	2,867			6.85	2.95	2.69	1.51	ラスヴェガス (p.119)
6,791	9,697	12,374	14,174			2.24	1.42	1.27	1.14	リオ・デ・ジャネイロ (p.125)
525	1,863	3,710	4,929			14.58	3.55	1.99	1.32	ブラジリア (p.130)
651	1,829	3,118	4,116			4.12	2.80	1.70	1.32	クリティバ (p.132)
8,105	10,513	14,246	16,956			1.58	1.75	1.36	1.19	ブエノス・アイレス (p.134)
5,585	9,892	16,899	24,502	0.46	13.41	2.24	1.77	1.70	1.44	カイロ（アル・カーヒラ）(p.140)
369	685	1,061	1,559			2.24	1.85	1.55	1.47	フェズ (p.145)
2,892	3,632	4,364	5,301			1.71	1.26	1.20	1.21	シドニー (p.150)
137	282	384	543			6.85	2.05	1.36	1.41	キャンベラ (p.156)
3,531	9,726	21,935	36,060			2.58	2.75	2.25	1.64	デリー (p.158)
147	398	971	1,855			1.41	2.71	2.44	1.91	カトマンズ (p.163)
3,110	5,888	8,213	11,528			2.29	1.89	1.39	1.40	バンコク（クルンテープ）(p.168)
2,074	3,016	5,079	6,578			2.04	1.45	1.68	1.30	シンガポール (p.173)
80	473	1,778	3,471			4.00	5.91	3.76	1.95	ドバイ (p.180)
4,426	6,788	16,190	27,706	1.64	1.52	2.65	1.53	2.38	1.71	北京 (p.182)
6,036	7,823	19,980	30,751			1.40	1.30	2.55	1.53	上海 (p.187)
23,298	32,530	36,834	37,190		16.46	2.07	1.40	1.13	1.00	東京 (p.192)

203

都市別参考文献・図版出典

本文中に特記なき図版・写真は著者提供

01　ローマ

1. S.ギーディオン著、前川道郎、玉腰芳夫訳『建築、その変遷──古代ローマの建築空間をめぐって』みすず書房、1978
2. クロード・モアッティ著、青柳正規訳『ローマ永遠の都──千年の発掘物語』創元社、1883
3. 法政大学第6回国際シンポジウム『都市の復権と都市美の再発見 ROMA / TOKYO』法政大学出版局、1984
4. クリストファー・ヒバート著、横山徳爾訳『ローマ──ある都市の伝記』朝日選書、朝日新聞社、1991
5. 弓削達著『ローマ──世界の都市の物語』文藝春秋、1992
6. ピエール・グリマル著、青柳正規、野中夏実訳『都市ローマ』岩波書店、1998
7. 河辺泰宏著『図説 ローマ──「永遠の都」都市と建築の2000年』ふくろうの本、河出書房新社、2001
8. エドワード・ギボン著、村山勇三訳『ローマ帝国衰亡史(1)〜(10)』岩波文庫、1992
9. 長谷部俊治著「ローマ市の都市再生政策 ─保全手法の戦略的展開─」法政大学在外研究制度による研究、2014
10. 片山伸也著「ローマ教皇による都市改造に関する研究」『日本女子大学紀要 家政学部 第62』2015
11. Cesaree de Seta "roma cinque secoli di vedute" electa Napoli, 2006
12. Roberto Cxassetti "Roma e Lazio: idee e piani 1870-2000" Gangemi Editore, 2001
13. Antonio Terranova, Alessandora Capuano, Alessandora Criconia, Adriana Feo, Fabrizio Toppetti "Roma citta editerranea" Gangemi Editore, 2000
14. "ROMA Transparent Overlays of Archaeological Site" Lozzi Roma-Millenium, 2005
15. "Museo Della Civilta Romana" Comune di Roma, Sovraintendenza Beni Culturali, Museo della Civilta Romana, 1999
16. Paterculus Velleius, Translation: Frederick W. Shipley "Compendium of Roman History (English Edition)" WILLIAM HEINEMANN LTD CAMBRIDGE, MASSACHUSETTS HARVARD UNR-ERSITY PRESS, reprinied, 1961
17. Richard Krautheimer "ome: Profile of a City, 312-1308" Princeton Univ Pr; Subsequent, 2000
18. Jon Michael Schwarting "Rome: Urban Formation and Transformation" Applied Research & Design, 2017
19. "Roma Statistica / Ragioneria Generale / Struttura Organnizzattiva" commune roma, https://www.comune.roma.it/pcr/it/dipartimenti_e_altri_uffici.page, 2018.1
20. A.E.J.Morris "History of Urban Form: Before the Industrial Revolution" Longman Sc & Tech, 1994
21. Leonardo Benevolo "Storia della città. Vol. 4: La città antica" Laterza, 1993
22. Leonardo Benevolo "Storia della città. Vol. 3: La città moderna" Laterza, 1993
23. "Roma" Éditions Gallimard, 1995

02　ヴェネツィア

1. W.H.マクニール著、清水廣一郎訳『ヴェネツィア──東西ヨーロッパのかなめ 1081-1797』岩波現代選書、岩波書店、1979
2. 塩野七生著『海の都の物語──ヴェネツィア共和国の一千年(上・下)』中央公論新社、1980(上)、1981(下)
3. F.ブローデル著、岩崎力訳『都市ヴェネツィア 歴史紀行』同時代ライブラリー、岩波書店、1990
4. 陣内秀信著『ヴェネツィア──都市のコンテクストを読む』SD選書、鹿島出版会、1986
5. 陣内秀信著『ヴェネツィア──水上の迷宮都市』講談社現代新書、講談社、1992
6. ルカ・コルフェライ著、中山悦子訳『図説 ヴェネツィア──「水の都」歴史散歩』ふくろうの本、河出書房新社、1996
7. 樋渡彩著「水都ヴェネツィアと周辺地域の空間形成史に関する研究」『法政大学大学院デザイン工学研究科紀要 Vol.5』2016.3
8. Vianello Libri / Ezio Tedeschi "Venezia Il Canal Grande La Piazza S. Marco" Riproduzione in Fac-Simile, 1987
9. "16 Promenades Dans VENISE" collection《decouvrir l1architecture des villes》Editions, Universitaires, 1987
10. Peter Humfrey "Venice And The Veneto-Artistic Centers of the Italian Renaissance" Cambridge University Press, 2008/2/11
11. Eric R. Dursteler "A Companion to Venetian History, 1400-1797" Brill Academic Pub, 2014
12. Terisio Pignatt "Antonio Canal detto IL CANALETTO" Giunti, 1996
13. Jacopo de' Barbari "Venetie MD." Museo Civico Correr, 1500
14. "MOSE" Consorzio Venezia Nuova, https://www.mosevenezia.eu/mose/, 2018.1
15. "Superfici amministrative mappa delle municipalità" Città di Venezia, https://www.comune.venezia.it/it/archivio/18700, 2018.1
16. "Italy 1796 AD" https://commons.wikimedia.org/wiki/File:Italy_1796_AD.png, 2018.1
17. Leonardo Benevolo "Storia della città. Vol. 3: La città antica" Laterza, 1993
18. Google Earth Image Ⓒ 2016 Digital Globe, Image Ⓒ 2016 Geo Eye

03　パリ

1. ピエール・ラグダン著、土井義岳訳『パリ 都市計画の歴史』中央公論美術出版、2002
2. L. S. メルシエ著、原 宏編訳『十八世紀パリ生活誌──タブロード・パリ(上・下)』岩波文庫、岩波書店、1989
3. 宝木範義著『パリ物語』講談社学術文庫、講談社、2005
4. 松政貞治著『パリ都市建築の意味 歴史性──建築の記号論・テクスト論から現象学的都市建築論へ』中央公論美術出版、2005
5. 三宅 理一著『パリのグランド・デザイン──ルイ十四世が創った世界都市』中公新書、中央公論新社、2010

6. ハワード・サールマン著、小沢明訳『パリ大改造——オースマンの業績』井上書院、2011
7. 鹿島茂著『デパートを発明した夫婦』講談社現代新書、講談社、1991
8. 高橋伸夫、ジャン=ロベール・ピット、手塚章編『パリ大都市圏 その構造変容』東洋書林、1998
9. フランソワ=マリーグロー著、鈴木桜子監修、中川髙行・柳嶋周訳『オートクチュール：パリ・モードの歴史』文庫クセジュ、白水社、2012
10. ジェラール・ルタイユール著、広野和美、河野彩訳『パリとカフェの歴史』原書房、2018
11. Jean Tulard Jean, Fleury Michel "Almanach de PARIS Encyclopedia Universalis" AbeBooks, 1990
12. Norma Evenson "PARIS A Century of Change, 1878-1978" Yale University Press, 1979
13. Jean-Robert Pitte "Paris, Histoire d'Une Ville" Hachette Livre, 1993
14. François mitterrand "Architectures capitals Paris 1979-1989" Electa Monitrur, 1987
15. Renzo Salvadori "Architect's Guide to Paris" Butterworth Architecture, 1990
16. T.G.H. Hoffbauer, Pascal Payen-Appenzeller "Images de Paris, du Moyen Age à nos jours" Sand, 1993
17. Geoges Duby "l' Histoire de Paris par la Peinture" Berufond, 1988
18. "Histoire et Physiologie des Boulevardes de Paris–de la Madeleine a la Bastille–" E ditions Hervas, 1989
19. F. Beaudouim "Paris / Seine" NATHAN, 1989
20. Mark Gaillard "Les Belles Heures des Champs-Élysées" Marielle, 1990
21. Jean des Cars & Pierre Pinon "Paris-Haussman, 'le pari d' Haussmann'" Pavillon de l'Arsenal, 1991
22. David P. Jordan "Transforming PARIS The Life and Labors of BARONHAUSSMANN" The Free Press, 1955
23. "ALBUM PHOTOGRAPHIQUE: EXPOSITION 1900" A TARIDE-EDITEEP, 18 & 20 Boulevard St-Denis, Paris, 1900
24. Joseph Harriss "THE TALLEST TOWER Eiffel and the Belle Epoque" Honghton Mifflin Company, 1974
25. Christian Pellerin, etc. "PARIS / LA DÈFENSE" du Moniteur, 1989
26. robert bressy, etc. "paris la dèfense" philippe CHANCEREL, 1988
27. amc "LE GRAND PARIS" Consaltation Internationle Sur l'Avenir de lka Metropole Parisienne, 2009
28. "Musée d'Orsay" Reunion des Musees Nationaux, 1996
29. Arnold, Matthias "Henri De Toulouse-Lautrec 1864-1901" Taschen, 1992
30. Patrick Offenstadt "Jezan Beraud 1849-1935 / The Belle Epoque: A Dream of Times Gone By" Taschen, 1999
31. Leonardo Benevolo "Storia della città. Vol. 3: La città moderna" Laterza, 1993
32. Leonardo Benevolo "Storia della città. Vol. 4: La città contemporanea" Laterza, 1993
33. A. E. J. Morris "History of Urban Form: Before the Industrial Revolution" Longman Sc & Tech, 1994
34. "Population and population structure" National Institute of Statistics and Economic Studies, 2018 https://www.insee.fr/en/accueil, 2018.2.4
35. Shlomo Angel, Alejandro M. Blei, Jason Parent, Patrick Lamson-Hall and Nicolás Galarza Sánchez with Daniel L. Civco, Rachel Qian Lei and Kevin Thom "Atlas of Urban Expansion—2016 Edition, Volume 1: Areas and Densities" the NYU Urban Expansion Program at New York University, UN-Habitat and theLincoln Institute of Land Policy, 2016
36. Michelin "PARIS" Michelin Tyne Public Limited Company, 1990
37. パリで購入した絵葉書

04 ロンドン

1. S. E. ラスムッセン著、兼田啓一訳『ロンドン物語——その都市と建築の歴史』中央公論美術出版、1987
2. 大阪市立大学経済研究所編『世界の大都市1 ロンドン』東京大学出版会、1985
3. 小池滋著『ロンドン——世界の都市の物語』文藝春秋、1992
4. 鈴木博之著『ロンドン——地主と都市デザイン』ちくま新書、筑摩書房、1996
5. 渡邊研司著『図説 ロンドン——都市と建築の歴史』ふくろうの本、河出書房新社、2009
6. イギリス都市拠点事業研究会著『検証 イギリスの都市再生戦略——都市開発公社とエンタープライズ・ゾーン』風土社、1998
7. 長島伸一著『世紀末までの大英帝国——近代イギリス社会生活史素描』叢書・現代の社会科学、法政大学出版局、1987
8. Christopher Hibbert "LONDON The Biography of a City" Penguin Books, 1969
9. Felix Barker, Peter Jackson "LONDON 2000 Years of a city & its Peaple" Macmillan Publishers Limited, 1974
10. Cathy Ross & John Clark "LONDON The Illustrated History" Allen Lane, 2008
11. Felix Barker, Peter Jackson "The History of London in Maps" Barrie & Jenkins, 1990
12. Hugh Clout "The Times London History Atlas" Times booka, 1991
13. Terry Farrell "Shapin London-The Patterns and forms that make the metoropolis" A John Wiley and Sons, Ltd., 2009
14. Andrew Davies "The Map of London From 1746 to the Present Day" B. T. Batsford Ltd., 1987
15. Margaret Whinney "Wren" Tames and Hudson Ltd., 1971
16. Hugh Phillips "The Tames About 1750 Collins, 1951
17. Leonardo Benevolo "Storia della città. Vol. 4: La città antica" Laterza, 1993
18. Gustav Milne "The GREAT FIRE of LONDON" Historical Publications Ltd., 1986
19. Ebenezar Howard, Edited: F. J. Osborn, Essay; Lewisw Mundord "GARDEN CITIES OF TOMORROW" Faber and Faber Ltd., 1946
20. Mervyn Miller and A. Stuart Gray "Hampstead Garden Suburb" Phillimore, 1992
21. Mervyn Miller "LETCHWORTH GARDEN CITY" CHALFORD PUBLISHING COMPANY, 1995

22. PATRICK ABERCROMBIE "GREATER LONDON PLAN 1944" LONDON HIS MAJESTY'S STATIONERY OFFICE, 1945
23. Stuart J. Murphy, etc. "CITY OF LONDON LOCAL PLAN" CITY OF LONDON, 1986
24. OSBORN & WHITTICK "NEW TOWNS" Routledge & Kegan Paul of America Ltd., 1963
25. "Census-Population and Household Estimates for England and Wales, March" Office for National Statistics, 2012
26. Hermione Hobhouse "A Histry of Regent Street" Macdonald & Jane7s, 1975
27. Peter Hall "LONDON 2001" Unwin Hyman, 1989
28. "Canary Wharf Limited" Canary Wharf Limited, 2000
29. "London Docklands Fact Sheets" London Docklands Devlopment Corporation, 1995
30. "Regeneating London Docklands Technical report" Cambridge Policy Consultants, 1998
31. "brownshotel" https://brownshotel.grandluxuryhotels.com/en/hotel/browns-hotel/pictures/67121/1, 2018.1.14
32. "London" Dorlong Kinderzley, 1994

05 ベルリン

1. 谷克二、鷹野晃/著、武田和秀/写真『図説 ベルリン』ふくろうの本、河出書房新社、2000
2. 杉本俊多著『ベルリン――都市は進化する』講談社現代新書、講談社、1993
3. 川口マーン惠美著『ベルリン物語――都市の記憶をたどる』平凡社新書、平凡社、2010
4. ズザンネ・ブッデンベルク他著、エドガー・フランツ、深見麻奈訳『ベルリン――分断された都市』彩流社、2013
5. 『コンパクトシティ政策――世界5都市のケーススタディと国別比較』OECD、2013
6. 高見淳史、原田昇著「ベルリン・ブランデンブルグ通期における縮退の時代の都市整備」『日本都市計画学会都市計画報告集 No.8』日本都市計画学会、2008
7. 大村謙二郎著「ドイツにおけるコンパクト都市論を巡る議論と施策展開」『土地総合研究』2013春号
8. 「ベルリンアート解放区」『アサヒグラフ』2.11、朝日新聞社、2000
9. 国土庁大都市圏整備局編『ドイツにおける首都機能移転の状況――国会等移転調査会ドイツ調査団報告』大蔵省印刷局、1995
10. Herausgegeben von Vittorito Magnago Lampugnani und Romana Shneider "Ein Stück Großstadt als Expeiment Planugen am Potsdamer Platy in Berlin" Verlag Gerd Haje Stuttgart, 1994
11. Bezirk Kreuzberg, Karten und Plane "Die Bauwerke und Kunstdenkmaler von Berlin" Gebr. Mann Verlag
12. "Flächennutzungsplanung" änderungen vorlagen berichte materialin, 1994
13. Mit einem Vowort von Albert Speer, etc. "ALBERT SPEER ARCHITEKTUR" Verlag Ullstein GmbH, 1978
14. "Wo die Mauer war / Mit Fotos von Harryy Hampel und Texten von Thomas Friedrich" Nicolai, 1996
15. "IT HAPPENED AT THE WALL" Velag Haus am Checkpoint Charlie, 1990
16. Prof. Dr. Klaus Töper "City-Projekte der Hauptstadt" The Senate Department of construction, 1996
17. "INFOBOX: THE CATALOGUE" Nishen, 1995
18. "Hauptstadt Berlin Parlamentsvetel im Spreebogen" Bertels mann Fachzeitschriften GmbH, 1993
19. Herausgegebn von, Wolfgang Gotschalk "DASGROSSE BERLIN" Argon Verlag GmbH, 1991
20. "Gemeinsame Landesplaung" http://gl.berlin-brandenburg.de/landesplanung/braunkohle-und-braunkohlesanierung/, 2017.11.4
21. "Berlin Strategy / Urban Development Concept Berlin 2030" Senate Department for Urban Development and the Environment, 2015
22. "Statistischer Bericht Einwohnerinnen und Einwohner im Land Berlin" Amt für Statistik Berlin-Brandenburg, 2016
23. "THE BERLIN PALACE / BECOMES THE HUMBOLDT FORUM: The Reconstruction and Transformation of Berlin's City Centre" Humboldt Forum Foundation, 2013
24. Ralf Roletschek "Fahrradtechnik auf fahrradmonteur." https://upload.wikimedia.org/wikipedia/commons/4/4c/2010-03-20-mauer-berlin-by-RalfR-03.jpg, 2017.11.10
25. Spiro Kostof "The City Shaped: Urban Patterns and Meanings Through History" Bulfinch Press, 1993
26. "Berlin von A-Z" http://www.luise-berlin.de/index.html, 2017
27. Leonard Benevolo "Storia della città. vol.4: La città antica" Laterza, 1993
28. Google Earth Image ⓒ 2016 Digital Globe, Image ⓒ 2016 Geo Eye

06 アムステルダム

1. 角橋徹也著『オランダの持続可能な国土・都市づくり――空間計画の歴史と現在』学芸出版社、2009
2. 陣内秀信、岡本哲志編著『水辺から都市を読む――舟運で栄えた港町』法政大学出版局、2002
3. 片山健介著「空間マネジメントと広域連携」総務省、基礎自治体による行政サービス提供に関する研究会(第5回)、2013
4. 越沢明著「アムステルダムの都市計画の歴史――1917年のベルラーヘの南郊計画とアムステルダム派の意義」『土木史研究』1991
5. 角橋徹也、西英子、角橋彩子著「アムステルダム・ベイルマミーア高層住宅団地の再生に関する研究」『住総研研究年報No. 29』2003
6. Herman Janse "Amsterdam gebouwd op palen" Uitgeverij Ploegsma bv / De Brink, 1993
7. Dr. Richter Roegholt "A Short History of Amsterdam" Bekking & Blitz Publishers B. V., Amersfoort
8. "stadsplan amsterdam1928-2003" Nai Uitgevers
9. "Eye Witness Travel: Amsterdam" Dording Kindersley Limited, 2007
10. "Guides Gallimard: Amsterdam" Gallimard loisirs, 1994
11. "The Amsterdam Metropolitan Area: towardsa creative knowledge region?" Amsterdam institute for Metropolitan and International

Development Studies (AMIDSt), University of Amsterdam, 2007
12. "Summary Yearbook 2014" City of Asmsterdam Reseach & Statistics, 2014
13. "The New Structural Vision" Plan Amsterdam, 2011
14. Jan Ritsema van Eck & Daniëlle Snellen "IS THE RANDSTAD A CITY NETWORK? EVIDENCE FROM COMMUTING PATTERNS" Ruimtelijk Planbureau (Netherlands Institute for Spatial Research), Association for European Transport and contributors, 2006
15. Arjen J. van der Burg and Bart L. Vink "Randstad Holland 2040" 44th ISOCARP Congress, 2008
16. Dominic STEAD and Evert MEIJERS "Urban planning and transport infrastructure provision in the Randstad, Netherlands" the Roundtable on Integrated Transport Development Experiences of Global City Clusters (2-3 July 2015, Beijing China)
17. "Amsterdam Oud Zuid" bureau Monumenten & Archeologie in Amsterdam, 2016
18. Lea Olsson, Jan Loerakker "Failed Architecture / Revisioning Amsterdam Bijlmermeer" Failed Architecture Foundation, 2013
19. Google Earth Image ⓒ2016 Digital Globe, Image ⓒ2016 Geo Eye

07　プラハ
1. 石川達夫著『黄金のプラハ──幻想と現実の錬金術』平凡社選書、平凡社、2000
2. 田中充子著『プラハを歩く』岩波新書、岩波書店、2001
3. 片野優、須貝典子著『図説 プラハ──塔と黄金と革命の都市』ふくろうの本、河出書房新社、2011
4. 田中由乃、神吉紀世子著「プラハ市において社会主義時代に形成された住宅開発地の再価値化に関する研究：プラハ11区イジュニームニェストを事例として」『日本建築学会計画系論文集80（709）』日本建築学会、2015
5. Zdeněk Beneš "PRAHA V ZASTAVENÍ ČASŮ" Vydavatelství Práces. r. o., Praha, 1996
6. VLADISLASV DUDÁK "PRAGUE PILGRIM OR PRAGUE FROM EVERY SIDE" Pablishing House Baset, 1995
7. "Langweilůu model Prahy" Ve spolupráci s Muzeem hlavního města Prahy Nai Uitgevers
8. Přemysl Veverka, etc. "Great Villas of Prague" FOIIBOS, 2009
9. Kateřina Bečkova "Zmizelá Praha NOVĚ MĚSTO" Shola Ludas Pragensia, 1998
10. "The New Structural Vision" Plan Amsterdam, 2011
11. "SINGLE PROGRAMMING DOCUMENTFOR OBJECTIVE 2, FOR THE PRAGUE NUTS 2 REGION IN THE PERIOD 2004-2006" Ministry for Regional Development of the Czech Republic, 2003
12. "Past and Future" http://www.praha.eu/jnp/en/about_prague/past_and_future/index.html, 2017.10.6
13. "Map applications" http://www.geoportalpraha.cz/en/data-sets#, 2017.10.6
14. "Nejnovější údaje o kraji" Regional Office of the Czech Statistical Office in the Capital City of Prague, 2017
15. "Tram lines-regular situation Status of day: 13.12.2015" http://stary.ropid.cz/maps_s219x901.html, 2017.10.14
16. "PRAGUE" Everyman Guides, 1994

08　モスクワ
1. 中村泰三著、大阪市立大学経済研究所編『世界の大都市5　モスクワ』東京大学出版会、1988
2. 木村浩著『モスクワ──世界の都市の物語』文藝春秋、1992
3. リシャット・ムラギルディン著『ロシア建築案内』TOTO出版、2002
4. 栗生沢猛夫著『図説 ロシアの歴史』ふくろうの本、河出書房新社、2010
5. 宮野裕著「14世紀後半から15世紀初頭のモスクワ大公権力と教会権力：聖俗管轄権の問題を中心に」『ロシア史研究（98）』2016
6. 池田嘉郎著「スターリンのモスクワ改造（特集 現代都市類型の創出）」『年報都市史研究（通号16）』都市史研究会、2009.2
7. Альбом но японском языке "Москва" Торговый всадник, 2014
8. "Средневековая Москва в творчестве Аполлинария Васнецова" Из собрания Музея Москвы, 2014
9. "Планы Москвы и карты Московии" Из собрания Музея истории Москвы У асть первая. XVI-XVIII вв., 2006
10. "Планы Москвы на рубеже эпох" Из собрания Музея истории Москвы У асть первая. XIX-XX вв., 2006
11. Главный редактор, Г.И.Ведерникова "ОБЛИК СТАРОЙ МОСКВЫ XVII-начало XX века" Музей истории города Москвы, Изобразитедьное искусство, 1997
12. "Reconstruction plan of Moscow 1935 as an urbanistic concept" https://issuu.com/glenka/docs/urbanistic_concept_repor2t, 2017.9.8
13. "Moscow General Plan for the Reconstruction of the City" Union of Soviet Architects./1935, generalnyi-plan-rekonstruktcii-moskvy-en-1935.pd
14. "Инфографика недели: Сталинский план реконструкции Москвы" Москва глазами инженера (1935) https://engineerhistory.ru/blog/2014/08/20/infografika-nedeli-stalinskij-plan-rekonstruktsii-moskvy/, 2017.9.8
15. "Urban Development Plan" http://www.old.mos.ru/en/about/plan/, 2017.9.8
16. "Москва: мегаполис? агломерация? мегалополис?" Демоскоп Weekly издается при поддержке, 1-19 августа 2012, 2017.2
17. "Большая Москва: концепция авторского коллектива под руководством А.А.Чернихова" archplatforma.ru, http://

www.archplatforma.ru/?act=2&tgid=2011&stchng=2, 2017.9.10
18. "Map of Moscow boundary expansion" the Government of Moscow, https://web.archive.org/web/20120509075045/http://mos.ru/en/about/gprograms/ 2017.9.10
19. "Moscow strategic programmes" the Government of Moscow, https://web.archive.org/web/20120509075045/http://mos.ru/en/about/gprograms/ 2017.9.8
20. Peter Sigrist "Stalinist Urbanism" http://www.thepolisblog.org/2010/01/urbanism-under-stalin.html 2017. 2
21. ANDREW GOUGH "RUSSIAN MYSTICISM AND THE SECRET OF STALIN'S SKYSCRAPERS" http://andrewgough.co.uk/about/ 2017.9.16
22. "Russian: Cathedral of Christ the Savior, official site History page" http://www.xxc.ru/destruct/foto001.htm 2017.9.16
23. Spiro Kostof "The City Shaped: Urban Patterns and Meanings Torough History" Bilfinch Press, 1991

09 イスタンブール
1. 陳舜臣著『イスタンブール──世界の都市の物語』文藝春秋、1992
2. 渋沢幸子、池澤夏樹著『イスタンブール歴史散歩』とんぼの本、新潮社、1994
3. 陣内秀信、新井勇治著『イスラーム世界の都市空間』法政大学出版局、2002
4. 鈴木董著『オスマン帝国──イスラム世界の「柔らかい専制」』講談社現代新書、講談社、1992
5. 井上浩一著『生き残った帝国ビザンティン』講談社現代新書、講談社、1990
6. 塩野七生著『コンスタンティノープルの陥落』新潮文庫、新潮社、1991
7. Doğan Kuban "Istanbul an Urban History" Turkiye Is Bankasi Kultur Yayinlari, 2010
8. "Map of Istanbul / Haritalari 1422-1922 Ayse Yetiskin Kubiilay"
9. Guides Gallimard "Istanbul" Gallimard Loisirs, 1995
10. Freely, John "A History of Ottoman Architecture" WIT Press, 2011
11. Çelik, Zeynep "The Remaking of Istanbul: Portrait of an Ottoman City in the Nineteenth Century" University of California Press. 1993
12. Gregory, Timothy E. "A History of Byzantium" John Wiley and Sons, 2010
13. Boyar, Ebru; Fleet, Kate "A Social History of Ottoman Istanbul" Cambridge University Press, 2010
14. Murat Gul "The Emergence of Modern Istanbul: Transformation and Modernisation of a City" I. B. Tauris & Company, 2009
15. "Istanbul City Plan-Bnosphorus-The Prince" NetTuriatik Yayinlar San, ve Tic, A. S., 2010
16. Gulru Necipoglu "The Age of Sinan: Architectural Culture in the Ottoman Empire" Reaktion Books, 2010
17. Leonardo Benevolo "Storia della città 1. La città antica" Laterza Editore, 1975
18. "The Atlas of Urban Expansion" http://www.atlasofurbanexpansion.org/ 2017.8.10

10 ニューヨーク
1. 猿谷要著『ニューヨーク──世界の都市の物語』文春文庫、文藝春秋、1999
2. 大阪市立大学経済研究所編『世界の大都市4　ニューヨーク』東京大学出版会、1987
3. 賀川洋/著、桑子学/写真『図説 ニューヨーク都市物語』ふくろうの本、河出書房新社、2000
4. マイケル・パイ、安岡真著『無限都市ニューヨーク伝』文藝春秋、1996
5. リチャード・プランツ著、酒井詠子訳『ニューヨーク都市居住の社会史』鹿島出版会、2005
6. 小林克弘著『アール・デコの摩天楼』SDライブラリー1、鹿島出版会、1990
7. アンガス・K・ギレスピー著、秦隆司訳『世界貿易センター：失われた都市の物語』KKベストセラーズ、2002
8. 東自由里、進藤修一著『移民都市の苦悩と挑戦──ニューヨークとフランクフルト』晃洋書房、2015
9. 塩谷陽子著『ニューヨーク──芸術家と共存する街』丸善ライブラリー、丸善、1998
10. 井上一馬著『ブロードウェイ・ミュージカル』文春新書、文藝春秋、1999
11. John A.Kouwenhoven "The Columbia Historical Portrait of New York" Icon Editions, Harper & Row, 1972
12. Rem Koolhass "delirious new york" 010 Pubishes, 1994
13. ERIC HONDERGER "The Historical Atlas of NEW YORK CITY" An Owl Books, 1998
14. Ronald Sandes, Edmund V .Gillon Jr. "The Lower East Side" Dover Pibulocations, Inc, 1979
15. Donald A Mackay "The Building of MANHATTAN" Harper & Row, 1987
16. David W. Dunlap "On Broadway / A Jouenry Uptown Over Time" Rizzoli, 1988
17. Bond Wist "On Fifth Avenue Then & Now" A Birch Lane Press Book, 1992
18. Jean Ferriss Leich "Architectural Vision / The Drawings of HUGH FERRISS" Whitney Library of Design, 1980
19. Paul Goldberger, etc "SKYSCRAPERS" White Star publishers, 2002
20. "Manhattan Timeformation" http://www.skyscraper.org/timeformations/animation.html, 2009.12.24
21. "WORLD TRADE CENTER" Silversteinproperties, https://www.wtc.com/ 2016.10
22. "Introduction to BUSINESS IMPROVEMENT DISTRICTS" New York City Department of Small Business Services, http://nycbids.org/resources/ 2018.1.20
23. Nancy Foner "New Immigrantsa in New York" Colimbia Press, 1987
24. Barbara Haskell "The American Century / Art&Culture 1900-1950" Wnitney Museum of American Art, 1999
25. Barbara Haskell "The American Century / Art&Culture 1950-2000"

Wnitney Museum of American Art, 1999
26. "CHICAGO" brochure, Richard Rodgers Theatre, 1996
27. "NYC2010: Results from the 2010 American Community Survey / Socioeconomic Characteristics by Race / Hispanic Origin and Ancestry Group" NEW YORK CITY DEPARTMENT OF CITY PLANNING, 2010
28. "Dynamics of Population Change New York City" NEW YORK CITY DEPARTMENT OF CITY PLANNING, 2012
29. Joel Alvarez & Adam Attar "The Population of New York City Current Trends and Ongoing Challenges" Population Division, NEW YORK CITY DEPARTMENT OF CITY PLANNING, 2014
30. "Interactive Population Map" U. S. Census Bureau, 2018
31. "Metropolitan and Micropolitan Statistical Areas Wall Maps" U. S. Census Bureau, 2018
32. "The Fourth Regional Plan for the New York-New Jersey-Connecticut Metropolitan Area" Analysis and policy development for the fourth plan was undertaken by RPA's research team, Regional Plan Association, 2017
33. "Atlas of Urban Expansion—2016 New York, Urban Extent" http://www.atlasofurbanexpansion.org/cities/view/New_York, 2018.2.20
34. "Plan 2040 Regional Transportation Plan: A Shared Vision for a Sustainable Region" New York Metropolitan Transportation Council, 2013

11 ワシントンDC
1. 『首都ワシントン・オタワにおける都市づくり――国会等移転等調査会アメリカ・カナダ調査団報告』国土庁大都市整備局、1994
2. 『アメリカのニュータウン開発』建設経済研究所、2003
3. John W. Reps "Washington on View-The Nation's Capital Since 1790" The University of Norrth Carolina Press, 1991
4. "Extending the Legacy-Planning America's Capital for the 21st Century" National Capital Planning Commission, 2001
5. "QuickFacts District of Columbia" US Census BureauReport, http://www.census.gov/quickfacts/table/PST045215/11,11001,00 2016
6. "Comprehensive Plan for the National Capital, Federal Elements" National Capital Planning Commission, 2016
7. "Federal Workplace: Location, Impact, and the Community Element" Foreign Missions and International Organizations Element, 2004
8. "Foreign Missions and International Organizations Element" National Capital Planninng Commission, 2004
9. "History of Washington, D.C." https://en.wikipedia.org/wiki/History_of_Washington,_D.C., 2016
10. "Washington metropolitan area" https://en.wikipedia.org/wiki/Washington_metropolitan_area, 2016
11. Derek Thompson "'The Silicon Valley of the East' Is Washington, D.C." The Atlantic, 2014

12 サンフランシスコ
1. 枝川公一著『シリコン・ヴァレー物語――受けつがれる起業家精神』中公新書、中央公論新社、1999
2. 安藤幸一著「アメリカの移民政策」『大手前大学社会文化学部論集』2006
3. Derek Hayes "Historical Atlas of California" University of California Press, 2007
4. Eric Maisel "A Writer7s San Francisco / A Guided Journey for the Creative Soul" New World Library, 2006
5. "California" Dorlong Kinderzley, 2001
6. Bill Yenne "San Francisco Then & Now" Thunder Bay Press, 2001
7. J. Kingston Pierce "San Francisco Yesterday & Today" Publications International, Ltd, 2009
8. "California" Dorlong Kinderzley, 2001
9. "San Francisco General Plan-Downtown Area Plan" City & County of San Francisco, 2012
10. Brands, H. W. "The age of gold: the California Gold Rush and the new American dream" Anchor Books, 2003
11. Virginia Lee Burton "MAYBELLE" Houghton Miffin Company, 1980
12. "siliconvalleymap" http://www.siliconvalleymap.com/maps.htm, 2016.9.10
13. "San Jose-San Francisco-Oakland, CA Combined Statistical Area" https://en.wikipedia.org/wiki/San_Jose-San_Francisco-Oakland,_CA_Combined_Statistical_Area, 2016.9.10
14. "San Francisco Bay Area" https://en.wikipedia.org/wiki/San_Francisco_Bay_Area, 2016.9.10
15. Google Earth Image ⓒ2016 Digital Globe, Image ⓒ2016 Geo Eye

13 ロサンゼルス
1. 石川好著『カリフォルニア・ストーリー』中公新書、中央公論新社、1983
2. 矢作弘著『ロサンゼルス――多民族社会の実験都市』中公新書、中央公論新社、1995
3. 矢ケ﨑典隆、佐藤紘司「ロサンゼルス大都市圏における100のショッピングセンター」『東京学芸大学紀要　人文社会科学系II, vol 63』p60、2012
4. E. J. ブレークリー、M. G. スナイダー著、竹井隆人訳『ゲーテッド・コミュニテ――米国の要塞都市』集文社、2004
5. Derek Hayes"Historical Atlas of California" University of California Press, 2007
6. "California" Dorlong Kinderzley, 2001
7. Hise, Greg "Magnetic Los Angeles: Planning the Twentieth-Century Metropolis."Johns Hopkins University Press, 1999
8. Marc Wanamaker "Beverly Hills 1930-2005" Arcadia Publishing, 2006
9. "Universal Studios Hollywood-History Timeline" http://www.thestudiotour.com/ush/chronology.php, 2016.10.7
10. "the Water and Power Associateshttp: Early Views of the Los Angeles Plaza" http://waterandpower.org/museum/Early_Plaza_of_LA_（Page_1）.html, 2016.10.7
11. Bright, Randy "Disneyland: Inside Story" Harry N Abrams, 1987
12. "Total Number of Reported Crimes in the City of Los Angeles By LAPD Bureau & Station" http://www.laalmanac.com/crime/cr03ea.htm 2011, 2011.10.14

13. "City of Los Angeles-Fact and Statistics, Crime & Justice" http://www.laalmanac.com/LA/la00a.htm, 2016.10.14
14. "Older Suburbs in the Los Angeles Metropolitan Area" Local Government Commission, 2015
15. Google Earth Image ⓒ2016 Digital Globe, Image ⓒ2016 Geo Eye

14 ラスヴェガス

1. 谷岡一郎著『ラスヴェガス物語——「マフィアの街」から「究極のリゾート」へ』PHP新書、PHP研究所、1999
2. 井崎義治著『ラスベガスの挑戦——年間3億ドルを稼ぎ出す幻惑都市の光と影』朝日ソノラマ、1997
3. 土屋恵司著「アメリカ合衆国におけるカジノ規制法制」『外国の立法』国立国会図書館調査および立法考査局、1962
4. Robert D. McCrachen "Las Vegas / The Great American Playground" University of Nevada Press, 1996
5. Stanley W. Paher "Las Vegas / As it began-as it rrew" Nevada Publications, 1971
6. Sue Kim Chung "Las Vegas / Then and Now" Thunder Bay Press, 2002
7. "List of Las Vegas Strip hotels" http://en.wikipedia.org, 2016.11.5
8. "2015 LAS VEGAS VISITOR PROFILE STUDY" LAS VEGAS CONVENTION AND VISITORS AUTHORITY, 2015
9. "Historicacl Las Vegas Visitor Statistics" LAS VEGAS CONVENTION AND VISITORS AUTHORITY, 2015
10. "Responsible Gaming Statutes and Regulations" Americacn Gaming Association, 2015
11. 2002 Planning Commission "The City of Las Vegas Master Plan 2020" City of Las Vegas, 2000
12. 2002 Planning Commission "Appendices to the City of Las Vegas Master Plan 2020" City of Las Vegas, 2000
13. "City-statistics" City of Las Vegas, 2016
14. "CLARK COUNTY COMPREHENSIVE MASTER PLAN" CLARK COUNTY, 2015

15 リオ・デ・ジャネイロ

1. 金七紀男著『ブラジル史』東洋書店、2009
2. 国本伊代、乗浩子編『ラテンアメリカ——都市と社会』新評論、1991
3. 住田育法著「ブラジルの都市形成と土地占有の歴史——旧都リオデジャネイロを中心として」、住田育法監修『ブラジルの都市問題——貧困と格差を越えて』春風社、2009
4. 住田育法著「ポルトガル語文化圏における都市空間比較研究パイロットプラン——旧世界リスボン市と新世界リオデジャネイロ市を訪ねて」『Cosmica 35』東京外国語大学、2005
5. 北森絵里著「リオ ジャネイロのスラム——住民の日常的 実践」、藤巻正己編『生活世界としての スラム——外部者の言説・住民の肉声』立命館大学人文科学研究所研究叢書、古今書院、2001
6. Mauricio de A. Abreu "EVOLUÇÃO URBANA do Rio de Janeiro" Prefeitura ds Cidade do Rio de Janeiro, Instituto Pereira Passos, 2011
7. Albeto A.Cohen e Sergio A. Fridman, Ricardo Siqueira "Rio de Janeiro Ontem & Hoje 1" Prefeitura RIO ARTE, 1998
8. Gilberto Ferrez "O RIO ANTIGO do fotógrafo MARC FERREZ Paisagens e tipos bumanos do Rio de Janeiro, 1865-1918" Editora Ex Libris Ltda, 1984
9. Emily Stehr "Interesting History of Rio De Janeiro " Createspace Independent Pub, 2017
10. Camões "Rio Antigo ＊ Old Rio" Art Collection Editora
11. Needell, Jeffrey D "A Tropical Belle Epoque: Elite Culture and Society in Turn-of-the-Century Rio de Janeiro" Cambridge University Press, 2010
12. Janice Perlman "FAVELA Fiur Decades of Living the Edge in Rio de Janeiro" Oxford University Press, 2010
13. "Síntese de indicadores sociais" Instituto Brasileiro de Geografia e Estatística-IBGE, 2015
14. "Programação-Carnaval 2018 no Rio de Janeiro" https://www.rio-carnival.net/Programacao/2017.16.15
15. "Escolas de Samba" https://www.rio-carnival.net/Escolas-de-Samba, 2017.6.15
16. "Rio 2016 Summer Games Olympics-results and video" https://www.olympic.org/rio-2016, 2017.6.20

16 ブラジリア

1. 近田亮平著「開発と格差を象徴する近代的首都ブラジリア（特集 途上国の首都機能移転）」『アジ研ワールド・トレンド13(7)』アジア経済研究所、2007-07
2. 南條洋雄著「遷都50周年ブラジリアの都市計画と建築」『ラテンアメリカ時報No.1391』2010夏号、一般社団法人ラテンアメリカ協会
3. 「ブラジルの首都機能移転」国会等の移転ホームページ、国土交通省 http://www.mlit.go.jp/kokudokeikaku/iten/service/panf/g_panf_02.html, 2017.5.17
4. 中岡義介、川西光子著「ルシオ・コスタのブラジリアコンペ応募原案について」『兵庫教育大学研究紀要 第3分冊』2000
5. Carlos Rodrigues "BRASILIA" C.R.EDITORA LTDA, 1970
6. Pessôa, José "Lúcio Costa and the Question of Monumentality in his Pilot Plan for Brasilia" docomomo Journal. 43, 2010 Winter
7. David G. Epstein "Brasilia: Plan and Reality" University of California Press, 1973
8. "POPULAÇÃO Gente de Brasília" GOVERNO DE BRASÍLIA, http://www.brasilia.df.gov.br/populacao/, 2017.5.20

17 クリティバ

1. 中村文彦著「事例紹介 コンパクトシティの観点からみたクリチバ市の都市開発に関する考察（特集 コンパクトな市街地と都市交通）」『交通工学37』交通工学研究会、2002
2. 服部圭郎著『人間都市クリチバ——環境・交通・福祉・土地利用を統合したまちづくり』学芸出版社、2004
3. 中村ひとし著「ブラジル・クリチバ市における生物多様性の取り組み（特集 都市における生物多様性保全）」『新都市64(9)』都市計画協会、2010-09
4. "DIÁRIO OFICIAL ELETRÔNICO" ATOS DO MUNICIOPIO DE

CURITIBA, 2015
5. "ESPAÇO URBANO PESQUISA & PLANEJAMENTO" IPPUC, 1988
6. "REDE CURITIBA DE SOLUÇÕES URBANAS INOVADORAS" http://www.ippuc.org.br/rede/index.php, 2017.4.19
7. "Informações-Mapas" Institute de pesquisa e planejamento urbane de Curitiba, http://www.ippuc.org.br/ 2017.4.19
8. S. A. Polli, A. B. Mendes2, J. Lourenço3. "AS DIMENSÕES DA INTEGRAÇÃO DO TRANSPORTE COLETIVO NA METRÓPOLE DE CURITIBA" Universidade Tecnológica Federal do Paraná-UTFPR, 2016

18　ブエノス・アイレス
1. 松下マルタ著『ブエノスアイレス──南米のパリからラテンアメリカ型首都へ』、国本伊代、乗浩子編『ラテンアメリカ──都市と社会』新評論、1991
2. 国本伊代著「ラテンアメリカにおける都市形成の歴史と発展」、国本伊代、乗浩子編『ラテンアメリカ──都市と社会』新評論、1991
3. 増田義郎著『物語ラテンアメリカの歴史──未来の大陸』中公新書、中央公論新社、1998
4. Juan Manuel Borthagaray "El desarrollo urbano del antiguo Puerto Madero en la ciudad de Buenos Aires" Diseño y Sociedad q Primavera, Compilación Catalina Serrano Cordero, 2005
5. Stanley R .Ross and Thomas F. McGann "Buenos Aires 400 Years" University of Texas Press, 2011
6. Richard J. Walter "Politics and Urban Growth in Buenos Aires: 1910-1942" Cambridge Latin Amwrican Studies, 1993
7. Ricardo Luis Molinari "Buenos Aires 4 Siglos" Tipografica Editoria Argentina S.A., 1984
8. Fundacion Urbe Y Cultura "Buenos Airres Ayer Y Hoy" My Special Book, 2010
9. "Imagenes de Buenos Aires / Fotografias del archive de la Direccion Municipal de Paseosy de Otras colecciones 1915-1940" ediciones de le entorcha, 2006
10. Pio "Buenos Aires Antiguo: Tango" ViaJero, 2007
11. Pio "Buenos Aires Antiguo: Bares 1900 ─1950" ViaJero, 2007
12. Pio "Buenos Aires Antiguo: Evita" ViaJero, 2007
13. Joan Busquets, Joan Alemany "Plan éstrategico de antiguo Puerto Madero, Buenos Aires 1990" Buenos Aires: Consultores Europeos Asociados, 1990
14. "Buenos Aires Population history" http://population.city/argentina/buenos-aires/, 2017.2
15. "Immigration to Argentnina" http://www.casahistoria.net/argentina_immigration.htm#1.%20General, 2017.2

19　カイロ（アル・カーヒラ）
1. 牟田口義郎著『カイロ──世界の都市の物語』文藝春秋、1992
2. 牟田口義郎著『物語 中東の歴史──オリエント5000年の光芒』中公新書、中央公論新社、2001
3. 陣内秀信、新井勇治著『イスラーム世界の都市空間』法政大学出版局、2002
4. 吉成薫著『エジプト王国三千年──興亡とその精神』講談社選書メチエ、講談社、2000
5. 山口直彦著『新版 エジプト近現代史──ムハンマド・アリー朝成立からムバーラク政権崩壊まで─』世界歴史叢書、明石書店、2011
6. 三好信治、木島安史、両角光男著「カイロの旧中心市街地の細街路網」『建築雑誌』巻号：1984-10-20、日本建築学会、1984
7. 羽田正、三浦徹編『イスラム都市研究──歴史と展望』東京大学出版会、1991
8. Nezar AlSayyad "Cairo-Histories of a City" Harverd University Press, 2011
9. Fabio Bourbon, Antonio Attini "Egypt: Yesterday And Today" The American University in Cairo Press, 2010
10. "El Qahira Cairo" Berndtson, 2011
11. Guides Gallimard "Egypt" Gallimard Loisirs, 1995
12. A.C. Carpiceci "Egypt" Bonechi, 1989
13. "Guide Map Medieval Cairo 1: Ialamic Cairo Al-Azhar to The North Wall" The Palm Press, 2007
14. "Cairo City Map" Mena House Oberoi., 2011
15. Leonardo Benevolo "Storia della città 1. La città antica" Laterza Editore, 1975

20　フェズ
1. 法政大学陣内研究室著「モロッコ＊西端に花開いたイスラームの都市文化」、陣内秀信、新井雄二編『イスラーム世界の都市空間』法政大学出版局、2002
2. 今村文明著『迷宮都市モロッコを歩く』NTT出版、1998
3. 松原康介著『モロッコの歴史都市 フェスの保全と近代化』学芸出版社、2008
4. 松原康介「モロッコ・フェズにおける植民都市と旧市街の複合過程──イスラーム都市都近代計画都市との共存関係に関する考察』『日本都市計画学会学術研究論文集』第35号、日本都市計画学会、2000
5. 米山俊直／著、村川敏弘／写真『モロッコの迷宮都市フェス』平凡社、1996
6. P.ラビノー著、井上順孝訳『異文化の理解──モロッコのフィールドワークから』岩波現代選書、岩波書店、1980
7. 羽田正、三浦徹編『イスラム都市研究──歴史と展望』東京大学出版会、1991
8. ベシーム・S. ハキーム著、佐藤次高監訳『イスラーム都市 アラブのまちづくりの原理』第三書館、1990
9. Hammad Berarada "Fez from Bab to Bab walk in the Medina" Publiday-Multida, 2004
10. "Fes Guide, The Thematic Tourist Circuits" Ader-Fes, 2005
11. "Fes Map of the Medina" Ader-Fes, 2005
12. "Le livre d'or de Marrakech" Bonechi, 2005
13. Bonine Mochael, E."The Sacred Direction and City Structure-A Preliminary Analysis of the Islamic Cities of Morocco" Muqarnas 7, 1990

14. Celik Zeynep "Urban Forms and Colonial Confrontations-Algiers under French Rile" University of California Press, 1997
15. Hakim, Besim, Selom "Arabic-Islamic cities-building and planning principles, 2nd edition" International Thomon Publishing Services, 1988
16. Gallimards Guides "Maroc" Gallimards, 1993

21　シドニー

1. 金田章裕著「シドニーの発達と都市計画」『地理（43巻）1998-11』（特集 シドニー）pp..26～33、古今書院、1998
2. 堤純著「使用言語から見た社会経済特性の差異――大都市シドニーのジェントリフィケーション―」『統計 2014-6, Vol-65』日本統計協会、2014
3. 堤純、吉田道代、葉倩瑋、筒井由起乃、松井圭介著「センサスデータからみたオーストラリアにおける多文化社会の形成」『地理空間8（1）』（特集 オーストラリアの多文化社会）pp..81-89、地理空間学会、2015
4. 竹田いさみ著『物語　オーストラリアの歴史――多文化ミドルパワーの実験』中公新書、中央公論新社、2000
5. 杉本良夫著『オーストラリア――多文化社会の選択』岩波新書、岩波書店、2000
6. Edwin Barnard "CAPTURING TIME / Panoramas of old Australia" National Library of Australia, 2012
7. "Historical Atlas of Sydney" http://atlas.cityofsydney.nsw.gov.au/, 2017.2.22
8. Ian Collis "SYDNEY: From Settlement to the Bridge A Pictorial History" New Holland Publishers, 2012
9. "Towards 2030" http://www.cityofsydney.nsw.gov.au/vision/towards-2030, 2017.2.25
10. "Metropolitan Sydney" http://www.cityofsydney.nsw.gov.au/learn/research-and-statistics/the-city-at-a-glance/metropolitan-Sydney, 2017.2.25
11. "Houses & Museums" http://sydneylivingmuseums.com.au/houses-museums/museum_of_Sydney, 2017.2.25
12. "The Dictionary of Sydney" http://home.dictionaryofsydney.org/about/, 2017.2
13. Talmage, Algernon "The Founding of Australia. By Capt. Arthur Phillip R.N. Sydney Cove, Jan. 26th 1788" the State Library of NSW.
14. Alfred Tischbauer "George Street, Sydney, 1883" State Library of New South Wales
15. "The Queen Victoria Building on York Street, looking toward the Sydney Town Hall, 1900" The Powerhouse Museum
16. Kransky "Sydney CoB dots. png: Each dot indicates 100 persons born in Britain, Greece, China, India, Vietnam, Philippines, Italy and Lebanon, Based on 2006 Census" https://en.Wikipedia.org/wiki/Demographics_of_Sydney, 2017.2.27

22　キャンベラ

1. 国土庁大都市圏整備局編『世界の首都調査シリーズ　オーストラリアにおける首都機能移転』大蔵省印刷局、1994
2. ジェフリー・ブレイニー著、加藤めぐみ、鎌田真弓訳『オーストラリア物語』明石書店、2000
3. John Overall "CANBERRA Yesterday, Today & Tomorrow" The Federal Capital Press of Australia Pty Limited, 1955
4. The National Capital Development Commission "THE FUTURE CANBERRA" Angus and Robertson Ltd, 1965
5. Lionel Wigmore " Canberra: History of Australia's National Capital" Dalton Publishing Company, 2nd edition, 1972
6. Alan Fitzgerald "Canberra in Two Centuries: A Pictorial History" Torrens, A.C.T.: Clareville Press in association with the Limestone Plains Partnership, 1987
7. Eric Sparke "Canberra 1954-1980" Australian Government Pub. Service, 1988
8. "ACT Planning Strategy Planning for a sustainable city" ACT Government n Environment and Sustainable Development Directorate, 2012

23　デリー

1. 荒松雄著『多重都市デリー――民族、宗教と政治権力』中公新書、中央公論新社、1993
2. 布野修司、山根周著『ムガル都市――イスラーム都市の空間変容』京都大学学術出版会、2008
3. 布野修司著『曼荼羅都市――ヒンドゥー都市の空間理念とその変容』京都大学学術出版会、2006
4. 飯塚キヨ著「インド植民都市の研究：インド亜大陸の場合」『都市計画論文集10-34』、日本都市計画学会、1970
5. 荒松雄著『ヒンドゥー教とイスラム教――南アジア史における宗教と社会』岩波新書、岩波書店、1977
6. 山際素男著『不可触民と現代インド』光文社新書、光文社、2003
7. Marvika Singh, Rudrangshu Mukherjee "New Delhi Making of Capital" Lustre Press, Roli Books, 2009
8. Dilip Bobb "Delhi Then & Now" LustrePress, Roli Books
9. Norma Evenson "The Indian Metropolis A View Toward the West" Yale University Press, 1989
10. Government of National Capital Territory of Delhi "Statistical Abstract of Delhi 2014" Directrate of Economics & Statisutics, 2014
11. Government of National Capital Territory of Delhi "Urban Slums in Delhi" Directrate of Wconomics & Statistics, 2015
12. "MASTER PLAN FOR DELHI-WITH THE PERSPECTIVE FOR THE YEAR 2021" The Delhi Development Authority, MINISTRY OF URBAN DEVELOPMENT of India, 2007
13. "The Master Plan for Delhi 1961-81" The Delhi Development Authority under Govt. of India
14. "9th Five Year Plan 1997-2002 March 2000" Government of NCT of Delhi, 2000
15. "SUBCITY DEVELOPMENT PLAN OF DELHI FOR NEW DELHI MUNICIPAL COUNCIL AREA" IL&FS Ecosmart Limited（Client: New Delhi Municipal Council）, 2007
16. "Red Fort" Archaeologocal Survey kf India, Goodearth Publications, 2010

24 カトマンズ

1. NHK「アジア古都物語」プロジェクト編『NHKスペシャル アジア古都物語 カトマンズ 女神への祈り』NHK出版協会、2002
2. 宮脇檀、中山繁信/編、栗原宏光/写真『ネパール・カトマンドゥの都市ガイド』エクスナレッジ、1999
3. 藤岡通夫著『ネパール建築逍遥——一本の古柱に歴史と風土を読む』アークテクチュアドラマチック、彰国社、1992
4. 黒津高行、渡辺勝彦著「チョク建築の構造（ネパールの王宮における中庭建築の研究 その1）」『日本建築学会計画系論文報告集 No.408』p.101、1990
5. "Kathmandu" Kathmandu Metropolitan City, 2011
6. "Patan" Patan Municipally, 2011
7. "Bhaktapur" Bhaktapur, 2011
8. "Hanuman-Dhoka Durbar Square" Kathmandu Metropolitan City
9. "Keshav Narayan Chowk" Patan Museum
10. "POPULATION MONOGRAPH OF NEPAL" Government of Nepal, National Planning Commission Secretariat, Central Bureau of Statistics, 2014
11. "City Diagnostic Report for City Development Strategy, Kathmandu Metropolitan City" Kathmandu Metropolitan City / World Bank, 2001
12. "Risk-Sensitive Land Use Plan Final Report" Kathmandu Metropolitan City, Nepal, 2010
13. Sudarshan Raj Tiwari "REVIEW OF TOWNS in Nepali History 7&8: Traditional Urban Planning Thoughts of Kathmandu Valley" Institute of Engineering, Tribhuvan University, 2011
14. Sudarshan Raj Tiwari "REVIEW OF TOWNS in Nepali History 10: Urbanization and Urban Centers in Nepal" Institute of Engineering, Tribhuvan University, 2011
15. Harka Gurung "Maps of Nepal" White Orchid Press, 1983
16. Dinesh Shrestha, Deepak Thapa "KATMANDU" Himaraya Maphouse, 2011
17. 現地で購入した絵葉書

25 バンコク（クルンテープ）

1. 大阪市立大学経済研究所監修、田坂敏雄編『アジアの大都市（1）バンコク』日本評論社、1998
2. 大阪市立大学経済研究所編『世界の大都市6 バンコク・クアラルンプール・シンガポール・ジャカルタ』東京大学出版会、1989
3. 柿崎一郎著『都市交通のポリティクス——バンコク1886-2012年』京都大学学術出版会、2014
4. 花岡伸也著「バンコクの都市交通政策の変遷とその効果」『運輸政策研究 10（No.2）』財団法人運輸政策研究機構、2007
5. 松行美帆子、城所哲夫、瀬田史彦、大西隆著「発展途上国大都市における交通問題に対する都市政策のあり方に関する研究——バンコク首都圏のケーススタディ」『第22回日本計画行政学会全国大会論文集』日本計画行政学会、1999
6. タイ王国運輸省道路局編『タイ王国東部外環状道路（国道9号線）改修計画概略設計ファイナル・レポート』独立行政法人 国際協力機構、2012
7. 柿崎一郎著『物語 タイの歴史——微笑みの国の真実』中公新書、中央公論新社、2007
8. 友杉孝著『図説 バンコク歴史散歩』河出書房新社、1994
9. 遠藤環著『都市を生きる人々——バンコク都市下層民のリスク対応』京都大学学術出版会、2011
10. "STATISTICAL PROFILE OF BANGKOK METROPOLITAN ADMINISTRATION 2009" Administrative Strategy Division, Strategy and Evaluation Department, Bangkok Metropolitan Administration
11. "20-year Development Plan for Bangkok Metropolis" Bangkok Metropolitan Administratiohn
12. "STATISTICAL YEAR BOOK THAILAND 2013" National Stastical Office, Ministry of Information and Technology, Thailand, 2013
13. Steve Van Beek "BANKOK THEN & NOW" Wind & Water, 2008
14. Sinsakul, Sin "Late Quaternary geology of the Lower Central Plain, Thailand" Journal of Asian Earth Sciences Retrieved, 2014
15. "Bangkok Zone" Bangkok Metropolitan Administration, http://www.bangkok.go.th/main/, 2017.1.24

26 シンガポール

1. 田村慶子著『「頭脳国家」シンガポール——超管理の彼方に』講談社現代新書、講談社、1993
2. 岩崎育夫著『物語 シンガポールの歴史』中公新書、中央公論新社、2013
3. 可児弘明著『シンガポール海峡都市の風景』岩波書店、1985
4. 丸谷浩明著『都市整備先進国・シンガポール——世界の注目を集める住宅・社会資本整備』アジア経済研究所、1996
5. 岩崎育夫、佐藤宏著「シンガポール——人民行動党の長期支配構造」『アジア政治読本』東洋経済新報社、1998
6. 太田勇著「シンガポールの都市行政——画期的な住宅政策と交通政策」『都市問題第83号』公益財団法人 後藤・安田記念東京都市研究所、1992.8
7. 島遵、大坂谷吉行著「シンガポールのウォーターフロント開発に関する研究」『1997年度日本都市計画学会学術研究論文集』日本都市計画学会、1997
8. 大坂谷吉行、田辺晋著「シンガポールの1991年改訂コンセプトプランに関する報告」『都市計画224号』日本都市計画学会、2000.4
9. "Nineteenth Century Prints of Singapore" The National Museum, 2001
10. Gretchen Liu "Singapore A Pictorial History 1819-2000" Archpelago Press, 2000
11. Sumiko Tan "home, work, Play" Urban Redevelopment Authority, 1999
12. "Chinatown Historic District" Urban Redevelopment Authority, 1995
13. "Downtown Core & Portview / Development Guide Plans" Urban Redevelopment Authority, 1992
14. "Downtown Core Planning Area / Planning Report 1995" Urban Redevelopment Authority, 1995
15. "Concept Plan Revew / Focus group Consaratution" Urban Redevelopment Authority, 2000
16. "Our Heritage is in Ours Hands・Conservation Technical Leaflets" Urban Redevelopment Authority, 2001
17. "Concept Plan 2001" Urban Redevelopment Authority, 2001

18. "Draft Master Plan 2008" skyline may-june' 2008, Urban Redevelopment Authority, 2008
19. "Singapore / Design / Planning / Conservation / Development Control" Urban Redevelopment Authority, 2006
20. "Conserving Our Remarkable Past" Urban Redevelopment Authority, 2006
21. "Master Plan 2014" URA, https://www.ura.gov.sg/maps/?service=MP, 2018.2.7

27　ドバイ

1. 宮田律著『ドバイの憂鬱――湾岸諸国経済の光と影』PHP新書、PHP研究所、2009
2. 松葉一清、野呂一幸著『ドバイ〈超〉超高層都市』鹿島出版会、2015
3. "Time Out Dubai Abu Dhabi & the UAE" Time Out Guides Ltd, 2009
4. "Dubai Gateway to the Gulf" Motivate Publishing, 2009
5. "Dubai 2020 Urban Master Plan" Government of Dubai, 2012
6. "Population Bulletin Emirate of Dubai 2015" Dubai Stastics Cenmter, Government of Dubai, 2015
7. "Nakheel-Where Vision Inspires Humanity" http://www.nakheel.com/, 2016.12.3
8. "Emaar Properties PJSC" https://www.emaar.com/en/, 2016.12.3
9. Google Earth Image ⓒ 2016 Digital Globe, Image ⓒ 2016 Geo Eye

28　北京

1. 倉沢進、李国慶著『北京――皇都の歴史と空間』中公新書、中央公論新社、2007
2. 春名徹著『北京――都市の記憶』岩波新書、岩波書店、2008
3. 竹内実著『北京――世界の都市の物語』文藝春秋、1992
4. 大西国太郎＋朱自煊編、井上直美訳『中国の歴史都市――これからの景観保存と町並みの再生へ』鹿島出版会、2001
5. 張在元編著『中国 都市と建築の歴史――都市の史記録』鹿島出版会、1994
6. 陣内秀信、高村雅彦、朱自煊編『北京――都市空間を読む』鹿島出版会、1998
7. 村松伸/著、浅川敏/写真『図説 北京――3000年の悠久都市』ふくろうの本、河出書房新社、1999
8. 王軍著、多田麻美訳『北京再造――古都の命運と建築家梁思成』集広舎、2008
9. 北京四合院研究会編『北京の四合院　過去・現在・未来』中央公論美術出版、2008
10. 中国建築都市研究会・代表陣内秀信『中国における都市空間の構成原理と近代の変容過程に関する研究（1）（2）』住宅総合研究財団、1996
11. 山村高淑、藤木庸介、張天新著「北京における歴史的市街地保全の現状と課題：歴史文化名城保護計画とオリンピックに向けた伝統中軸線の保全・発展」『京都嵯峨芸術大学紀要』2005
12. 王飛雪、中山徹「北京の都市開発とその展開――衛星都市から新都市への展開に関する研究」『日本建築学会計画系論文集第73巻 第629号』日本建築学会、2008
13. 銭威、岡崎篤行著「北京における歴史的環境保全制度の変遷」『日本都市計画学会都市計画報告集No.4』日本都市計画学会、2005
14. Claudio Greco, Carlo Santoro "Beijing-The New Cty" Skira, 2007
15. Ma Yan "Beijing-The Growth of The City" Compendium, 2008
16. 北京大学歴史系「北京四」編写組『北京史』北京出版社、1999
17. 同済大学城市規画教研究室『中国城市建設史』中国建設工業出版社、1982
18. 傳公鐵・写『北京憧景』上海画報出版社、1996
19. 傳公鐵『北京老街巷』北京出版社、2005
20. 『北京規画建設』中国航空工業規画設計研究院、2005

29　上海

1. 榎本泰子著『上海――多国籍都市の百年』中公新書、中央公論新社、2009
2. 村松伸/著、増田彰久/写真『図説 上海――モダン都市の150年』河出書房新社、1998
3. 佐野眞一他著『上海時間旅行――蘇る"オールド上海"の記憶』山川出版社、2010
4. スティーブン・M・ハーナー、21世紀中国総研編『上海経済圏市場発展図』蒼蒼社、2011
5. 厳善平著「最新の上海市人口統計にみる二重社会構造」『東亜』2012年6月号、財団法人霞山会、2012
6. 劉建輝著『魔都 上海――日本知識人の「近代」体験』講談社選書メチエ、講談社、2000
7. 「上海浦東」上海市浦東新区駐日本経済貿易事務所、http://japanese.pudong.gov.cn/2017-08/08/c_97429.htm, 2018.1.15
8. 大阪市立大学経済研究所編『世界の大都市2　上海』東京大学出版社、1986
9. 田中重光著『近代・中国の都市と建築――広州・黄埔・上海・南京・武漢・重慶・台北』相模書房、2005
10. 大西国太郎、朱自煊編、井上直美訳『中国の歴史都市――これからの景観保存と町並みの再生へ』鹿島出版会、2003
11. 張在元編著『中国　都市と建築の歴史』鹿島出版会、1994
12. 鄧明 主編『1840s/1940s上海百年掠影』上海市歴史博物館、上海人民美術出版社
13. 上海市旅游事業管理局編『上海歴史建築遊』河南美術出版社、1994
14. 常青 主編『大都会/上海南京路外灘段研究』同済大学出版社、2005
15. 上海市歴史博物館編『走在歴史的記憶里―南京路1840's～1950's』上海科学技術出版社、2000
16. 郭博著『正在消折居的上海弄堂』上海画報出版社、1996
17. 『人居経典』中央建築工業出版社、2001
18. 『上海城市全体計画2017-2035』上海市計画国土資源管理局、2018.01
19. "Shanghai / The Growth of The Cty" Compendium Pubulishing, 2008
20. 現地で購入した手彩色絵葉書

30　東京

1. 内藤昌著『江戸と江戸城』SD選書、鹿島出版会、1966
2. 陣内秀信著『東京の空間人類学』筑摩書房、1985
3. 正井泰夫著『城下町東京──江戸と東京の対話』原書房、1987
4. 服部銈二郎著『東京を地誌る──江戸からの東京・世界の東京』同友館、1990
5. 小木新造著『江戸東京学事始め』ちくまライブラリー、筑摩書房、1991
6. 田村明著『江戸東京まちづくり物語──生成・変動・歪み・展望』時事通信社、1992
7. 鈴木理生著『幻の江戸百年』ちくまライブラリー、筑摩書房、1991
8. 小澤弘、丸山伸彦編『図説 江戸図屏風をよむ』河出書房新社、1993
9. 小木新造、竹内誠編『ビジュアルブック江戸東京1　江戸名所図屏風の世界』岩波書店、1992
10. 香川元太郎/絵、西ヶ谷恭弘/考証「太田道灌が築城した江戸城（全体想定図）」東京国際フォーラム展示：太田道灌と江戸城、2017.10.6
11. 『今とむかし 廣重名所江戸百景帖』暮しの手帖社、1993
12. 小沢健志、鈴木理生監修『古写真で見る 江戸から東京へ』世界文化社、2001
13. 『図表でみる江戸・東京の世界』江戸東京博物館、1998
14. 畑市次郎著『東京災害史』都政通信社、1952
15. 『日本地理大系　大東京篇』改造社、1930
16. 藤森照信著『明治の都市計画』岩波書店、1982
17. 芳賀徹、岡部昌幸著『写真で見る江戸東京』とんぼの本、新潮社、1992
18. 石黒敬章編『明治・大正・昭和 東京写真大集成』新潮社、2001
19. 越沢明著『東京都市計画物語』日本経済評論社、1991
20. 東京都都市計画局編『東京の都市計画百年』東京都都市計画局、1989
21. 石田頼房著『日本近現代都市計画の展開　1868-2003』自治体研究社、2004
22. 「首都圏三環状道路の整備」東京都建設局、2017.10.10
23. 「都市鉄道ネットワークの現状と課題」国土交通省交通政策審議会 陸上交通分科会 鉄道部会 ネットワーク・サービス小委員会（第6回）、2008.3.11
24. 「シームレス化の現状と今後の取り組みのあり方について」国土交通省、2015
25. 平本一雄著『東京──これからこうなる』PHP研究所、1987
26. 岩永辰尾著『写真集 東京タワーが建ったころ』第三書館、2005
27. 「多摩ニュータウン　開発の軌跡」東京都南多摩新都市開発本部、1998
28. 高田光雄編『日本における集合住宅計画の変遷』放送大学教育振興会、1998
29. 平本一雄編著『東京プロジェクト──"風景を変えた都市再生12大事業"の全貌』日経BP社、2005
30. 平山洋介著『東京の果てに』NTT出版、2006
31. 小木新造、陣内秀信、竹内誠、芳賀徹、前田愛、宮田登、吉原健一郎編『江戸東京学事典』三省堂、1987年
32. 平本一雄著『臨海副都心物語──お台場をめぐる政治経済力学』中央公論新社、2000
33. 『臨海副都心の街づくり』東京都港湾局、2013
34. 「数字で見る臨海副都心」東京都港湾局 開発整備課、http://www.kouwan.metro.tokyo.jp/rinkai/suuji/, 2017.10.10
35. 『東京2020オリンピック・パラリンピック招致委員会立候補ファイル第2巻』特定非営利活動法人東京2020オリンピック・パラリンピック招致委員会および東京都、2017
36. Google Earth Image ⓒ 2016 Digital Globe, Image ⓒ 2016 Geo Eye
37. 小林忠著『浮世絵の歴史』美術出版社、1998
38. 「鉄腕アトム」ⓒ手塚プロダクション

著者略歴

平本一雄 （ひらもと　かずお）

1944年生まれ。1970年、京都大学大学院修士課程（建築学専攻）修了、工学博士（論文：都市総合計画の策定支援手法に関する研究）。
㈱三菱総合研究所取締役人間環境研究本部長、東京工科大学教授を経て、東京都市大学都市生活学部を創設し初代学部長、現在、名誉教授。その他、東京大学、東京芸術大学、早稲田大学、明治大学などで教鞭を執る。
これまで、東京臨海副都心（お台場）、マレーシア情報都市（サイバージャヤ）、2005年日本万国博覧会などの全体計画の策定を行うとともに、世界各地の都市の調査研究に従事。

主な著書
『東京プロジェクト』日経BP、『臨海副都心物語』中央公論新社、『高度情報化社会と都市・地域づくり』ぎょうせい、『環境共生の都市づくり』ぎょうせい、『超国土の発想』講談社、『東京これからこうなる』PHP研究所など、多数。

世界の都市　5大陸30都市の年輪型都市形成史
2019年4月20日　第1版　発行
2021年6月10日　第1版　第3刷

著作権者との協定により検印省略	著　者　平　本　一　雄
	発行者　下　出　雅　徳
	発行所　株式会社　彰　国　社
自然科学書協会会員　工学書協会会員	162-0067　東京都新宿区富久町8-21
	電　話　03-3359-3231（大代表）
Printed in Japan	振替口座　00160-2-173401
Ⓒ　平本一雄　2019年	印刷：壮光舎印刷　製本：ブロケード

ISBN 978-4-395-32131-5 C 3052　https://www.shokokusha.co.jp

本書の内容の一部あるいは全部を、無断で複写（コピー）、複製、および磁気または光記録媒体等への入力を禁止します。許諾については小社あてご照会ください。

ヨーロッパおよび地中海沿岸地域主要都市分布

アジア極東地域主要都市分布

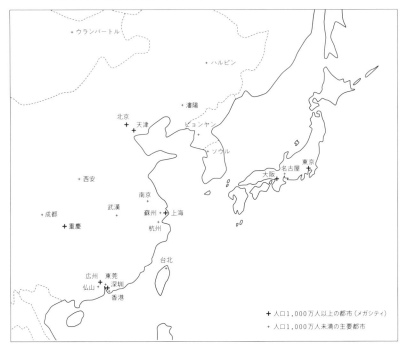